走向新景观

当代中国景观设计的思想演进与创作实践

林墨飞 著

Towards New Landscape Architecture

Thought Evolution and Creation Practices of Contemporary Chinese Landscape Architecture

人民出版社

责任编辑:李椒元

装帧设计:中联学林

责任校对:张明明

图书在版编目(CIP)数据

走向新景观:当代中国景观设计的思想演进与创作实践/林墨飞 著.
—北京:人民出版社,2020.5

ISBN 978－7－01－021633－1

Ⅰ.①走…　Ⅱ.①林…　Ⅲ.①景观设计—研究—中国—现代

Ⅳ.①TU983

中国版本图书馆 CIP 数据核字(2019)第 284591 号

走向新景观

ZOUXIANG XIN JINGGUAN

——当代中国景观设计的思想演进与创作实践

林墨飞　著

人民出版社　出版发行

(100706　北京市东城区隆福寺街 99 号)

三河市华东印刷有限公司印刷　新华书店经销

2020 年 5 月第 1 版　2020 年 5 月北京第 1 次印刷

开本:710 毫米×1000 毫米　1/16　印张:20

字数:300 千字　印数:0,001－3,000 册

ISBN 978－7－01－021633－1　定价:50.00 元

邮购地址:100706　北京市东城区隆福寺街 99 号

人民东方图书销售中心　电话:(010)65250042　65289539

前　言

1978 年以来，中国社会进入了全面转型期。景观，作为新兴行业以迅猛的态势融入城市建设进程中，并在短时间内得到了强势发展。然而，由于现代景观文化的超前性和移植性，当代中国景观设计也经历了高度时空压缩，而又相对繁乱的过程。一方面，基于传统园林文化的理论传承与创新出现了比较严重的滞后，而对西方景观理论成果的引进又存在较大的盲目性；另一方面，在巨大的市场面前，整个行业普遍存在着急功近利的思想，因此表现出先行动再思想的特点，使设计实践远离理论指导，而景观理论也不能适应多元化的设计需要。

近年来，受到传统园林文化和外来景观思想的混杂碰撞、学科名称和行业规范的争议等方面影响，当代中国景观在快速发展的同时，又暴露出实践目标混乱、本体价值缺失、创新能力低下等诸多问题。造成这种状况的重要原因之一，在于对思想与创作方面的实践历程缺乏系统性研究，将其归置于社会结构体系下的剖析和反思更是严重不足，因此未能及时地从庞杂的实践结果中汲取经验和教训，为景观发展提供相应的理论与依据。鉴于中国景观的特殊性和复杂性，本书运用社会学的研究成果，整体宏观地将其与社会构成及演进紧密结合，并局部系统地研究中国景观设计的思想演进与创作实践，一方面正确研判取得的主要成就，另一方面通过批判的总结和理性反思，认识有待克服的局限性，并探讨应对策略与方法。

本书首先从社会学的理论视角，构建了"实践情境—实践反思—反思性实践"的研究框架。进而从社会变革与先导因素的影响、学科及行业发展、主要实践内容与特征以及代表性实践者的实践脉络等四个方面，对当代中国景观设计的实践情境进行了全面厘清和阐述。在此基础上，对思想演进与创作实践过程中的重要事件、典型案例进行归纳和总结，运用社会学的惯习与场域理论工具，分别对"传统园林的当代转型实践"与"景观存在本体表象化实践"进行了不同角度的实践反思，包括背景、动因、内容、特征和影响等若干方面，继而指出中国景观设计面对的实践悖论与现实困厄。在实践反思的基础上，提出了以反思性为基本原则的实践超越目标，结合近年来中国景观设计在思想实践与创作实践方面的反思性转变，做出中国景观设计已迈入反思性实践阶段的基本论断，并进一步对以"反思性实践"方法论为主导的多途径设计实践进行了归纳性研究，并提出五种相对的反思性设计策略与方法。

本书采用了跨学科的研究方法，对当代中国景观设计的思想演进与创作实践展开系统性研究，为景观学科及行业的发展提供了重要参考和指导，同时为进一步的相关研究搭建了初步的框架平台。通过对演进历程与实践内容的全面研究和深入反思，以及相应策略与方法的提出，对提高中国景观设计的理论研究水平，保障和提升创作实践的整体品质有着重要的实际应用价值。

目　录

Contents

绪　论

"景观设计将经历意识形态和方法论的重构，这两方面自工业革命以来就一直互相影响着对方的规划形式。宏伟的轴线、视野和立面的构筑是一个不能解决实际问题的华丽修饰。当代景观设计在都市社会的新需求中找寻着它的新标准。就像建筑一样，这种方式改变了迎合特殊需要和形式的宏伟轴线和立面的形式而转向表达这些需要。同时在本质上，景观设计不仅仅是为了艺术的艺术，而是融合了科学的严谨以及艺术价值的学科来服务于人类。它还处于各学科互相融合的位置，我们必须在与建筑师、工程师、规划师和环境科学家们合作和互相理解的基础上，才能够有能力参与当今时代的活动。景观设计学科要能够充分地开放自身，与广义上的人类文化进行互动。同时景观设计还必须保存其自身的作为一个设计学专业的身份，进而继续发展和改进的过程。"①

——盖瑞特·埃克博（Garrett Eckbo）

《生命的景观》，1950 年

第一节　研究的缘起

随着中国的社会发展与经济水平的提高，城市建设方面也得到了蓬勃的发展，景观作为一个新兴行业以迅猛的态势进入城市建设进程，并在短短的30 余年中得到了强势发展。回顾这段并不太长的历史，对于整个中国社会和

---

① Garrett Eckbo, David C. Streatfield, *Landscape for Living*, Amherst：University of Massachusetts Press，2009，p. 89.

城市环境的贡献却是巨大的。

可以说，景观实践的演进是贯穿当代中国城市发展的一条重要主线。然而由于起步较晚，从研究阶段上看，中国景观的各方面研究还处于对国外现代景观实践成果的引入消化期，尚未形成系统完整的学科与行业体系。从研究内容上看，关注技术手段、形式做法、材料工艺等设计实践层面的研究居多，资料集、作品集层出不穷，拿来之风盛行，而且学到的大多只是外在的形式与手法，缺乏内涵性研究，至于从中国景观发展历程及各种实践的更迭角度所进行的系统性研究更为鲜见。由于当前国内的景观研究无法解释发生过的丰富多样的景观现象，又缺少科学、系统的反思和批评引导，因此往往在具体实践中表现出目标混乱、价值缺失，从"形式借鉴"走向"形式模仿"，而模仿的结果又显得不伦不类，这也反映了景观从业者理论水平、反思意识、批判精神和创造能力的有待提高，以及对中国景观行业产生的文化背景、实践基础、价值取向等方面研究的不足。上述问题的产生，严重暴露出当前景观研究的不足，无疑不利于未来中国景观的科学发展。

对当代中国景观思想演进与设计实践的研究是本人长期从事的研究方向，通过多年的研读和思考，编著了《景观设计基础》《经典园林景观作品赏析》《中外名园欣赏》等景观理论书籍和教材；发表了《对中国"城市美化运动"的再反思》《玛丽亚别墅对现代景观设计的启示》《谈环境艺术设计专业的景观设计课程教学》《关于地震废弃地的景观重塑策略探讨》《互动性高校景观营造探究》 《Enlightenments of Four Master Builders' Thoughts and Practices to Modern Landscape Design》《Sponge City Planning of Dalian based on Functional Division of Natural Ecological Environment》《Seeking the Humanities in the Nature》等数篇关于景观思想理论、设计实践及教育教学方面的论文；园林景观类的史论教学也是本人为本科生和研究生开设的专业课程的主体内容之一；另外结合理论研究成果，主持或参与完成了一些工程实践，为课题研究提供了大量的佐证和参考。经过近十年的研究积累，以及针对该领域问题产生的个体认识和理解，为本书奠定了坚实的基础，对所研究内容起到积极的意义。

第二节　研究目的与现实意义

一、研究目的

首先，本书的研究目的与中国景观发展的特殊性和复杂性有关。如研究缘起中指出的，中国景观行业是在改革大潮中迅速成长起来的。一方面，随着中西方交流的日渐频繁，西方一些先进的城市景观建设成果通过各种渠道引入国内。同时，在经历了"文革"的封闭时期之后，国内传统园林专业几乎没有什么理论建树，出现了思想实践和行动实践的双匮乏，在面对突然间大量兴起的城市建设项目使得整个行业显得束手无措，为此迫切需要合适的模仿对象。在这种情况下，处于世界领先地位的西方景观实践成为被赞美和模仿的对象。一时间泥沙俱下，城市管理者与专业设计人员们面对或古典或现代的西方景观成果趋之若鹜，基本对这些引进成果都是照单全收。但正如有学者指出，"虽然难免良莠不齐，但这种拿来主义模式是向先进水平迈进的务实手段"[①]。所以中国景观在最初阶段的这段经历造就了它带有明显的先行动实践再思想实践的特点。这种特殊现象也导致了中国景观在短短 30 余年的时间里就走完了西方一个多世纪的实践历程，这不能不说是一个"奇迹"。本书目的之一就是要针对这段不算长的演进历程，进行梳理、反思，从总体上把握其发展的轨迹。而且，这次"实践反思"是要突破已经被普遍化、自明化的理论前设与研究体系，有效地将景观实践历史化与社会化，将景观研究更多地视作是基于社会实践的"非景观"式的"反思"，用法国社会学家埃尔·布迪厄（Pierre Bourdieu）的话说，是"连根拔除"式的反思。

另外，景观同建筑学、艺术学等相关设计学科一样，是一个涵盖广阔的知识领域。整体地看，它是对来自社会、政治、经济、文化等各种知识领域冲突的表现和反映，是对众多知识的反思性认识与整合。由此，如果说对中国景观的现实困境的迫切审视是本书的直接目的，那么以存在的问题和理论体系不完备的现状为背景，借鉴其他领域的研究成果，拓展景观研究的认知

---

① 陈冀峻：《中国当代室内设计发展研究》，中国美术学院 2007 年博士学位论文，第 41 页。

范畴，则是另一个重要目的。《北京宪章》曾指出，"学科知识的总体在扩张，设计师个人的视野却在趋向狭窄和破碎，专门的设计知识和技术仅仅依靠投资和开发组织来维系，学科自身缺乏完整的知识框架"①。台湾学者夏铸九也认为，"由更近的时间来看，设计专业目前陷入了一种由实证主义的环境心理学与社会学倒退的气氛中。设计者退回传统的、纯粹美学的领域。甚至，许多规划师也离开了社会科学的思考方式"②。本书无意于也不可能建构一个系统的景观理论研究框架，而是意在从更广阔的研究视阈，透过对景观思想及设计实践的一些现象与情境的分析诊释、批判与反思，为该学科引入一种积极的研究视角，提供一种可能的和有效的思维方式和实践方式。因此，本书的理论框架即是建立在社会学本体论、认识论和方法论的基础上形成的，通过对发生过的景观实践进行反思，并在再反思中实现新的实践，提出适应中国景观的发展思路与实践应用方法，为未来景观学科与行业的不断完善提供有力借鉴。

二、现实意义

（一）城市建设实践的需要

回顾中国近三十余年的发展历程，随着改革开放基本国策的全面实施，政治、经济、社会发展取得了令世人瞩目的巨大成就，就现代化进程中的城市化而言，20世纪末中国城市化水平达到了31%。据建设部推测2030年城市化水平将超过50%，中国将成为"中等城市化的国家"③。因此，中国的21世纪将是一个"新的城市世纪"④。然而同发达国家相比，中国的城市化历程具有典型的"中国特色"，即在经历了漫长的农业化过程而尚未开始真正意义上的工业化之前，便面对信息时代的强烈冲击⑤。因此，中国城市化将面临劳动力的大规模转移和第一、第二、第三产业同步发展，全面现代化的艰巨

① 吴良镛：《北京宪章》，《时代建筑》1999年第3期。
② 夏铸九：《理论建筑——朝向空间实践的理论建构》，台北《社会研究业刊》1992年第2期。
③ 刘文忠：《中国当代城市景观艺术设计理念的研究》，《南京艺术学院报》2006年第1期。
④ 邹德慈：《21世纪——城市可持续发展的目标选择》，《中国城市济》2000年第2期。
⑤ 王振：《绿色城市街区——基于城市微气候的街区层峡设计研究》，东南大学出版社2010年版，第65页。

任务。所有这一切又都基于如下的背景：社会主义市场经济体制有待于进一步完善与健全；政府主导城市化模式；城乡差别较大①；全球一体化带来了巨大冲击；生态环境体系与社会经济发展的需要存在巨大矛盾；等等。无疑，未来中国的城市建设是一项非常艰巨而重大的任务。

在这一宏大的背景下，城市景观作为城市化建设的主要部分以及人们赖以生存的生态、物质环境，也随着城乡体系、城市结构、空间特征的变化而发生改变。而作为一门多元关系的综合艺术，景观实践的质量直接影响和决定着城市景观的状况，尤其是景观实践还会带动城市景观随着科学技术与社会文化的进步而不断发展。这一切将随着城市化进程的加快而得到进一步强化并持续下去，景观行业也将面临前所未有的机遇与挑战。一方面，日益增长的市场需求为该行业提供着广阔的生存发展空间；另一方面，鱼目混珠、外行多于内行的状况，导致其缺乏"时代性""原创性"，整体设计水平不高。如何通过科学化实践手段，避免建设性破坏；如何使城市建设适应生态要求，达到可持续发展；如何真正地做到"设计结合自然""以人为本"等目标理想，这些都对景观行业提出了迫切的发展要求。

因此，结合当代中国城市景观的建设实践，从理论研究层面对不同时间段的思想与设计实践进行归纳总结与反思，以积极推进中国景观的未来发展可谓当务之急。

（二）学科发展的需要

就国际范围而言，景观学科的发展以美国为先导。美国现代景观设计的先驱——F. L. 奥姆斯特德（F. L. Olmsted）于 1858 年非正式地使用了"景观设计师"这一称谓。从此，美国的景观设计师进行了大量的现代景观设计实践，创作了许多有代表性的现代景观作品。在大量设计实践的基础上，哈佛大学率先开设 Landscape Architecture 专业，正式确立了其现代学科的地位。

而真正意义上的景观学科在中国的兴起更是短暂。在 1977 年上海辞书出版社出版的《辞海》中，还没有"景观"一词的记载，这说明当时中国尚未使正式用这一词语。虽然此前有些出版物使用过"景观"一词，但未被收入《辞海》。两年后的 1979 年，中国开始使用"景观"一词，并形成了地理学分

---

① 刘维奇：《中国城市化的特点与经验》，《辽宁师范大学学报（社会科学版）》2011 年第 7 期。

支之一的"景观学"①。20 世纪 60 年代初，农林系统、北京林学院（北京林业大学）园艺系创办了园林专业，同济大学建筑系也创办了风景园林规划设计的专业方向，并于 1979 年起先后创办了风景园林专业本科与硕士点教育以及风景园林规划设计博士培养方向。然而 1997 年国家学位办认为传统意义的风景园林，包括国内林业院校和农业院校的风景园林专业并没有形成一个独立的学科体系，因而决定撤销"风景园林"有关专业。与此同时，许多高校开始陆续开设以"景观"命名的专业，主要集中在农林、建筑、艺术、地理四类院校。2006 年，教育部正式批准二级学科景观学和风景园林本科专业，出现了"一学两名"的局面，经历着有史以来最为激烈的结构分化、重组、转变。虽然 2011 年风景园林成为一级学科，但是就现代国际接轨的学科意义而言，整个学科专业目前尚不成熟，其中暴露出学科专业定位不合理、培养目标不明确、缺乏合理的师资建设机制、教育评审制度不完善等一系列问题。国际景观学科的不断发展，中国快速的城市化进程，教育部门对学科专业的调整，以及各相关新兴专业与实践领域的兴起，对当前中国景观的学科建设、专业设置、知识体系、实践取向等方面提出了严峻的挑战和迫切的要求。

（三）行业参与国际竞争的需要

2001 年中国加入 WTO，对中国的经济体制、政治和社会文化产生深远的影响，使城市的社会文化生活汇入世界发展潮流，"融合、变革、发展"成为新世纪城市社会文化生活的主题②，以景观设计为代表的诸多设计行业也明显受到了全球经济一体化的影响，中国巨大的市场成为世界景观行业竞争的焦点。不仅是奥运会、亚运会、世博会、世园会等重大的工程项目吸引境外竞标者，即使是许多政府项目及房地产开发项目也同样有大量的境外公司的参与。其中，一些优秀景观工程实践的类型、规模、深度已经代表着当今景观设计在全球范围内较高水平和发展方向。同时，境外设计单位带来的行业竞争已经显现。近年来大量重要设计项目被境外设计单位赢得，反映出的一个显著问题就是西方国家主导着当今景观世界的话语权，而这方面的竞争实力是建立在全面先进的思想和设计实践、系统化的人才培养模式、科学规范的行业管理的机制等基础之上。随着国内设计市场的进一步开放和景观行业的

---

① 李树华：《景观十年、风景百年、风土千年——从景观、风景与风土的关系探讨我国园林发展的大方向》，《中国园林》2004 年第 12 期。

② 范少言：《WTO 与城市规划理念的变革》，《规划师》2001 年第 1 期。

持续发展，以及国外城市建设项目的日趋饱和，将会有越来越多的境外设计单位或设计师以各种方式参与到中国景观建设的竞争中来。因此，面对这种变化、影响、制约和激励，促使中国景观行业需要进行全方位的提高和调整，以适应激烈的行业参与国际竞争的要求。而且，这种提高不能仅停留在设计实践、技术手段、材料做法等局部、片面的表象层面，还必须重视思想方法、理论内涵方面的研究。

本书通过系统地梳理、研究中国景观思想与设计实践的发展脉络，以及在实践活动中得到的经验和教训，可以帮助认清行业发展现状及在当今世界的地位，并采取相应的实施对策，有力推动中国景观的国际竞争力和健康有序的发展。

第三节　基本概念的界定与解释

一、时空范畴的界定

由于本书主要采用了社会学的理论视角，因此借鉴了社会学的时空限定方式展开对中国景观思想与设计实践的研究。

首先，"当代"是一个时间概念，是对人类发展历史时间段的一个定性界定。在《辞海》的解释是"目前这个时代"，不同的学科领域存在着不同的划分方法。历史学上，世界当代史指 1945 年第二次世界大战结束至今，中国当代史指 1949 年中华人民共和国成立至今，但这也是史学界争论的问题。在社会学对时空特性的分析中，A. 吉登斯（Anthony Giddens）系统性地将时空概念引入社会学视野中，把时空看作社会现实的建构性因素。在吉登斯之前，在哲学层次上 I. 康德（Immanuel Kant）就认为时空是"一种观念，一种秩序"，根据该观点，时间和空间都是虚空的范畴①。在摆脱哲学局限之后，吉登斯认为时空概念至少需要考虑四个要素："时间并不是容纳的环境，时间其实就是社会中的活动构成；生活在不同环境的人们看待时间的方式也不同；时钟所呈现的时间给我们的感觉就是向后，日常生活就是时间规则支配的事

---

① 夏玉珍、姜利标：《社会学中的时空概念与类型范畴——评吉登斯的时空概念与类型》，《黑龙江社会科学》2010 年第 3 期。

件和活动的往返或重复；针对时间的不同分析，会使我们获得不同方位的意义"①。可见，吉登斯的时空概念和类型就不可避免地会带有社会性，也就是所谓的社会性时空观。

目前，在社会、经济、政治等研究领域，由于中国共产党十一届三中全会所具有的里程碑意义，一般将其界定为当代中国的开端，或"新时期""转型期"②。根据吉登斯的观点，从社会性角度分析，改革开放以来，中国社会发生了两个重要方面的转变。一是社会结构的转变，即从农业的、乡土的、封闭半封闭的传统农业社会向工业化的、城市化的、开放的现代社会的转变，这种社会转变贯穿于整个现代化建设过程，尤其是城市景观建设，相比"文革"时期的全面停滞，进入到迅速恢复时期。二是经济体制的转变，即从高度集中的计划经济向市场经济转变，这是生产、交换方式的转变，是中国社会特殊的进程③。这一时期的政治制度、价值观念和意识形态等因素极大程度地影响了各种类型景观实践的演变，反过来也会影响社会现实，两者同时并进，呈现出交织在一起的态势。正是基于改革开放后中国社会的基本特征，本书的研究年代起始于1978年12月中国共产党召开的十一届三中全会。

其次，是关于"中国"空间范畴的界定。在本书中，既包括产生在国内中国人自己的景观实践成果，也包括在中国土地上由境外景观设计单位或个人提出的理论观点或设计的景观作品。另外，也涉及由中国的设计单位或个人在海外完成的设计成果或发表的言论，这一类的理论与设计成果在一定程度上能够反映在特殊的时空背景下，中国景观从业者的价值取向，因此也属于本书的研究范围。

书中列举的设计实践成果，既包括已经建成和正在建设中的作品，也包括在一定时间或范围内，广受业界关注和评论但由于某些原因未能实现的设计方案，同时还涉及一些国内外重要设计竞赛中的代表性方案，它们也同样反映设计者的思想和论争中的意向。

鉴于篇幅与研究精力所限，本应包括在研究范围内的港澳台地区的景观

---

① ［英］安东尼·吉登斯：《社会理论与现代社会学》，赵勇、文军译，社会科学文献出版社2003年版，第23页。

② 刘永涛：《中国当代设计批评研究》，武汉理工大学2011年博士学位论文，第23 – 24页。

③ 尚重生：《当代中国社会问题透视》，武汉大学出版社2007年版，第45页。

实践在本书中只能暂时割舍。

另外，中国景观发展具有极强的历史传承特征，因此本书的时空背景也涉及中华人民共和国成立初期到改革开放伊始的一段时间，然而重点还是放在改革开放后，特别是 20 世纪 80 年代以后。在中国社会复杂的"转型期"历史语境下，中国景观也经历了急遽的历史变革，并不遗余力地反映着这种状态。对曾经或正在发生的思想和行动来说，进行描述、分析、反思乃至批判，是非常重要的历史使命。

二、关于"景观"

作为一个外来语，"景观"是目前"LA"（Landscape Architecture）较为普遍的中文译名，但是它的词义也是非常暧昧和复杂的①。由于中外文化和语言特点的差异，与之相对应的英译名称在国内外学术界一直存在激烈的争论。将这些 LA 的中译名汇总起来，大致有三种，即"景观建筑""风景园林"和"景观"。

首先，"景观建筑"是在 LA 作为该学科国际通用的名词术语，刚进入国内时出现的直译方法。这种译法很容易造成 LA 是建筑学的一部分或一个分支学科的假象。孙筱祥先生针对这种情况指出，"建筑学是不可以包涵大自然生态系统的保护规划的，这种学术观点是不能与国际接轨的"②。在中国风景园林学会 2009 年会的报告中，曾担任哈佛大学设计研究生院景观系主任彼得·沃克（Peter Walker）特别强调，奥姆斯特德用"Architecture"创造了"Landscape Architecture"这个词汇，但并不是说这个行业是建筑的附属品，而旨在强调行业特征和本质，并且认为该行业包含三个元素：第一个是农业，包括农业工程、园艺以及畜牧业；第二个是社会科学；第三个是艺术，即视觉与美学方面的元素③。本书认为，建筑可以有名词和动词两种使用方式。这里的"Architecture"应该作为动词进行理解，表达的是一种景观的建构行为。从上述权威性观点中，可以判断我国景观界将其译为"景观建筑学"，显然不准确。

① 林广思：《景观词义的演变与辨析（2）》，《中国园林》2006 年第 7 期。
② 孙筱祥：《风景园林（LANDSCAPE ARCHITECTURE）从造园术、造园艺术、风景造园——到风景园林、地球表层规划》，《中国园林》2002 年第 4 期。
③ ［美］彼得·沃克：《美国风景园林发展历史及现状》，《风景园林》2009 年第 5 期。

而近年来，"风景园林"与"景观"之间的争论愈演愈烈。"风景园林"最早出现在 1981 年 2 月 28 日颁布的《国家文物局、国家城建总局、公安部关于认真做好文物古迹、风景园林游览安全的通知》中，作为一个空间概念被社会大众关注。20 世纪 80 年代中后期的"风景园林"成为城市园林绿化和风景名胜区的统一整合，是本学科对社会环境发展做出的积极反应。此后，一些有着农林院校背景的专家学者成为这种译法的支持者，并在不同刊物发表观点。孙筱祥分别在《中国园林》2002 年第 4 期和《风景园林》2005 年第 3 期上，发表题为《风景园林（LANDSCAPE ARCHITECTURE）从造园术、造园艺术、风景造园——到风景园林、地球表层规划》《国际现代 Landscape Architecture 和 Landscape Planning 学科与专业"正名"问题》的文章。他指出 LA 是从欧洲 13 世纪的造园术发展而来的，到了 19 世纪才由奥姆斯特德以新的专业名称提出。该专业的核心是"城市环境的绿色生物系统工程"和"园林艺术"。他还提出之所以赞同"风景园林"的译名，一是诸多中国园林发展的历史原因，二是为了行文简化。杨滨章也在《关于 Landscape Architecture 一词的演变与翻译》一文中，从园林史的角度，对 LA 演变过程的史料进行一些探究和梳理，特别是对 Landscape Garden 和 Landscape Architecture 两个词的来源及关系进行了探究，认为该译法可以将 LG 和 LA 的内涵与外延都包容进来。

俞孔坚是支持"景观"这种译法的代表。在 2003 年 4 月，北京大学成立景观设计学研究院之际，俞孔坚和李迪华等编辑了《景观设计：专业学科与教育》一书，他将 LA 译为"景观设计学"，指出"是一门建立在广泛的自然科学和人文与艺术学科基础上的应用学科。尤其强调土地的设计，即：通过对有关土地及一切人类户外空间的问题进行科学理性的分析，设计问题的解决方案和解决途径，并监理设计的实现。"在发表于《中国园林》2004 年第 7 期，题为《还土地和景观以完整的意义：再论"景观设计"之于"风景园林"》的文章中，他认为，"国内学术界对 LA 的混乱认识绝不仅仅是翻译问题，中国的园林或风景园林的职业范围客观上远不如国际 LA，其专业内容大大超越普遍认同的'风景园林'的内涵和外延，真正的解决之道在于走向土地和景观的完整设计"①。该文立即引起了学术界的广泛讨论。同一期《中国

---

① 俞孔坚：《还土地和景观以完整的意义：再论"景观设计"之于"风景园林"》，《中国园林》2004 年第 7 期。

园林》上，刘家麒的《还风景园林以完整意义》，王秉洛的《"完整的意义"也有悲哀》，李嘉乐的《对于"景观设计"与"风景园林"名称之争的意见》都是针对俞文进行的批判和反驳。其中刘家麒认为俞孔坚对风景园林有片面理解，观点存在一些误区："把风景园林曲解为'唯审美论''唯艺术论'；用景观的意义取代风景园林的完整含义；'风景园林'的叫法已经过时，应该由'景观设计学'取而代之"①。一时间两派观点各执己见，呈现出针锋相对的态势，也出现了世界少有的"一学两名，平行发展"的局面。

本书无意继续陷于这场 LA 话题的争论，正如朱建宁在《论 Landscape 的词义演变与 Landscape Architecture 的行业特征》中所总结的，"翻译上的差异无伤大雅，重要的是其内涵的限定"②。王绍增在《必也正名乎——再论 LA 的中译名问题》中有这样一段话："对于内涵改变了的事物赋予新的名称，比起坚持老名称要好得多，一是不容易造成误解，二是在事物发展变化很快的现代社会，传播一个新概念比等待一个老概念在人们心中慢慢改变要迅速和容易得多。既然景观作为新兴的专业名称，已逐渐被业内外人士所接受，何不就这样传播下去或直接用英语，也许未来会产生一个更加准确、科学的名称取而代之"③。尽管 2011 年，"风景园林"已经成为一级学科，但鉴于多年来，国内许多高校还是以"景观设计""景观规划设计"，甚至是"景观建筑"等作为院系或专业名称，而叫这类名称的国内或境外设计单位也不会因为学科名的变化轻易地"易帜换旗"。另外，伴随着中国城市建设的迅猛发展，"景观"深厚的群众基础早已根深蒂固，所以若在较短时间内让"风景园林"一统江山，恐怕很难实现。

因此，本书采用"景观"的译法。如齐康先生指出的，"'地景学''造园学'，以及大家经常提及的'景观学'，与'风景园林'为同一意义"④，名称之争确实没有必要了。

---

① 刘家麒：《还风景园林以完整意义》，《中国园林》2004 年第 7 期。
② 朱建宁、周剑平：《论 Landscape 的词义演变与 Landscape Architecture 的行业特征》，《中国园林》2009 年第 6 期。
③ 王绍增：《必也正名乎——再论 LA 的中译名问题》，《中国园林》1999 年第 6 期。
④ 齐康：《尊重学科，发展学科》，《中国园林》2011 年第 5 期。

三、"实践"的广义与狭义辨析

（一）"实践"的广义内涵：思想与行动的统一

"实践"一词源于希腊语 Praxis，指人类改造社会和自然的有意识的活动。最早将实践概念从日常生活提炼出来，使之进入西方思想的反思领域的，是西方实践哲学的创始人——亚里士多德（Aristotle）。正是他第一次用实践概念来分析和反思人类行为，形成了较为系统的实践理论，从而使之成为一个哲学范畴①。亚里士多德认为，"实践是蕴含道德目的的人类活动，是人们在具体的历史情境中慎重明辨地做出的行动"②。这一时期的传统实践概念包括四层独特含义：人类的活动只有内在地蕴含了道德目的才能称得上"实践"③；实践是实践者借助自身的实践智慧在具体的及历史的情景中经慎思明辨做出的行动，它基于实践者的审议式推理之上④；实践智慧使实践成为一种被思考、被有意识地理智化的行动，因而它能反思、批判和改变曾经启示过它的知识，即关于行动的原理⑤；是实践者主宰着实践⑥。其中，将第四层含义展开分析，可以发现亚里士多德定义的实践也具有"传统哲学"的"通病"，即片面性和有限性。这里强调的实践只是实践者个体的实践，是不依靠外在的力量控制的实践。亚里士多德认为只有实践者才能真正进入实践中，去体验和理解行动并承担起整个行动的责任，也只有实践者才能真正地反思实践、改善实践，并在实践中完善自己。可见，亚里士多德意义上的实践，是实践者"思与行"的统一。

在哲学史上，马克思（Karl Heinrich Marx）历史性地将实践提升为哲学的根本原则，并转化为哲学思维方式，从而创立了一种实践、辩证、历史的唯物主义。因为实践唯物主义的创立，也终结了传统哲学，并实现了传统哲

---

① 丁立群：《亚里士多德的实践哲学及其现代效应》，《哲学研究》2005 年第 1 期。

② 王艳玲：《培养"反思性实践者"的教师教育课程》，华东师范大学 2008 年硕士学位论文，第 16 – 18 页。

③ ［希腊］亚里士多德：《尼各马可伦理学》，廖申白译，商务印书馆 2003 年版，第51 页。

④ 唐莹：《跨越教育理论与实践的鸿沟——关于教师及其行动理论的再思考》，华东师范大学 1995 年博士学位论文，第 76 页。

⑤ 唐热风：《亚里士多德伦理学中的德性与实践智慧明》，《哲学研究》2005 年第 5 期。

⑥ ［美］A. 麦金太尔：《追寻美德——伦理理论研究》，宋继杰译，南京译林出版社 2003 年版，第 121 页。

学向现代哲学的转换。正如梅洛·彭迪（Maurice Merleau – Ponty）在谈到马克思时指出："马克思的主要贡献，正是在于指明实践是意义的场所。马克思所说的实践，就是人的行动发生交互关系时所自然产生的意义，正是透过这种交互活动，人类组织他们同自然和同他人的关系。"① 毛泽东在《实践论》中也指出："马克思主义者认为人类的生产活动是最基本的实践活动，是决定其他一切活动的东西。"②

　　而随着 20 世纪人类遭遇的各种问题，如贫困、饥饿、战争、污染等，迫使人们重新思考经济增长、科技进步与人类未来的关系问题，重新思考人的存在价值和意义问题。在这些过程中，各种思潮，如存在主义、批判理论纷呈毕现，揭批技术理性的膨胀和人的生存意义的失落；一些学者先后不约而同地试图恢复实践概念在社会学和人类学实用价值。布迪厄在长期社会调研中，意识到实践者的思想和行动双重结构特征，即思想和行动都在其社会历史脉络中，共时地进行外在化和内在化的双重运动。这种共时运作，表明实践者的思想及其行动，都同时具有主动性和被动性的双重特点。这一观点，其实从本质上回归为亚里士多德"思与行"的实践概念。

　　（二）本书的狭义解析：景观设计活动

　　从社会学角度来理解，"实践"应该比日常社会生活中提及的，能动地改造自然、社会的活动有着更深的内涵——即实践不仅包括思想的运用，而且包括对"思想"的"行动解释"。布迪厄将这一解释加以引申："实践活动趋向于再生产其生成原则之产生条件的内在规则性，同时又使自己符合由构成习性的认知和促动结构定义的情境所包含的作为客观可能性的要求，所以实践活动不可能由看起来会引发实践活动的现时条件推断出来，也不可能由产生习性这一实践活动的持久生成原则的过去条件推断出来。如果要对实践活动做出解释，只有把产生实践活动的习性赖以形成的社会条件与习性被应用时的社会条件联系起来。"

　　如果将这种社会学层面的实践深层内涵演绎到景观领域，在本书题目及正文中出现的"景观"概念同样涵盖"思想"与"行动"的两层含义，等同于"景观实践"。而作为一门应用型学科，"实践"绝对不是单纯地将景观的

----

① 高宣扬：《当代法国哲学导论》，同济大学出版社 2004 年版，第 48 页。
② 《毛泽东选集》第 1 卷，人民出版社 1991 年版，第 282 页。

思想理论运用于空间的建构行动,而且是对这种思想理论反作用的"再阐释"。因此,景观实践的相当一部分内容,就是对景观建构过程中的行动解释,即狭义层面的实践——"景观设计活动"(图 0 – 1)。

需要说明的是,在书名及书中出现的"当代中国景观"概念在没有进行特殊解释的情况下等同于"当代中国景观实践"的理解,为避免广义与狭义上的混淆以及语法上的重复,故省略了"实践"二字。而题目中的"设计实践"则应归属为狭义层面的理解,是有关"行动"方面的"当代中国景观实践"。

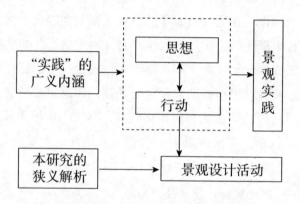

图 0 –1 "实践"概念辨析示意图

Fig. 0 –1 Diagrammatic Sketch for Concept Discrimination of Practice

四、情境:实践的主客观环境

"情境"一词与英语"situation"对应,这一概念最早被美国社会学家 W. I. 托马斯(W. I. Tomas)与兹纳尼茨基(F. W. Znaniecki)在合著的《波兰农民在欧洲和美国》(1918 年—1920 年)一书中提出。"情境"在各类字典中的基本定义是:"一个存在有着某种事态的地方"(《牛津简明词典》);"进行某种活动时所处的特定背景,包括机体本身和外界环境有关因素"(《辞海》)。情境既有物理意义的定义域,又有非物理意义的时空域,且尤指"情况""境界"等表述的由客观至主观的认识之意。

20 世纪中后期,欧洲出现了一支高度关注马克思之后的消费与媒体社会这一新形式及社会再生产的国际性学术组织——情境主义国际。居伊·德波(Guy Ernest Debord)、康斯坦特(Constant)、鲁尔·瓦内格姆(Raoul Vanei-gem)、米歇尔·德·塞托(Michei de Certeau)等人是这个学术性组织的代表人物。他们提出了空间、日常实践、异化、统治等范畴的论题，特别是创始人德波在他的著作《景观社会》中，将马克思《资本论》中的"商品社会"革命性地变为"景观社会"①，强调景观控制下的社会状态。需要指出的是，情境主义者提到的景观概念，更确切的实质是"实在化的、物质化的世界观……总体上抽象地等同于一切商品"②，其涉指范围比本书所指的"景观"要更加的宽泛和抽象。而在今天消费文化语境中，关于中国景观实践的一切——景观存在、景观设计师、景观理论等都已成为消费对象，因此也自然地成为"景观社会"的一个组成部分。

情境主义国际不仅为当代欧洲政治风暴增添了浓重的一笔，而且也把各种专业领域的打通工作做到了极致，特别是影响到了城市规划领域。荷兰建筑师康斯坦特做的"新巴比伦计划"就是应用情境主义对城市空间进行研究的代表，虽然只是乌托邦式的城市构想，但充分肯定了人的创造性以及情境建构对各类社会实践的重要性。而本书的目标就是通过情境概念的构建思维，从本质而深刻的社会层面的多个角度，来构建对中国景观的实践内容和特征的清晰认识。另外，情境主义者所探讨研究的就是剥离景观表象，超越意识形态，还原于社会实践的本原，建构一种没有被异化的社会情境③。这种"由表及里"，纵向深入的研究思路也正是本书所需要的。

综合分析，情境既是客观与主观建构的时空维度，也是一个客体与主体参与的时空维度，不仅指向更广泛、更多变的客观的环境与氛围，而且强调由此升华所形成的主观的认识与理解，突现显性与隐性两个方面，具有"真实性"的特征。因此，本书引入情境概念的目的是希望将景观实践历程中的事件和人物归置于变革过程的中国社会环境之中来解读，尤其是"境"强调了构成和蕴涵在景观实践中的那些相互交织的社会因素及其相互之间的关系。

---

① Guy Debord, *la Sociětě du Spectacle*, Ⅱ, Francais：Éditions Gallimard, 1992, p. 53.
② Guy Debord, *Commentaires sur la Sociětě du Spectacle* #5, Francais：Éditions Gallimard, 2002, pp. 23 - 24.
③ 王雄英：《情境空间营造——喀什地区城市情境空间研究》，中南大学 2011 年硕士学位论文，第 9 - 11 页。

第四节 研究内容与研究方法

一、研究内容

伴随着社会变革的洪流，中国景观的发展态势亦愈发迅猛。虽然，景观学科及行业经过西方发达国家一个多世纪以来的运作和检验，其发展具有了一定的逻辑规律，但是在中国毕竟刚刚走过 30 余年的发展历程，还普遍处于对西方经验的消化与应用阶段。另外，中国景观实践也不可避免地同整个社会的变革铰接在一起，具有一定的复杂性和特殊性，同时也暴露出诸多问题。因此，本书针对中国景观纷繁的实践问题，旨在跳出传统的景观理论视角，应用社会学的理论成果，试图从整体到局部地系统把握实践内容、特征与社会结构体系的内在逻辑，进而通过实践反思，提出应对策略与方法，为系统研究中国景观实践提供参照，为指导景观学科及行业的发展提供理论支撑。基于这种研究目的，本书分成七个章节。

在引出课题后，核心部分在第一章至第五章分为四个部分加以论述。第一部分阐述了景观学与社会学的相关理论及相互联系，明确和建立了本书的研究框架。第二部分是对 1978 年以来中国景观实践情境的总体透视，从整体到局部地把握景观实践与当代中国社会演进的内在逻辑。第三部分是对"传统园林的当代转型实践"与"景观存在本体表象化实践"的系统性研究，也是对中国景观思想演进与设计实践存在问题的客观诊释和理性反思。第四部分在反思的基础上，从思想实践和行动实践两个方面，提出适应于中国景观发展的实践思路与应用方法。

各章的主要内容具体安排如下：

绪论。包括研究的缘起，对相关概念进行界定与辨析，对研究目的及现实意义、研究内容与研究方法进行了介绍。

第一章，研究背景综述与理论框架。阐明了本书的社会学视角；通过文献综述，归纳和总结了相关研究的主要成果与不足，及对本课题研究的重要启示作用；提出了"实践情境—实践反思—反思性实践"的理论研究框架，详细阐述了框架由来、元素构成、工具分析以及方法应用。

第二章，中国景观的实践情境透视。归纳与分析了社会变革与先导因素对中国景观的影响，并对景观学科及行业发展历程进行了分阶段梳理，建构起对中国景观实践动因的基本解释框架；对中国景观的四方面实践内容与特征进行了归纳性研究，同时结合当代社会的演进特点，对每个方面进行了历时性的纵向梳理；探讨了代表性实践者的实践脉络。

第三章，传统园林的当代转型实践：惯习角度的实践反思。首先是对惯习含义和特征的研究；探讨了传统园林当代转型背景及必要性，结合理论工具，提出传统园林继承惯习的概念，并对转型背景下的两次大规模继承惯习进行了历史性的比较分析。在此基础上，归纳和总结了三种以形式复兴为主要特征的僵化实践，指出僵化实践是导致继承惯习失范的主要原因，继而指出当代转型的复杂性与矛盾性，并得到抵御继承惯习的启示。

第四章，景观存在本体的表象化实践：场域角度的实践反思。通过对场域含义、特征以及与景观逻辑关系的阐述，建立了景观场域下的解释性研究框架；从权力、文化、消费等社会场域的观察视角，对存在本体的表象化实践特征进行阐释。重点研究了两种表象化实践内容：中国"城市美化运动"和时尚景观，对产生背景、表象化范式及场域动因进行了剖析，并指出存在本体表象化实践的危害。

第五章，重新发轫：迈入反思性实践的中国景观。在实践反思的基础上，应用"反思性实践"的社会学理论方法，提出以反思性为基本原则的实践超越目标，结合近年来中国景观在思想实践与设计实践方面的反思性转变，做出当下中国景观已迈入反思性实践阶段的基本论断；进一步对"反思性实践"方法论为主导的多途径设计实践进行了归纳性研究，并提出五种相对的反思性实践策略与方法。

第六章，结论与展望。主要是对本书的主要观点、结论及创新性成果的归纳和概括，同时也对存在的不足做出总结，并对未来研究提出展望。

二、研究方法

基于不同层面和范畴的研究需要，本书采用了不同范畴的多种研究方法。

（一）历史考察法

纵向考察中国景观的实践脉络，把握其时空背景以及内外部影响因素，从社会历史观的视角，根据重要景观事件、重要法律法规政策文件、重要出版物和代表性实践案例的发生时间点，明确实践历程中的重要历史截面特征，清晰地展现中国景观的总体图景。

（二）系统复合法

在综合的社会情境背景下研究景观实践，已远非仅以景观理论和现象的研究就能达成，开展多学科交叉研究是一条有效途径。本书以开放系统的概念，从历史、文化、政治、经济等复合视角，着重对实践发展的动因和景观现象的形成进行系统性研究。

（三）案例研究法

大量运用实例资料，以点带面地进行案例解析，探讨景观实践过程中各种现象和规律，并结合理论研究成果，总结经验和反思问题。该方法"本质是集中研究一个在现实背景下的案例、情境或现象，比单纯地研究自然状态下的案例和现象要更加含义深刻"①。

（四）比较分析法

运用历史比较方法，"以史带论，论从史出"②。主要体现在两个方面，一方面是不同历史背景下，对中西方景观实践历程的比较；另一方面是同一时代背景下，中国景观不同实践阶段的主要内容及特征的比较。在比较分析的基础上，明晰中国景观实践的时空背景和实践过程中不同的外显特征以及内在动因，以获得对其特殊性的全面认识。

---

① Ministry of Housing, "Physieal Planning and Environmental Protection. Steering concepts and instruments in environmental policy: searching for methods of co - production", The Hague, The Netherlands, 1996, p. 78.

② 王武子:《以史带论 论从史出——简评〈汉唐文化史〉》,《中国图书评论》1993 年第 3 期。

第一章

研究背景综述与理论框架

"洞见或透识隐藏于深处的棘手问题是艰难的，因为如果只是把握这一棘手问题的表层，它就会维持原状，仍然得不到解决。因此，必须把它'连根拔起'，使它彻底地暴露出来；这就要求我们开始以一种新的方式来思考。这一变化具有决定意义，打个比方说，这就像从炼金术的思维方式过渡到化学的思维方式一样。难以确立的正是这种新的思维方式。一旦新的思维方式得以确立，旧的问题就会消失；实际上人们会很难再意识到这些旧的问题。因为这些问题是与我们的表达方式相伴随的，一旦我们用一种新的形式来表达自己的观点，旧的问题就会连同旧的语言外套一起被抛弃。"

——路德维希·维特根斯坦（Ludwig Wittgenstein）

《维特根斯坦笔记》，1914—1916 年[①]

第一节　景观研究的社会学视角

一、社会实践观的引入

"一切历史都是当代史"，是意大利史学家 B. 克罗齐（Benedetto Croce）

---

① ［英］路德维希·维特根斯坦：《维特根斯坦笔记》，许志强译，复旦大学出版社 2008 年版，第 89 页。

提出的命题①。而马克思主义哲学中，认为实践就是人们有目的、能动地改造客观世界的物质活动，是人与对象之间、主客体之间相互作用而实现统一并使人类获得生存、发展和解放的社会历史进程，实践一开始就是社会的实践，是历史地发展着的实践，人总是在一定的社会关系中进行实践活动。所以，从社会实践诸多现象的任何一个细节深究下去，研究者都会遇到无穷无尽的因果链条，以致不可能满意地解释现象本身②。所以，社会实践的对象、范围、规模和方式，都是社会的历史的产物。

本书明确提出从社会实践观的理论视角，展开对社会实践——景观实践的研究，不但是景观发展的内在要求，而且是学科及行业发展的必然趋势。具体而言，包括两层重要的含义。

首先，研究中国景观问题，从某种程度而言就是从一个侧面研究当代中国社会的发展问题。将30余年的景观演进过程放置于由政治、经济、技术、文化等社会实践元素构成的社会大系统中，运用完整的、连续、发展的观点，把景观实践纳入具体的社会环境之中加以研究，注重与相关社会实践因素的相互作用，可以使本书的研究更加全面；反之，如果脱离了具体的社会环境，景观实践就可能成为"无本之木，无源之水"（图1-1）。如凯文·林奇（Kevin Lynch）指出的，"物质环境形态不是造成改变的关键变因……首先是改变社会，然后环境也会跟着改变；如果要先改变环境，那么你会什么也改变不了"③。

其次，由于中国景观的若干实践始终处在社会变革的结构之中，因此，发展状况更为复杂，影响的因素也并不仅限于景观本体，经济、社会和文化等因素的相互纠缠，此外，行动实践先行于思想实践、职业化进程不够完善、又缺少科学系统的批评引导……这些都对诠释这段不算长的历史，增加了研究难度，影响了分析的系统性。为了获得对于这段历程复杂性的审视和剖析，可以借助其他学科的理论研究成果，这种学科交叉的技术路线体现了当代科学向综合性发展的趋势。亨利·列斐伏尔（Henri Lefevbvre）作为城市研究领

① ［意］贝奈戴托·克罗齐：《历史学的理论和实际》，傅任敢译，商务印书馆1997年版，第2页。

② 唐军：《追问百年：西方景观建筑学的价值批判》，东南大学出版社2004年版，第204页。

③ ［美］凯文·林奇：《城市形态》，林庆怡、陈朝晖、邓华译，华夏出版社2001年版，第73页。

图 1 – 1　某楼盘的法式景观

Fig. 1 – 1　French Landscape in some Community

域的学者，一再强调城市空间问题是当代社会科学必须认真对待的重大问题，空间性与社会性、历史性的思考应该同时成为社会科学的内在理论视角①。所以，相对于微观、局部的景观本体问题的研究，更应当辅以宏观、整体的社会实践观的理论视角。当代西方景观及相关学科引入社会学及社会实践研究的思潮、学派及学者众多，比如，K. 弗兰姆普敦（Kenneth Frampton）对反思性实践理论的应用，解构主义及景观都市主义的大量理论与设计实践等，理论与成果可谓汗牛充栋，值得借鉴。

　　总之，社会学理论具备基础性、具体性和反思性等学科优势，将实践观引入景观领域，展开对中国景观实践"由表及里"的研究，与传统的景观研究（表 1 – 1）相比，由于其产生背景、指导思想、研究方法等方面的优势，从而能够更加全面地认识中国景观的特殊性和复杂性。社会实践观的引入不仅是对时代和历史的关注与追问，更是强调了中国景观实践与不同社会领域间的关联，以思辨的态度对待现有的状态和存在的问题，从而对当代中国景观学科的价值取向做出较为完整与综合的阐释，对当前中国的景观研究也具有现实意义和一定的创新性。

---

　　①　包亚明：《现代性与都市文化理论》，上海社会科学院出版社 2008 年版。

表 1 –1 传统景观研究与社会实践观下景观研究的比较

Tab. 1 –1 Comparison between Traditional LA Research and

LA Research by Social Work View

理论领域	传统景观理论研究	社会实践观下的景观研究
学术背景	景观学	社会学与景观学
关注对象	人类社会的功能性景观因素	景观因素与社会实践背景中诸因素的有效平衡
价值体系	工具理性	工具理性与价值理性并重
思维模式	分析为主	分析与综合并重

二、反思：本书的理论基点

反思既是本书的核心词，又是一种为景观研究提供理性而可行的思想实践和行为实践方式。"反思"在《现代汉语词典》中的解释是："思考过去的事情，从中总结经验教训"。可以说，反思是人类由劳动实践中获得的一种自反性的思维能力和活动，是自我意识的高层次的发展。除了固有的一般意义，它还作为一个哲学名词被广泛使用，如《大辞海》中指出，"西方哲学中通常指精神的自我活动与内省的方法"①。现代中国学者冯友兰则认为，"所谓反思就是人类精神反过来以自己为对象而思之。人类的精神生活的主要部分是认识，所以也可以说，哲学是对于认识的认识。对于认识的认识，就是认识反过来以自己为对象而认识之，这就是认识的反思"②。

在西方哲学传统中，尤其自勒内·笛卡尔（Rene Descartes）以来，反思就始终是一个备受关注的概念，甚至"已经被看作是划分科学与哲学的界石"③。伴随近代哲学的发展，它逐渐得到确立和明晰，很多哲学家不断阐发自己对反思概念的认识，从自身哲学思想的角度上赋予反思不同的含义或解释。然而，真正立足前人、扬弃前人而又标新立异，赋予"反思"无比崇高的哲学地位的，是黑格尔（G. W. F. Hegel）。黑格尔认为，只有借助于反思的

---

① 《大辞海》哲学卷，上海辞书出版社 2003 年版。

② 冯友兰：《中国哲学史新编》第 1 册，人民出版社 1982 年版，第 124 页。

③ 胡萨：《反思：作为一种意识——教师成为反思性实践者的哲学理解》，首都师范大学 2007 年硕士学位论文，第 63 页。

作用去改造直接的东西（即感性材料），才能真正认识到事物的本质和客观性①。黑格尔对反思含义、范畴、作用等问题的系统论述，确认了反思作为哲学的认识方式，确定了反思是思维发展的积极环节。之后，马克思通过吸取黑格尔的概念辩证法的合理内核，创立了实践反思理论，从而使得反思的概念形式开始进入到现代形态。马克思通过彻底批判以往抽象的形而上学理论体系，打破了"观念王国"，其批判意味着真理是用否定的形式诉诸实践的革命力量，并因而实现了对以往哲学思维方式的彻底转变。总之，反思的历史演进过程同时就是人类对自己思维认识的深化过程，就是人类认识论的发展过程。

作为本书重要研究基石的社会学，相对哲学的抽象高深、远离社会生活相比，它是一门利用经验考察与反思分析来研究人类社会结构与活动的学科，是实证性、基础性的社会科学。反思在社会学中，是以"社会哲学"的形态出现的，使社会生活与哲学的联系更加密切。社会生活包括日常生活的批判，对信仰、信念的关注与支撑，对社会团体生成、嬗变以及命运的考察，对社会整体性变迁的重视等构成了社会哲学不可或缺的层面，都是要不断反思的内容。社会关系的形成与衍生，社会生活之本质，社会生活领域与政治、经济领域的关系等一系列基础性的环节与问题，为社会反思提供了素材，为社会哲学的生成提出了需要，也提供了契机，更为重要的是为其发展与繁荣提供了丰富的资源与问题域。而反思在这些过程中，始终以"社会哲学"的形态发挥着对诸多社会问题进行批判、解构与重组的功能，充分显示了反思与社会领域的关系。

在不同的社会领域，反思的存在形态也相应具有领域规定的特殊性，但是都在进行着相同的反思活动。正由于反思在思想研究和现实生活中无处不在，反思自身才会找到推动自身发展的动源。在当前这个多元时代，任何理论、任何领域都不可能用单一范式去控制话语权，对问题的判断也就难以具有归一的价值标准。从这个意义上说，反思更能成为指导实践进展和认识深化的重要策略。而将反思移置在建筑、景观等实践领域的构思、创作、建造以及评价、使用等诸多环节，其目的不仅在于对这些环节的实然状态的检验，然后再进行实践性的调整，而更为重要的是对其结构性与价值关系性的评价，

---

① ［德］黑格尔：《小逻辑》，王义国译，光明日报出版社2009年版，第96页。

包括社会、文化、政治、经济等隐形要素的支撑与影响，是这一类实践性学科难以提供的审视能力与评价尺度。反思活动以"社会哲学"的形态显示哲学反思对建筑、景观等实践活动的关注、审视与批判，从而达到为思想实践、行为实践提供必要的前提，从理念、思维、价值确定到表现方式、建构模式等多方面进行自觉转换与重塑提供了批判的武器与理论支撑。近年来，反思逐渐成为建筑、景观领域变革、发展的重要能动因素，这是不争的事实，在后文中会有详细阐述。

本书从实践哲学的态度和方式出发，结合社会学的理论视野，将针对景观实践展开的反思理解为"一种非对象性的自身意识"，这是一种科学而理性的思维方式和研究方法，对下文进一步理解和回答何以建立理论框架，有着重要的基础研究价值。

第二节　相关研究概况

一、国外的相关研究

虽然国外没有对中国景观实践历程的直接研究，但西方景观发展史也毕竟经历过我们今天在这个历史阶段的需求与社会背景，甚至有许多相似的地方。尤其是本书理论研究框架的建立，主要来源于西方哲学、社会学理论研究的成果。因此，对国外相关研究成果的应用在客观上对本书提供了一定的启示。

（一）社会学关于实践理论的研究

首先，作为本书框架概念基点——"实践"问题的研究在西方哲学体系中可谓源远流长，并且很早就进入反思的研究状态中。早在古希腊亚里士多德为代表的传统哲学那里，就形而上学地指出"实践"与"反思"存在模糊联系。到了19世纪初，德国近代客观唯心主义哲学的代表黑格尔将其发展成为一个系统的、有严格论证的伦理思想体系，释析了"反思"更深层次的含义，即对直接实践或内在思想的意识，明确指出了实践与反思在哲学本体论的直接联系。两个概念对合为后人更加系统、深入的研究构建了基本解释框架或研究平台。

　　马克思批判地继承了黑格尔的学术观点，创立现代实践反思理论，认为"人对历史的理解和把握只能选择从'事后'开始思索的方式，即一种'实践反思'的思维方式"①。20世纪20年代以后，西方马克思主义的实践反思研究逐渐转向社会文化和意识形态问题，更具实效价值。法兰克福学派率先围绕社会哲学著书立说，逐步形成了自己的"社会批判理论"。兴起于20世纪中叶的结构主义，其研究对象不是构成事物的元素，而是元素之间的关系，取代了西方传统思想主体与客体的二元对立模式及其主体中心主义原则，也彻底地颠覆了贯穿于整个西方思想和文化的"人"的观念的"标准化"及其"正当性"的基础。可见，结构主义是一次开创性的思想实践方面的反思变革。

　　法国当代社会学的代表人物布迪厄以反思性的基本原则，去分析人类实践诸方面，并受到结构主义的深刻启发，把对于"实践—反思"关系思维模式的研究引入到自己的理论建构中，创建了反思性社会学，从认识论上对整个社会科学界是最重要的贡献。布迪厄在《实践理论大纲》（1977年）、《教育、社会和文化的再生产》（1990年）、《语言与符号权利》（1991年）、《实践与反思：反思社会学导引》（1992年）等多部著作中阐述的实践反思理论是其反思社会学的集中体现。并且，"理论工具"——惯习、场域等概念，揭示了实践反思是什么、如何进行实践反思等范畴之宽、领域之广的问题，适用于人类学、社会学及其他社会科学涉及的不同领域。因此，布迪厄的反思社会学研究扩大了当代社会科学知识的范围。

　　本书理论框架的另一个端点是"反思性实践"理论，其首创人是美国麻省理工学院城市研究与规划学系教授唐纳德·A. 舍恩（Donald A. Schon）。1983年，舍恩在分析建筑师、设计师、管理者等专业实践案例的基础上，先后出版了《反思性实践者——专业工作者如何在行动中思考》以及《培养反思性实践者》两本著作，在批评技术理性的基础上提出了"反思性实践"及"反思性实践者"理论，确立了强调"反思中实践"的方法论。舍恩指出专业实践不是一种单纯的应用科学，技术理性由于过于关注技术的有效性，忽视了实践的情境性，从而造成了技术依赖心理，因此技术理性的逻辑无法适用于专业实践的复杂性。"反思性实践"则放弃了这种对技术依赖，转而对专

---

① 张世远：《实践反思：马克思表达"现实世界"的思维方式》，《中国石油大学学报》2010年第4期。

业实践采取一种反思的态度，倡导实践者在与情境的对话过程中框定问题并解决问题①。

(二) 景观史论研究方面

由于 19 世纪后半叶现代景观学发端于美国，所以美国及其他西方国家很早就对景观史论问题就有所涉及。英国景观先驱 G. 杰里科（Geoffery Jellicoe）与其夫人合著的《人类景观》（1975 年）是一部堪称里程碑式的全面阐述人类景观史论的专著，其中第二部分是作者对现代景观演进的深刻理解和全面掌握。而美国哈佛大学在华盛顿的邓巴顿橡树景观研究中心（The Dumbarton Oaks Research Library and Collection）是目前西方最权威的景观史研究机构，该中心出版关于园林史论方面的《园林史观》（1999 年），专题史研究的《约翰·伊夫林的"大不列颠极乐世界"与欧洲造园》（1998 年），以及研究中心现任主任麦克·科南（Michel Conan）编著的《园林史辞典》（1997 年）对西方景观史论研究工作提供了大量可资参考的文献。但是，这一类的史论书籍基本上都是围绕着时间和空间来写，广泛地论及各个时期景观实践的艺术特征、表现手法、代表人物进行了分析评价，属于辞典类的景观百科全书。1991 年，美国景观设计理论家马克·特雷布（Marc Treib）将三代现代主义景观设计师和理论家的 20 多篇论文合编成册——《现代景观——一次批判性的回顾》。该书主要是从西方现代景观的社会背景，到现代主义景观设计的成就和局限，及未来趋势进行的全面探讨，但多数文章还是基于景观设计学的理论视角。

(三) 景观研究中引入社会学理论的主要学派

第二次世界大战后，LA 逐渐成为一门较为成熟的独立学科，并且进入多元发展时期，众多相关学科共同积极参与其中，这里就包括了社会学，体现出很强的开放性特征。

1. 结构主义

兴起于 20 世纪中叶的结构主义不是一种单纯的传统意义上的哲学学说，而是在哲学、人类学、语言学、社会学等学科领域中逐渐形成和发展起来的方法论，既有适合于各个特定社会科学的具体内容和特征，又同时具有方法

---

① 王艳玲：《培养"反思性实践者"的教师教育课程》，华东师范大学 2008 年博士学位论文，第 42–43 页。

论的普遍意义。

从 20 世纪 60 年代开始，结构主义在城市规划、建筑及景观的研究中也占据了极为重要的地位。列斐伏尔率先继承了马克思的实践反思理论，以马克思主义的理论和方法为基础，将既有的城市理论和城市实践展开批判。《城市的权利》是他为纪念马克思《资本论》出版 100 周年而撰写的一部城市学著作。此书的一个重要贡献就是明确区分了工业化与城市化，突出了城市化与重建现代日常生活的重要意义，提出通过实现"城市的权利"和"差异的权利"，来实现"日常生活"对资本主义的"批判"，赋予新型社会空间实践以合法性①。1970 年，列斐伏尔又在《城市革命》一书中，提出了一个重要命题——"城市革命"，企图从一个新高度认识和评价资本主义工业化生产向现代城市化转型的意义。

另有一部分学者，将研究重心放在城市的空间组织如何影响资本主义社会组织方面。1977 年，A. J. 斯格特（A. J. Scott）和 S. T. 罗维斯（S. T. Roweis）作为这方面的代表，指出资本循环不仅发生在空间中，并且本质上也与空间组织相关联并受其影响；另外还指出理性和系统规划理论、方法和内容虚无或者说是空洞，与其将其称为抽象的分析概念，还不如直接称为一种社会历史现象②。

作为这一阶段现代景观的代表人物——丹·凯利（Dan Kiley），展示了一种用"古典"元素、现代结构形式形成现代景观的方法，表现出强烈的结构主义特征，为解决长期困扰设计师们继承和创新的矛盾提供了一条有效的途径。他的作品（图 1-2）从来没有固定的模式"对每一个方案来说，环境是唯一的，每个问题都是不一样的……设计从实际出发，而不是去模仿某种办法。"③ G. 艾克博（G. Eckbo）说："凯利对于现代景观设计最大的贡献，在于他既继承传统又摒弃糟粕的决心。"正是靠结构主义开创性的实践革新，才使社会科学成为人们尊重和主导性的科学，也颠覆了传统景观的学科基础，开始了现代景观的新纪元。

---

① 吴宁：《列斐伏尔的城市空间社会学理论及其中国意义》，《社会》2008 年第 2 期。

② 方澜、于涛方、钱欣：《战后西方城市规划理论的流变》，《城市问题》，2002 年第 1 期。

③ Kiley D, Amidon J, *Dan Kiley in His Own Words - America's Master Landscape Architect*, London：Thames And Hudson，1999，p. 52.

a) 米勒花园

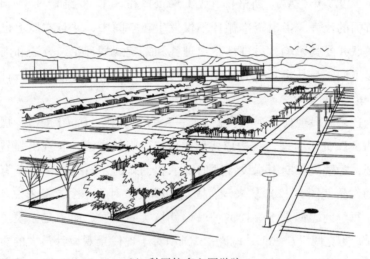

b) 科罗拉多空军学院

图 1-2　凯利作品的结构主义特征

Fig. 1-2　Structuralism in Kiley's Works

2. 解构主义

　　解构主义作为一种设计思潮，是在反结构主义的基础之上产生的，由法国哲学家德里达（Derrida）首先提出。解构主义哲学认为，结构主义强调是二元对立性、整体性、中心性及系统的封闭性，并且结构主义的结构中心性是建立在"形而上学"基础上的。解构主义哲学的基本立场就是张扬自由与活力，反对秩序与僵化，强调多元化的差异，反对一元中心和二元对抗①。解构主义哲学迅速在西方文学、社会学、政治学等领域引起解构热，这股风潮也同时吹进景观及建筑实践者们的思想和创作中。以弗兰克·盖里（Frank Owen Gehry）、彼得·艾森曼（Peter Eisenman）、B. 屈米（Bernard Tschumi）、扎哈·哈迪德（Zaha Hadid）、R. 库哈斯（Rem Koolhaas）等代表性人物，希望通过设计作品的外在特征：散乱、残缺、突变、动势、奇艳②，表达思想上对传统专制的审视与背叛，对社会关系的反思与批判，对个性压制的反对。在他们的实践中，包含着非常强烈的批判性和反思性的维度。

　　解构主义思想在景观领域的代表作品是屈米和 A. 谢梅道夫（Alexandre Chemetoff）合作设计位于巴黎的拉·维莱特公园（图 1-3）。屈米认为，"随着社会关系的不断发展和变化，长久以来占主导地位的追求纯粹，协调的思想与社会多元化的需求已不相适应"，他提出，"现代景观必须抛弃过去就有的思考模式，对传统秩序体系、技术和结构提出质疑"③。因此，在设计中，他强调摒弃历史要素和符号，专注于文化的分歧性和事件的偶然性，运用重复与重叠的手法，通过点、线、面概念的延伸，打破了传统的中心思想，实现了多元的价值观念。这也是在解构主义景观中常用的设计理念。屈米通过打破旧有秩序，对景观本质提出质疑和挑战，并予以新的定义。

　　近年在中国颇具知名度的库哈斯，在其一系列著作——《癫狂的纽约——一部曼哈顿的回溯性的宣言》《小、中、大、超大》《大跃进》中，就是通过社会学方法来研究建筑及景观应对社会现实问题的一种尝试。正如他在普利茨奖授奖仪式上提到的，"我们仍沉浸在砂浆的死海中。如果我们不能将我们自身从'永恒'中解放出来，转而思考更急迫，更当下的新问题，建筑学不会持续到 2050 年"。他的反思并不是顺着既定框架来进行的，而是从社会学的角度入手，诸如网络对社会形态的影响、新时代生活方式的变革、对城市发展速度的思考、资本在城市进程中作用的再认识等。在他的设计实践中，同样表达了强烈的社会意识。

---

① 张茜：《对解构主义哲学与解构主义建筑的思考》，《四川建筑》2010 年第 8 期。

② 吴焕加：《外国现代建筑二十讲》，生活·读书·新知三联书店 2007 年版。

③ 刘子意：《从拉维莱特公园看解构主义》，《现代装饰理论》2011 年第 7 期。

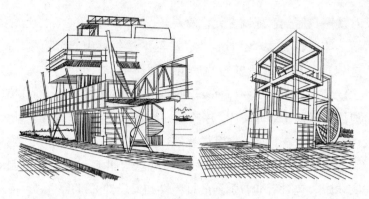

a) 钢铁建筑物

b) 公园游览路

图 1 - 3   解构主义景观的代表作品——拉·维莱特公园

Fig. 1 - 3   Representative Work for Deconstructive Landscape：La Villette Park

解构主义的景观实践正是基于反对既定传统的价值观念，将丰富性、多义性、模糊性等重新注入城市场所中，使它们更富于情感，更符合真实的社会环境，进一步符合更为高级的有序形式。满足于多样的审美意识，从而重新成为精神情感的表现媒介①。可以说，解构主义的景观是一种不折不扣的、极富癫狂性"反思性实践"。

---

① 杨义芬：《解构主义与现代景观设计的探讨》，中南林业科技大学 2006 年硕士学位论文。

3. 景观都市主义

景观都市主义是 20 世纪 90 年代末出现的一种跨学科、跨领域的新理论，最先由加拿大学者查尔斯·沃德海姆（Charles Waldheim）提出。沃德海姆对景观都市主义的定义是："它描述了城市建设所涉及的相关学科先后次序的重新排列，即景观取代建筑成为当今城市的基本组成部分，景观已成为一种透视镜，通过它，当今城市得以展示；同时景观又是一种载体，通过它，当今城市得以建造和延展。"① 自 1997 年首次景观都市主义研讨会起，开始被欧洲及北美高校与设计界热议和研究，随后由 M. 莫斯塔法维（M. Mostafavi）带领英国 AA 建筑学院在更大范围掀起了波澜。

近年来，景观都市主义主要针对城市建设实践在当代的困境，引发了对景观的本质、作用、意义和方法等内容的"真实反思"，强调通过综合分析都市景观形成的各种因素，构建各种新模式、新系统，寻找新方法（图 1 - 4），来探索城市景观生成和组织的各种可能性②。其中，景观都市主义就将反思的中心问题转向景观的社会意义。这种反思也对一些堪称经典的景观理论和方法进行了重新评价，强调了艺术性、社会功能、文化认同和身份认同等内容③。例如，20 世纪 60 年代末 I. 麦克哈格（Ian McHarg）率先扛起了"生态规划"的大旗，他的《设计结合自然》建立了当时景观实践的准则，并发展成为涵盖各学科、强调景观基础设施和城市生态学的基本理论。尽管该方法在今天仍然被大量运用，但是麦克哈格的理论和见解也受到质疑，尤其是他将生态和城市作为二元对立面的观点在城市化的大背景下受到了挑战。面对当代复杂的城市建成环境，景观都市主义批判地继承和发展了麦克哈格的思想，反对生态和城市的二元对立，并更多地强调基于"设计"的城市规划，通过"设计"来协调城市和生态的进程，而非消极地划分区域和自然保护区，更强调一种"城市生态学"层面的复兴④。基于这样的研究基础，大批著名学者和设计师，从不同角度、采用不同方式不断丰富和完善景观都市主义的理论体系，如 C. 里德（Chris Reed）专注于现有城市建成环境中的混合生态

① Charles Waldheim：*Landscape Urbanism Reader*，New York：Princeton Architectural Press，2006，pp. 42 - 43.
② 刘海龙：《评〈景观都市主义文集〉》，《城市与区域规划研究》2009 年第 1 期。
③ 胡一可、刘海龙：《景观都市主义思想内涵探讨》，《中国园林》2009 年第 10 期。
④ 杨锐：《景观都市主义：生态策略作为城市发展转型的"种子"》，《中国园林》2011 年第 9 期。

实践，用混合的生态手段去改造硬质的、复杂的城市环境①；凯利·香农
（Kelly Shannon）则从当代基础设施中的社会学和美学角度介入，重点研究欧
洲及东南亚地区的都市主义②；P. 博朗介（Pierre Bélanger）从工业发展、能
量转换及刺激经济等角度研究景观作为都市主义的可能性③；等等。

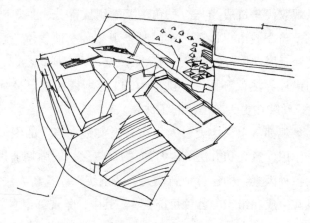

a）多维系统复合叠加的景观场域

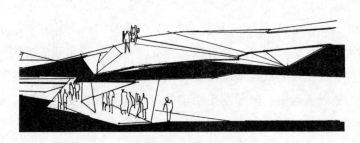

b）深圳龙岗中心

图 1 - 4　景观都市主义的设计实践

Fig. 1 - 4　Design Practice of Landscape Urbanism

在复杂的城市化背景下，景观都市主义理论提出了积极应对变化的未来
城市发展预期模型，它体现了一种跨学科的思考和合作关系，不仅提供一种

① Reed C："The Agency of Ecology", Mostafavi M, Doherty G. Ecological Urbanism, Lars Muller Publishers, 2010, p30.

② Shannon C, Marcel S, *The Landscape of Contemporary Infrastructure*, Nai Publisher, 2010, pp. 12 - 14.

③ Bélanger P, "Landscape As Infrastructure", *Landscape Journal*, Vol. 28, No. 1, 2009, pp. 79 - 95.

新的视角，也蕴涵着新的方法论①。

二、国内的相关研究

综观国内景观书籍的类型可以概括为以下几种：设计原理、工程实例的图片资料、构造做法的资料集成、景观要素的造型法则、表现技法类资料等，而设计认识论类、设计方法论类和设计哲学类的书籍很少，也无从谈起针对自身实践发展的客观剖析与研究。迄今为止，与本课题完全一致的研究在国内景观领域尚未出现。虽然没有专门系统的研究，但从各种角度审视、比较中外景观发展历程，以及思考中国景观实践现实问题的论文、著作和教育教学却不在少数，这样的研究可以分为以下 4 种状况。

（一）西方现代景观实践成果的引介

20 世纪 90 年代末，随着社会经济的繁荣和城市化进程的不断推进，我国园林景观实践的内涵和形式也发生了巨大的变化。从传统封闭、少数人享有的园林演化至开放式、大众化的城市空间，多元化、生态化、功能化、艺术化是当代景观发展的客观趋势，更是时代的要求。但是中国的景观实践起步较晚，因此这一时期学术界展开的思想与设计实践研究，还是从西方现代景观实践成果的引介开始的。1998 年，林菁在《建筑师》上发表了《欧美现代园林发展概述》，概括性地介绍了欧美国家的现代景观发展历程和主要的景观设计师，拉开国内研究西方现代景观的序幕。2000 年，王晓俊的《西方现代园林设计》是国内较早系统探讨现代主义与现代园林的著述，在总体论述西方现代园林发展、特征及理论倾向的基础上，以图文结合的方式介绍了优秀设计师的代表作品，时间跨度从 1950 年代至 1990 年代②。王向荣和林菁在 2002 年出版的《西方现代景观设计的理论与实践》一书中，从文化背景与社会制度等角度深刻地解析了西方现代景观探索的过程，并按地区和时间的先后介绍西方现代景观的产生和发展脉络，以及主要流派③。一些专业核心期刊也陆续登载一批留学归国学者在这方面的专论，如俞孔坚的《美国的景观设计专业》（1999 年）、刘滨谊的《美国绿道网络规划的发展与启示》（2001

---

① 翟俊：《基于景观都市主义的景观城市》，《建筑学报》2011 年第 11 期。
② 王晓俊：《西方现代园林设计》，东南大学出版社 2000 年版，第 1－250 页。
③ 王向荣、林菁：《西方现代景观设计的理论与实践》，中国建筑工业出版社 2002 年版，第 1－289 页。

年)、朱建宁的《法国现代园林景观设计理念及其启示》（2004 年）等，但也多见于从非批判和反思角度的介绍或阐述，缺少对西方景观脉络进行整体上的把握，以及同中国发展现状的现实结合。

而在这一类的国内研究中，唐军则以中国青年学者的敏锐视角和反思态度，完成了博士论文——《追问百年——西方景观建筑学的价值批判》，十分难得。该论文以对景观学的解释作为论述起点，站在历史演进与社会学背景角度深刻地从美与艺术、环境伦理和社会维度等三个方面评判了西方景观一个世纪以来的价值追求，论证严密、研究深入。为中国景观学科及行业如何正确吸收西方实践经验和教训，回答今天自身实践中出现的问题，提供了一个时空明确、坚实可信的研究平台。

（二）对中国景观发展进行追溯和比较性研究

近年来在积极吸取西方国家经验的同时，学界一方面开始试图对在中华人民共和国成立后的中国园林或景观实践做一个回顾，另一方面逐渐展开对学科专业、思想及设计实践等方面的思考与探讨。柳尚华以编年体形式编著了《中国风景园林当代五十年 1949—1999》，详细记取了半个世纪以来中国风景园林发展历程，体会了老一辈园林工作者对我国园林景观事业的良苦用心①。

俞孔坚、刘滨谊等中生代学者在著作及论文中对中国景观的发展变化、问题及现状的研究，具有较高的理论深度和现实意义。俞孔坚在 2006 年 5 月的国际景观设计师协会（IFLA）东区会议和该年 10 月的美国景观设计师年会暨第 43 届国际景观设计师大会上发表了题为"当代中国景观设计学的定位思考"的主旨报告。他指出景观设计学科的定位首先是哲学和价值观取向的问题，并分析了我国面临生存危机的严重性，然后从批判和学习的角度分析不同时期东西方哲学思想和传统文化对学科的影响，思考当代伦理价值、艺术美学的回归趋势以及在此基础上当代中国景观设计学定位和定位后的学科建设要求。此外，俞孔坚还陆续发表了《国际性与民族身份：中国当代景观与城市设计实践》《20 世纪中国景观设计学科大视野》等论文。刘滨谊的《景观规划设计三元论——寻求中国景观规划设计发展创新的基点》，对于迅速发

----

① 柳尚华：《中国风景园林当代五十年 1949—1999》，中国建筑工业出版社 1999 年版，第 1－330 页。

展的中国景观规划设计研究实践，以寻求中国景观规划设计发展创新的基点为议题，从实践、目标、操作、理论研究、学科专业五个方面，提出了景观规划设计三元论。在《中国风景园林规划设计学科专业的重大转变与对策》《论跨世纪中国风景建筑学的定位与定向》等论文中，从学科观念、支撑专业、人才教育、实践趋势等方面，论证转变期中国景观学科专业的定性、定位、定型和定向以及相应对策。

国内其他围绕中国景观演进历程与学科背景角度的相关研究还包括：林广思在《中国大陆地区现代园林设计思潮与实践》一文中以时间为序，通过案例分析，阐述了中华人民共和国成立后的园林设计思潮与实践的历史主题，并总结了其发展经验①；邱建在《关于中国景观建筑专业教育的思考》中结合国内外景观学科发展背景，讨论了为促进我国景观学科健康和协调发展所要共同关注的问题②；张晓瑞的《中美景观建筑学的发展与比较研究》一文，回顾了美国景观学科的成功发展道路，通过与美国的对比，分析了中国景观学科面临的机遇和存在的问题③；李树华的《景观十年、风景百年、风土千年——从景观、风景与风土的关系探讨我国园林发展的大方向》则是从词义辨析的角度，对中国当代景观发展的审视；余菲菲的《简谈中国景观建筑的发展现状》，阐释景观建筑的含义及范围，论证其与中国原有景观理论与实践的关系，从而引出景观建筑的现状及存在的问题，通过对比分析，找出问题的根源所在，以此来探究景观建筑的发展道路。

此类论著都属于追溯和比较性研究。

（三）从不同角度进行局部性实践反思

进入 21 世纪，在中国景观实践快速剧增的同时，也面临着更多的问题与矛盾，一批实践者们开始从欢腾的巨变背景中抽离出来，冷静地反思过去一段时间内的实践历程，以期警醒现实、寻找价值。俞孔坚是较早展开实践反思的学者，在 2006 年召开的两次国际景观大会上发表主旨报告，分析和反思了中国景观学科的发展现状，引起极大反响。2007 年在其倡导下，北京大学

---

① 林广思：《中国大陆地区现代园林设计思潮与实践》，《北京林业大学学报》2006 年第 S2 期。

② 邱建、崔珩：《关于中国景观建筑专业教育的思考》，《新建筑》2005 年第 3 期。

③ 张晓瑞、周国艳：《中美景观建筑学的发展与比较研究》，《科技情报开发与经济》2009 年第 17 期。

在国内首开先河地开办了"景观社会学"研究生课程,以培养学生用社会学的方法研究景观问题①。同时,俞孔坚在众多专业期刊及大众媒体上不断发出批判的声音,或以当头棒喝,或指摘事件,如揭示中国"城市美化"运动本质及问题的《警惕"城市美化运动"来到中国》《拯救城市之路》;针对中国环境与生态危机,提出景观设计应该重归"生存的艺术"的《城市性的批判和走向生存艺术的城市设计》《城市需要一场"大脚的革命"》;《大树移植之患》一文则批判了曾经盛行一时的大树移植之风。

这一阶段,其他后继学者也从各自关注的角度发表了大量反思性文章,其共同特点都是着眼于中国景观实践的现状,以批评意识追问景观实践的本原,在群体性乐观的大背景下,显得十分难得。林广思在《"主题"——言语构筑的中国当代园林》一文中,批评了当下景观设计以主题概念混淆本体价值的混乱现状。庞伟的《土地逃离土地——商品化城市化中的景观》,则通过观察商品化、城市化进程中的景观问题,希望能够带来思考和改变,得到景观发展的新语境。沈实现的文章《中国当代景观设计学的传承嬗变、困境自赎与价值回归》通过回望中国景观设计的嬗变历程,探索用新自然观下的景观设计理念解决学科的现实困境,回归学科真实价值。张纵在其博士论文《中国园林对西方现代景观艺术的借鉴》,针对中国园林建设盲从西方模式的现状,探讨了应如何借鉴西方当代景观艺术这一敏感而又亟待重视的课题,根据四种类型的景观图像实证,进行综合评价与利弊分析②。曹瑞琪在《中国现代景观设计本土化研究》中分析中国现代景观设计风格雷同的现状,指出文化趋同与本土特色的消失,已成为城市发展不可回避的现实问题,中国景观设计的本土化已成为迫在眉睫的事情,并试图找到适合国情要求的现代景观设计手法,在实践的基础上探讨景观设计本土化表达的一些手法。

综观国内相关研究,或者研究范围过于宽泛,缺乏历史纵向性的深入剖析;或者集中于中国景观实践的某一部分或某一阶段,或某一层面进行的现象层次研究,存在一定的局限。另外,由于学界整体反思意识的薄弱,还没有单独针对中国景观实践进行系统的理论诊释与批判分析,特别是能够跳出景观视野,深入社会、人文等领域反思与揭示中国景观的本体及社会价值,

---

① 李津逵:《〈景观社会学〉是怎样开设的》,《城市环境设计》2007 年第 2 期。

② 张纵:《中国园林对西方现代景观艺术的借鉴》,南京艺术学院 2005 年博士学位论文,第 1–130 页。

景观实践产生的背景和动因等方面的研究尚属探索阶段。因此在这种情况下，目前中国的景观理论研究尚停留在理论核心的外层即形式层面，也无从谈起对中国景观实践有冷静、系统的审视和思考，设计师们也只能依据经验，用感性的方法来进行设计，或依据片面的不完整的理论背景对设计实践进行指导。

第三节　"实践情境—实践反思—反思性实践"的理论框架

一、框架由来

在绪论中简要梳理了本书涉及的基本概念，虽然这些概念都涵盖在了本书的理论框架之中，但是就其对本书产生重大影响的理论出处及引申还缺乏翔实的阐释。由于论文的研究逻辑和主要梗概，基本上都涵盖在了理论框架之中，因此，有必要对由基本概念构建而成的研究框架进一步地解释一下。

社会学理论提供了本书研究最基本的视角，尽管本书框架的建立受到该学科不同理论先驱及其思想理论的影响，但是这些不同学术观点具有社会学相通的思维模式和特征，为针对中国景观实践演进、表现、特征及其动因等不同层面问题的研究，夯实了的理论基础。将这些不同层面的讨论、不同层次的认识整体地纳入景观学科的研究视野，才能获得对于中国景观实践的"相对系统"的审视。因此本书的理论框架，可以说是由同一学科、相关研究的理论知识而来，亦已相对完整："实践情境—实践反思—反思性实践"。书中的核心"中国景观实践"即建立在这三个理论层次之上。前面对框架中涉及的关键词进行了文字游戏般的拆解、分析，可以将这一复杂的思想逻辑简单落脚于从"情境"到"反思"再到"实践"的研究逻辑，而这个过程无论从社会学意义上讲，还是有针对性地指向正处于高速发展中的中国景观来说，都是一个始终没有终点的循环过程。也正是源于这种理论认知，才会从社会历史观的角度产生对中国景观的实践情境性质和特点的系统认识，然后通过"剥圆葱皮"的方式层层展开对当代中国景观的反思，继而经过实践反思的指导，提出目前及将来中国景观的实践途径和策略。从中可以看到，与景观学的发展相对应的关注重心：景观实践的环境是什么样——景观实践应该反思什么——反思之后的景观实践应当怎样做。这三个层次的内容相互联系、层层递进，分别属于本体论、认识论和方法论的理论范畴。这一理论框架充分体现了历史学家庞卓恒强调的："历史学的理论体系主要是由本体论、认识论和方法论这 3 个部分组成。"①

此外，在目前的中国景观领域里，理论研究方法仍然处于一种相当的困境，这是一个不可回避的现实现象。景观学界在强调"反规划""反设计"的同时，却依然在实践方法上纠结于具体操作层面的技术化、理念化等原则，其结果是始终无法深入到景观实践依存的"深层结构"——社会结构的内核去解释中国景观实践的动因、过程、结果，进而忽视和否定历史的客观规律，走向唯意志论和主观唯心主义。因此，只有将这些不同层面的讨论、不同层次的反思整体地纳入历史的、社会的视野，才能获得对中国景观实践的"相对完整"的认识，因而才能引导未来的实践在反思中走向健康发展。将"实践情境""实践反思"和"反思性实践"的理论结合点具体化，把即将展开的分析思路和理论框架概括如示意图（图 1 – 5）。

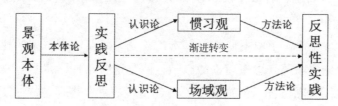

图 1 – 5　理论关系示意图

Fig. 1 – 5　Diagrammatic Sketch for Relational Theory

二、元素构成

"实践情境—实践反思—反思性实践"的理论框架包含三个理论元素，结合对本书产生的重要启示，具体分析如下。

（一）实践情境

理论框架的"实践情境"部分对应本书第二章的主要内容。

---

① 庞卓恒：《历史学的本体论、认识论、方法论》，《历史研究》1988 年第 1 期。

　　无可否认，我们正处在一个艺术实践与消费文化、高雅文化与时尚文化之间的界限日益模糊的时代，也是一个普遍追求功利的时代。在当前中国社会语境下，景观实践不仅成为构建中国城市建设的重要工具和内容，它还作为一种文化现象，一种时尚现象，一种传播行为，逐渐成为顺应和反映中国社会发展的窗口。因此，景观实践的过程在很大程度上，必然受到社会条件、社会因素等的影响、控制，甚至是限制。系统审视已然涉及当前中国景观实践的"环境"构成和内涵，在此基础上进一步挖掘实践表象的内在动因，对于从内在逻辑上把握中国景观的演进与发展，使其寻找迈向未来的途径，进行积极正面的引导有着极为重要的现实意义。

　　因此，本书采用社会学的"情境"概念取代了"环境"，就是要表达景观实践是作为社会参与的景观行为，它根植于特定的社会、历史与文化环境之中。同时，这种研究思维模式也符合 A. 托夫勒（Alvin Toffler）在《未来的冲击》一书中提出的对"情境"五种组成特征的理解："一、由人造或天然物体所构成的物质背景，它们可以称作为'物品'；二、实践发生的舞台或地点，也可以称作为'场合'；三、情境之中的角色，也就是人；四、由外部社会组织体系所创建的场所；五、情境空间里的概念和信息的来龙去脉。"①可见，几乎任何一类社会实践的情境都涉及与实践活动的整个社会外部与内部环境，并且缺少不了与情境发生关系的实践者——人的主观参与，而其产生的结果却又是客观存在的。另外，卡尔·波普尔（Karl Popper）在《社会科学的逻辑》一书中，还提出一种客观理解的方法——"情境逻辑"。他指出，"这门客观理解的社会科学可以不依赖于任何主观的或心理学的思想而独立发展……这就在于，详尽地分析行动的人们的情境，以便从情境中解释和理解行为，而不必借助于心理学"②。换句话说，就是要广泛地分析情境，从客观意义上理解人的实践行为，避免单方面地主观理解。

　　尤其对中国景观而言，它已愈发成为社会群体意识的一种表现形式，并且以一定的方式操纵着特定情境下的景观实践者的思想以及行动逻辑，空间要素、运作方式、社会规范、目标定位、服务人群等一系列问题都要参与其中。所以更加需要通过对景观实践情境的剖析，从宏观到微观、整体到局部

---

① Alvin Toffler：*Le Choe Du Futur*, Publishing：Denoël/Gonthier, 1970, p. 26.

② ［英］卡尔·波普尔：《历史决定论的贫困》，杜汝楫、邱仁宗译，上海人民出版社 2009 年版，第 141 页。

地透视中国景观的现实实践场景。

总之，本书在第二章所做的工作就是通过勾勒实践情境的总体面貌，为中国景观学科及行业的定位提供全面系统的认知空间，让景观行业的每一位参与者真实地理解、判断、定义这个情境空间，并在此厘清关于中国景观实践的总体线索。这种建立于实践情境的研究方式从根本上避免了二元分离的思考方式，代之以完整、统一地对作用于中国景观实践的各种主客观影响因素和条件进行分析；对景观学科及行业发展历程进行阶段性梳理；归纳总结主要实践内容与特征；阐述代表性实践者的实践轨迹。"实践情境"从一个鲜有的理论视角，为本书解释、分析、反思中国景观实践的问题，为理论框架后半部分的展开（实践反思—反思性实践）搭建了平台。

（二）实践反思

理论框架的"实践反思"部分对应本书第三章和第四章的主要内容。

首先，需要明晰的是实践反思的理论出处。虽然，最早创立现代实践反思理论的是马克思，并且它作为马克思实践论思维方式的一种特定形式，成为对人类哲学思维发展的重大贡献，但真正将其发展为一个有机理论体系，"通过实践内在原则的辩证法展开，来完成对现实世界的批判与否定，进而改造现实世界"① 的是布迪厄。

在布迪厄学术生涯的早期，受到结构主义的深刻影响，他认为正是结构主义，才使社会科学成为人们尊重和主导性的科学。特别是列维 – 斯特劳斯（Lévi – Strauss）将索绪尔语言学原理运用到社会学研究的这一做法，启示了布迪厄把这种关系思维模式引入到自己的理论建构中。在随后的研究中，布迪厄逐渐发现在传统社会学中，长期以来一直存在着"结构"与"行动"，"个体"与"整体"，"主体"与"客体"等各种二元对立命题②。这些二元对立中的一元选择体现了对社会现实的常识性知识，正是这种常识性知识过于强调社会结构和心态结构的固定性或不变性，存在着某种对于行动者心态和行为主动性的忽视倾向，因而也妨碍了社会学的活力。例如，布迪厄认为主观主义与客观主义的对立，只能消极、片面地把握实践，最多只能用"学

---

① 刘梅：《在批判旧世界中发现新世界——马克思辩证批判的内在张力》，《理论月刊》2012 年第 2 期。

② 文军：《论布迪厄"反思社会学"及其对社会学研究的启示》，《上海行政学院学报》2003 年第 1 期。

究"式的对实践的思考来替代行动者立场，而这只不过是对分析者建构的模式的执行操作而已①。他主张把反思性纳入有关实践的整个社会批判范畴。为此，布迪厄从社会实践的主客统一性出发，在对语言交流和社会现实的反思性批判中，通过实践理论建立了具有独特思想风格和理论研究视野的反思社会学。

布迪厄的反思社会学具有三方面的显著特点：首先，表现在反思的基本对象不是个别的实践者，而是植根于分析工具和分析操作中社会无意识和学术无意识；其次，他的反思性社会学是一项集体的事业，而非单独由个人所完成；再次，在反思目的上，不是力图破坏社会学的认识论保障，而是去巩固发展社会学的认识论的方法，通过反思使自身得到升华和提炼，并不断扩大社会科学的范围，增强它的可靠性和长久性②。可见，布迪厄把反思性作为社会学的基本原则，在实践理论研究和田野调查中予以决定性的贯彻，使"反思"成为社会学理论建构的常用词，其贡献是开创性的③。

总之，实践反思理论是布迪厄反思社会学的集中体现。而至于行动者在哪里实践？用什么实践？以及如何实践？具体来说，就是行动者的实践空间、实践工具和实践逻辑是什么？为了解决理论困境，即走出二元对立的哲学传统和解决结构主义存在的问题，布迪厄提出了场域和惯习的概念，布迪厄用这两个核心概念以及它们之间的关系创造性地回答了这一系列相互联系的问题，构成了社会实践理论的主要内容，成为他解决各种社会学问题的"工具箱"。

正是建立在布迪厄的场域和惯习理论以及社会学相关研究的基础上，本书才能够透过对实践情境的观察，从产生背景、主要表征及影响等方面去界定不同的实践类型，并从庞杂的实践现状中梳理出需要反思和批判的部分。继而深入到大量具体的实践案例中，通过惯习与场域的研究视角，揭示、反思不同类型景观实践发展的内在规律、主要动因以及有待克服的局限性。

因此，场域与惯习不仅构成了布迪厄实践反思理论的主要内容，也为本书系统、完整地建立"实践反思"的研究内核，解释、分析、批判景观实践问题，提供了富有启迪意义的理论视域以及具有现实意义和时代精神的反思

---

① 谢元媛：《从布迪厄的实践理论看人类学田野工作》，《社会科学研究》2005年第3期。

② 沙丹、刘桂宏：《布迪厄的反思性社会学》，《边疆经济与文化》2009年第8期。

③ 闫黎：《论布迪厄社会学理论的反思性》，《学习与探索》2000年第1期。

方式。

（三）反思性实践

理论框架的"反思性实践"部分对应本书第五章的主要内容。主要借用了舍恩的"反思性实践"理论，结合中国景观实践的发展现状继续延续本书理论框架的推进，以期引导中国景观进入到高一级的"实践"阶段，且始终伴随着"反思"并行发展。

20世纪70年代中期以后，随着实践研究的"复兴"，在对"反思"的研究中，社会学领域更多地不再单纯地讨论这种思维的特征，而是转为关注反思与实践的关系，并试图将反思与实践结合起来，进而视反思为实践改进的途径之一①。20世纪80年代，舍恩提出的"反思性实践"及"反思性实践者"理论，是基于对五种专业领域，即工程、建筑设计、城市规划、管理和心理治疗专业实践案例描述与分析而提出的理论方法，提出了以"行动中反思""行动中认识"为特征的认识论和方法论。他认为，技术理性过于关注技术的有效性，忽视了实践的情境性，最终造成了技术与实践之间的裂缝，而无法掌握处理真实世界中的难题所必需的技能②。

舍恩把真实的实践情境分为两类：一类是"坚硬的高地"，这里可以直接用外在的理论、技术来解决问题；另一类是充满着"复杂性、模糊性、不稳定性、独特性和价值冲突"的"湿软的低地"。其中，科学知识和技术手段不起作用，实践者借助的是"行动中反思"和"行动中认识"，反思性实践是"以一种不确定性和艺术的方式努力探究的过程"。舍恩指出，绝大部分实践都是处于"湿软的低地"中的"反思性实践"③。

舍恩在分析专业实践案例的基础上，提出反思性实践的首要任务是设定问题。问题设定是反思性实践过程的基点，实践者要以反思的方式不断框定实践中的问题情境，与情境进行"反思性对话"，在这种对话中，实践者解决重新框定问题的努力，将会衍生出新的实践中反思。这个过程即评估、行动、再评估的依次循环，周而复始。台湾学者夏林清认为，"反思性实践正是将实

---

① 王建军：《教师反思与专业发展》，《中小学管理》2004年第10期。
② 王艳玲、苟顺明：《教师成为"反思性实践者"：北美教师教育界的争议与启示》，《外国中小学教育》2011年第4期。
③ ［美］唐纳德·A. 舍恩：《反映的实践者——专业工作者如何在行动中思考》，夏林清译，教育科学出版社2007年版，第74页。

践者之实践行动与其介入到现象场中的作用和后果的建构过程，经由对话过程而推进实践者的探究。①"舍恩还在其理论体系中提出"行动中认识"的概念。他认为，反思性实践是一门"艺术"，它使实践者在某些时候在一些情境中能够相当好地处理不确定、不稳定、独特的价值冲突，使从业者在实践中变成研究者，并从固定的理论和技巧中解脱出来，构建一种新的适用于特定情境的理论；专业的日常工作依赖于内隐的行动中认识，而反思可以使实践者觉识到自己的缄默知识，并加以激活、审视、批判和发展，提升其合理性水平②。

20 世纪 80 年代中后期开始，在舍恩的影响下，反思性实践的理论和运作方式得到大大拓展，反思性实践的目的和方式也日趋多样化。一些研究者（尤其是景观和建筑领域的研究者）超越了艺术价值判断这一传统的反思模式，而是提倡一种更为重要的关于实践的反省性思考，去反思景观实践所进行的活动的社会条件和造成的影响。

可以说，从"实践反思"到"反思性实践"的理论渐进转变，其实也是社会学转向和演进的过程。"实践反思"对于景观这一实践性较强的学科来说，的确是一种行之有效的策略，它能够对现行不够合理、完善的知识理论形式和实践操作形式，进行反思与批判，进行分析与分解，去蔽还原。但是，本书的根本目的绝不是让"反思"始终停留在实践发展的某一阶段，而是为了通过"反思结果"引导"实践过程"，以更新的形式和方式继续实践，即"反思性实践"。它应该成为构造中国景观实践发展的内在动力，一种可以借鉴的、有着深刻反思性的景观实践重建的策略和方法。

三、工具分析

在本书框架的中间环节——实践反思阶段，采用了布迪厄提出的两种理论工具："惯习"与"场域"，分别对传统园林的当代转型以及以"城市美化运动"、时尚景观为代表的表象化景观实践进行了剖析和反思。

对科学研究者而言，如何才能摆脱旧有的对实践的认识，并建立对实践

---

① 夏林清：《在地人形：政治历史历史皱折中的心理教育工作者》，《应用心理研究》2006 年第 31 期。
② Elliott. J：*Action research for educational change*，Buckingham：Open University Press, 1991.

新的科学的认识。布迪厄给出了自己的回答：实践反思①。而在布迪厄的实践反思理论体系中，惯习与场域是两个关键性概念。前者回答的是行动者如何实践的问题，其中揭示了实践者的历史角色与地位，以及他们实践行动与历史互动的场景与过程；后者则回答了行动者在哪里实践的问题，特别是对实践与社会真实性联系的清晰阐释，以及社会结构、社会关系与社会行动等因素对实践的控制影响进行了分析。

由此，遵循布迪厄惯习与场域的理论认识逻辑，对当前中国景观的实践反思可以集中在两个方面：

首先，根据惯习理论，反思在传统园林当代转型过程中表现出的僵化实践。以"传统继承、创新发展"为目标的当代转型，贯穿于中国景观行业从形成到发展的整个过程。但也正是某种"继承传统"的思维定式，造就着中国景观的实践者们始终怀揣着传统园林情结，甚至背负着沉重的文化包袱。正是这种保守的传统情结，使当前的景观实践被固有范式所束缚，把寻找所谓的"民族风格、地方特色"认定为中国景观的价值追求，产生了"形式模仿""片段移植""主题叙述"等僵化表现。从惯习角度进行分析，这种实践是历史的产物，来自行动者长期的实践活动，一旦经过一定时期的积累，即会自动指挥和调动实践者的行动，成为实践者的社会行为、生存方式、生活模式、行为策略等行动和精神的生成机制。因此，本书将这一类的僵化实践归结为"继承惯习"对实践主体的限制作用。

其次，根据场域理论，对中国景观实践历程中社会存在本体的表象化畸变进行反思。中国"城市美化运动"和时尚景观是在 20 世纪 90 年代中后期出现的代表性景观现象。它们存在一个共同特征：受到客观社会关系的网络结构的影响，自觉或不自觉地把追求社会中政治或经济或文化的流行现象作为实践目标，即形式表象作为外在的异己力量转过来束缚了景观实践，凌驾于实践者本应该坚持和秉承的思想追求、职业理想及社会责任之上。根据布迪厄的理论，场域是一个运作空间，各种隐而未发的力量和正在活动力量的空间，它通过特定的中介作用来影响行动者的实践。由此，可以认为"城市美化运动"和时尚景观实践表现的是位置在不同类型的权力或资本，或其他制约因素的分配结构中实际和潜在的处境，以及它们与景观实践之间的客观

---

① 解玉：《布迪厄的实践理论及其对社会学研究的启示》，《山东大学学报》2007 年第 1 期。

关系（支配关系、互动关系、结构上的对应关系等）。通过场域的中介作用，既可以从社会关系的角度来反思表象化景观实践，又可以对那些位于作用地位的结构性因素进行系统考察。

布迪厄反思社会学的批判发展，特别是关于惯习和场域理论的阐述，为本书提供了直接启示和研究分类的依据，并在此基础上形成了"实践反思"的理论研究框架。在后文中，将结合这两个理论工具的具体内涵、特征以及与反思对象的对合逻辑，展开进一步的阐释。

四、方法应用

理论框架的前两个阶段，首先通过对 30 余年来中国景观实践情境的透视，确定了实践反思的总体图景和主要内容，进而利用理论工具展开不同层面的实践反思，系统阐述了目前发展中面对的主要困境与悖论。尤其是"实践反思"阶段对于景观这一实践性较强的学科来说，的确是一种行之有效的策略，它能够对现行不够合理、完善的知识理论形式和实践操作形式，进行反思与批判，进行分析与分解，去蔽还原。然而，本书的根本目的并不止于为中国景观实践引入一种积极的反思观念，而是要借此在方法论范畴下，让"反思结果"继续引导"实践过程"，以更新的形式和方式继续实践，即"反思性实践"，为学科及行业探求一种可行的和有效的反思性实践方法，从而引导中国景观科学、有序发展。

从总体发展趋势上看，当代景观应该更加注重人与环境、社会、文化和科技的互动关系；更加重视人与景观的内在联系，以及人对景观的体验、感受等心理状态；更加重视景观实践与各种社会关系的"对话、交流和沟通"；并且，也要更加关切注重反思的实践过程。然而，在中国目前景观实践的氛围中，弥散着盲目、浮躁、空洞的风气。景观实践无论是思想还是行动，都缺乏真正理性和务实的思考，"繁荣"的背后往往也存在着价值领域过分强调"实效"和"绩效"的影响。因此，中国景观实践往往缺乏专业的判断、反思意识和批判能力，也导致和促使着景观实践的进一步恶化。

而舍恩的"反思性实践"理论，就是强调在反思基础上，进行对"专业实践能力"和"学术理论知识"之间关系探究的方法论，可以有效启发中国景观实践即保持应有的反思性，继而在反思的途中，重建景观实践与价值新维度，以促进与扩大景观实践领域，使之得以健康推进。正如南希·舍恩

（Nancy Schon）为《反映的实践者》中文版序中强调的，"舍恩着力于学术界多数人所忽略的一个重点——实践能力和专业艺能的本质"。将舍恩的反思性实践方法整合到中国景观的研究中，有以下几点重要意义。

首先，从目的、性质上看，反思性实践致力于消解理论与行动的二元分离，突出景观实践者的个人或集体经验和自主反思在"反思—实践"中的地位。同时，反思性实践意味着对传统实践合理性的追问，关注景观实践的内在目的，努力摆脱外在的不合理观念、体制的束缚，质疑各种既定的认识框架和行为模式，不断寻求理性实践的改善①。

其次，从过程上看，反思性实践体现的是一种反思探究的循环。反思性实践的过程不是线性的，而是循环往复的螺旋式过程，在其中，从"为实践反思"开始，转向"实践中反思"，然后回到"对实践反思"，进入一个循环往复的进程。

再次，从内容上看，反思性实践既强调实践者的实践反思，又强调对实践赖以发生的社会及组织结构的综合审视、分析，因此是一种寻求更广泛、更深入的"关系"体系反思，即布迪厄的关系主义方法论。通过反思性实践，可以影响个体、群体乃至整个社会对景观实践的认知、态度、信念和价值的意义。

基于此，景观实践与舍恩的"反思性实践"方法论有着内在的契合性。景观实践关注的中心正从"结果"走向"过程"，也就是正从一个单一的"目标"转向充满人的活动和事件以及相应的社会环境和自然环境相互作用的"过程"②，也就是更加重视实践—反思—再实践—再反思的过程。可以说，反思性实践的策略和方法是未来中国景观的必由之路。

---

① 王艳玲：《培养"反思性实践者"的教师教育课程》，华东师范大学 2008 年博士学位论文，第 24 页。
② 杨瑛：《走向反思建筑设计学——建筑设计知识批判与重建》，重庆大学 2004 年博士学位论文。

第二章

中国景观的实践情境透视

　　"对于景观设计的通常理解，一直被认为其只是一门局限于私人花园和园圃的艺术。对此是可以理解的，因为仅仅不过是在 20 世纪，公共性的景观艺术才作为社会需要而开始出现。倘若的确如此，对于景观的广泛要求与以往是如此的不同，那么从历史的研究当中，我们会得到什么启示呢？

　　"艺术是一个连续的过程。事实上，不管环境多么新颖，如果没有先前的东西，就不可能创造出一件艺术作品。历史所需要的，不是历史是否应该被研究，相反，历史需要的是解释那些永恒的迄今仍然具有生命力的东西；同时，这种研究也是为了阐明历史上曾经昙花一现的，仅仅只是学术上才有价值的东西。

　　"因此，不管有意还是无心，在现代公共性的景观之中，所有的设计都取自人们对于过去的印象，取自历史上由于完全不同的社会原因创造出来的园林、苑囿和轮廓。"[1]

——杰弗瑞·杰里柯（Geoffery Jellicoe）

《图解人类景观：环境塑造史论》，1995 年

第一节　情境一：社会变革与先导因素的影响

一、中国景观实践的社会背景

　　景观实践的服务对象是人，而人的本质属性是社会性，由此推断景观实

---

[1]　Geoffrey Jellicoe, Sunsan Jellice, *The Landscape of Man*：*Shaping the Environment from Prehistory to the Present Day*, London：Thames & Hudson Ltd, 1995, pp. 59 – 62.

践也应该服从于社会。景观实践的发展必然受到社会生产力、社会生产关系及社会上层建筑的演化制约和影响。所以，在当代中国时空背景下形成、发展的各种景观实践，都离不开当代中国社会这个大环境。

中华人民共和国成立以后，中国就出现了非常深刻的社会变革，真正具有现代化意义上的变革则始自十一届三中全会，"改革开放"成为社会的主旋律，而"社会主义初级阶段"则定义了当代中国社会的现状。这场变革使中国由封闭走向开放，由农业社会向工业社会转变，由乡村社会向城镇社会转变，意识形态乃至政治体制等，也都处在这种转变之中。改革开放伊始，园林界（此时尚未出现"景观"的名称叫法）立即呈现出一片复苏的迹象，城市建设量空前，设计作品种类增多。由于改革举措使与之相关的制度、体制都发生了变化，设计单位企业化改革、私人设计单位、设计招投标制度等也纷纷出台。但是，在设计市场呈现出前所未有的活力的同时，大量工作在一线的实践者们没有更多的时间去思考学术的问题，而进行学术研究的人员又多集中于各高校，接触实际项目的机会相对较少，因而使理论研究与设计创作严重脱节，也造成了中国的景观实践水平在很长一段时间内都处于较低的位置。

另外，经济是社会物质的基础部分，在马克思主义看来，推动社会发展与变革的根本动力是经济的变革①。而中国经过 30 年来的不懈推进，社会资源的分配机制已由计划为主转变为以市场为主，市场机制已经深入到经济体制的各个方面，并且影响了包括设计领域在内的几乎所有的社会领域。进入 21 世纪，中国的经济呈跳跃式发展，增长速度之快令世界震惊。有了经济基础的保障，中国的城市化进程也不断加快，与之配套的城市建设项目大量产生。中国一度成为世界上工程建设量和增长速度最快的国家。大量的建设项目，为每一位中国园林，或者说景观实践者提供前所未有的实践机会。而此时的中国景观尚处于从萌芽到发展的阶段，"消化不良"的情况在所难免，而为了追求产值和利润，设计师们又不得不疲于赶图，以至于在实践中出现了千景一面、目标混乱、价值缺失等现象，同时给学术界也带来了浮躁之风。

进入 20 世纪 90 年代，全球化已经成为不可逆转的历史潮流，这种势头愈加猛烈。西方现代景观思潮正是在这样的历史机遇下进入中国，厌倦了长

---

① 颜鹏飞：《中国社会经济形态大变革：基于马克思和恩格斯的新发展观》，经济科学出版社 2009 年版，第 39 页。

久不变的传统园林风格，中国的业主以及设计师们自然被其吸引，"那边风景独好"是对甲乙双方心理的典型写照。特别是加入 WTO 以来，中国更是成为世界景观设计的舞台，来自世界各国的设计师竞相来中国抢占市场，大到国家级项目，小到居住区项目，涵盖面甚广。海外势力进入中国首先是与国际的资本和资讯输出相关联，同时又因满足了国内的政治经济建设需求，两者相辅相成。中国的实践者们也在这一背景下迎来了良好机遇，国际间便捷快速的资讯交流为他们提供了丰富的创作素材和信息来源；与国际接轨的设计机构的转型和竞争机制的确立，为他们提供了崭露头角的机会。但是，从另一个角度看，西方国家的景观之路已历经百年，而中国正试图以经济增长的速度进行追赶甚至超越，这种步伐是否过快，繁荣中如何思考本土的景观文化坐标等问题都摆在了每一个从业者面前。

总之，中国当代社会与景观实践相关的各阶层思想认知水平和内容及其社会影响，在特定的历史条件下以什么样的历史经验和思考方式来回应各类社会问题，归根结底，还是根植于当代中国社会变革演进的洪流之中。中国的社会变革，深刻地影响着中国当代景观实践的道路。

二、中国传统园林文化的影响

虽然西方现代景观的产生有其自身的历史逻辑，但景观实践者的思想及行动也必然受到了历史传统的影响，或者说一定程度上赋予了新的精神和内容。对中国景观实践的审视也同样不能离开历史脉络，它一方面保持历史的延续性，另一方面又存在历史的变化性。

自古以来，中国传统园林以其独特的艺术风格、丰富的人文内涵和高远的精神追求，在世界园林史上独树一帜（图 2 - 1）。从历史进程来看，中国的传统园林文化因时代发展呈现出不同的表现，在每个社会阶段中，都有其特定的功能和形式。如彭一刚先生所分析的，从"苑囿"出现的商周到各种造园技艺都十分娴熟的明清极盛时期，都有其对应的复杂历史环境；而从它们的发展趋势来看，无一不是后者对前者的继承、发展和创新（表 2 - 1）①。

---

① 彭一刚：《中国古典园林分析》，中国建筑工业出版社 2008 年版，第 136 页。

a) 皇家园林

b) 私家园林

c) 寺观园林

图 2 - 1　中国传统园林的代表类型

Fig. 2 - 1　Representative Genre of Chinese Traditional Garden

表 2 – 1　各历史阶段中国园林的艺术成就

Tab. 2 –1　Artistic Achievements of Classical Chinese Garden

in Different Historical Periods

时 代	阶 段	成 就
周朝—汉朝	萌芽期	以皇家苑囿为主，规模很大，但是属于圈地的性质。秦、汉时尽管也出现过人工开池、堆山活动，但是园林的主旨、意趣还是很淡漠
魏、晋、南北朝	形成期	初步确立了"再现自然山水"的基本原则，逐步取消了狩猎、生产方面的内容，而把园林主要当作观赏艺术来对待。除皇家苑囿外，还出现了私家园林和寺庙园林
隋、唐、五代	成熟期	园林作品数量多、规模大、类型多样，而且园林艺术达到了一个新的水平——由于文人直接参与到园林活动之中，从而把园林艺术与诗、画相联系起来，有助于在园林中创造出诗情画意的境界
宋朝	首次达到高潮期	园林活动热情空前高涨，而且伴随着文学、诗歌，特别是绘画艺术的发展，对自然美的认识不断深化，当时出现了很多山水画的理论著作，对园林艺术产生了深刻的影响
元朝	停滞期	园林活动不多，理论和实践均无太大的建树
明、清	再次达到高潮期	园林活动在数量、规模和类型方面达到了空前的水平；园林艺术、技术日趋精致完善；文人、画家积极参与园林活动。出现了专业的工匠师傅，而且也出现了一些园林的理论著作

另外，中国传统园林对日本、朝鲜等亚洲国家，乃至欧洲一些国家的园林艺术创作也都产生过很大的影响。特别是 18 世纪的英国人，对传统的墨守成规式欧洲园林逐渐感到乏味，并开始接受中国的造园思想，主张以画理治园，诗画连成一气，形成诗、画、园等艺术形式相互结合的园林风格，开创了影响西方园林史一个多世纪的"自然风景式园林"。而若干年后，在被视为现代 LA 运动开端的纽约中央公园的设计中，奥姆斯特德充分借鉴了英国自然风景园的许多设计思想和手法，如散点布局、环形游线、景点组织等。所以，如果说英国自然风景园是西方近代园林的代表风格，对西方现代景观设计产

生了巨大的影响，那么中国传统园林则是这一过程的始源，影响意义十分深刻。然而，世界园林史同样遵循历史发展的客观规律，各种园林形式不可避免地沿袭着产生、发展到衰落的轨迹。随着中国从封建社会走向社会主义社会，旧的园林形式也必然被埋没在社会演进的浪潮里。

在 20 世纪 50 至 80 年代，以陈植、汪菊渊、孙筱祥、陈有民等为代表的诸位先生面临着新的社会条件提出了对历史传统的重新思考，在他们的许多设计作品以及理论著作中，很大程度上延续了传统园林的精髓造园手法以及传统园林所依存的中国传统文化，无疑是留给中国景观发展重要的物质遗产和精神财富。进入 20 世纪 90 年代，一场关于 21 世纪社会主义中国城市发展模式的讨论在中国广泛展开。钱学森提出了"山水城市"的概念，主张城市、建筑和园林三位一体的发展模式。而山水城市的概念也正是将中国山水诗词、山水画和中国古典园林建筑融合在一起建立起来的①。而此后，众多学界精英们海外求学，带回了西方先进的景观思想，为中国传统园林的历史翻开了新的一页。

因此，如果说中国当代景观是完全源于西方或者说是横空出世，是不正确的。尤其是，近年中国学术界存在一种对传统园林全盘否定的态度也是矫枉过正的做法，无助于中国景观事业的健康发展。中国景观学科和行业自诞生之日起，就应该站在寻求传统园林文化的时代生长点或者时代特征的传统立足点上，每一位从业者的思想或设计实践活动必然成为在传统和时代张力下探求文化的时空对接的又一种努力。

三、中西方景观文化的嫁接

英国文化学的奠基人 E. B. 泰罗（E. B. Tylor）提出的"文化"定义是："从广义的人种学含义上讲，文化是一个复杂的整体，它包括知识、信仰、艺术、法律、伦理、习俗，以及作为社会一员的人应有的其他能力和习惯。"②而文化人类学的理论又强调，任何一种有传播力、影响力、有历史文化深度的思想，其背后必定有巨大无比的文化背景支撑着它。文化作为社会历史的过程，也并不是亘古不变的，它以物质为基础，随着社会物质生产的发展而

---

① 鲍世行：《钱学森论山水城市》，中国建筑工业出版社 2010 年版，第 45 页。
② ［法］莫里斯·迪韦尔热：《政治社会学》，杨祖功、王大东译，华夏出版社 1987 年版，第 63 页。

发展，随着新社会制度的变革而改变，每一社会都有同它相适应的文化①。就景观而言，任何一种实践的产生都不会是无源之水，它一定蕴藏在特定的文化背景之下。特别是文化所包含产生地的社会、历史、科技、人的价值观念以及生活方式等都在各种设计思想背后起着重要的隐性作用。景观传达的不仅是技术和艺术，它更应该成为社会文化发展的重要载体。

不可否认的是，中国景观的产生、发展离不开西方思想的传播。西方景观文化的产生，有其特殊的背景和土壤。即使是不同的国家或城市也会因为深层次的文化差异，表现出不同的景观特征。因此，鲜明的东西方文化差异很难让中国的本土实践者们体会西方景观背后深邃的文化内涵。另外，在传播的过程中，也会因为途径、手段等原因造成部分文化深度的缺失。中国实践者在接受这些外来思想的时候，所看到的往往是从那时那地原有的文化结构中分离出来的某些理论片段和样态形式，如果理解程度仅停留在文化结构的外表层含义上，那么所完成的作品也只能是肤浅的临摹或直接的抄袭。这就解释了为什么在某段时间内中国大地会产生那么多不伦不类，让西方人自己都看不明白的欧式广场和大草坪了。

另一方面，由于外来思想的中国化产物——中国景观，是针对中国自身历史和文化而言的，所以它也必然地具有了自身的历史深度。中国的传统园林文化虽然在艺术上具有不可超越的审美价值，但随着社会的进步，中国传统造园技艺已经没有能力去解决日益复杂的地理、气候、材料、结构、功能等方面产生的现实问题。基于这一点，使中国实践者们把目光投向了领先我们一个多世纪的西方现代景观实践，用西方的思想武器来解决当下中国的景观问题。正是通过对西方先进文化思想的学习，中国的景观实践才跳出了传统园林文化的视野，同时可以重新审视自身的传统文化，并扬长避短。但是，在"学习过程"中如何处理中西文化的矛盾，并产生"中国创造"的景观文化效应是近年来学术界非常重视的话题。阿摩斯·拉普卜特（Amos Rapoport）在《文化特性与建筑设计》中传达的思想值得借鉴。他认为，"文化的优劣，不应简单地以进步或落后来区分，传统的文化特性应该受到尊重，并应顺其自然地演变，而不宜以人为地加以阻断，鲁莽地消除文化差异。即使文化由旧变新是必要的，也要考虑有一个渐变的适应过程，特别是防止局部突变带

---

① 《列宁选集》第 4 卷，人民出版社 2017 年版，第 348 页。

来整体的失序、断裂和解体"①。这些见解对处于发展中的中国景观实践无疑具有一定的启迪作用。

四、技术发展的促进作用

技术从本质上反映了人对自然以及人对社会的能动关系，它不仅可以改变设计作品赖以产生的物质条件，更重要的是它改变着人们的思想观念。纵观世界园林及景观发展史，技术的发展和变化引领了许多重要思想的出现和兴盛。从巴比伦的空中花园，到苏州园林的叠石堆山；从埃斯特庄园的水景设计，到中国古代城池中的排水系统，无一不体现了古代匠人的高超造园技艺。随着与其他门类艺术和学科的交叉、融合，现代景观开始呈现出多元化的发展趋向。这就要求景观实践需要多方面的技术支持，技术可以使很多设计要求更易于实现，让设计获得更大的发挥空间。

中国造园的辉煌传统与技术密不可分，亭、台、楼、阁、榭、廊、桥以及假山、水景、铺装等构成了传统园林的精髓，它们主要由砖、石、木等传统材料和传统技术建造，其构成体系表现了传统造园技术的本体美。随着园林服务对象及营造目标的彻底改变，同时人的生活水平、生活方式、审美习惯等的改变对景观环境有了新的要求，因此当代景观设计师对传统园林观念及造园技艺必须进行变革，可以说材料技术、结构设备、工艺作法等技术因素很大程度上影响着中国景观事业的发展。技术的方法和手段不仅给景观艺术表现提供了新的载体与媒介，更重要的是它可以拓展灵感来源的渠道或新的技术视野。目前，在国内许多创作实践中，塑料、聚酯织物、合成金属、玻璃纤维和人工草坪等高新材料大量使用，灌溉喷洒、夜景照明、材料加工、植物栽培等新技术和新方法逐渐普及，特别是使用多种媒介体创造的"合成景观""动态景观""模拟景观"等都极大地丰富了当代景观的设计思想和表现方法。

其次，在当前环境危机、资源枯竭的背景下，基于技术创新的景观实践被认为是改变环境现状的有力武器之一，景观生态化、低碳化的特征将日益明显。可以说，技术将引导人类的景观生活进入一个全新的生态时代，雨水的收集利用、废弃物的利用改造、抗污染植物的筛选等，所有的这些都需要

---

① ［美］阿摩斯·拉普卜特：《文化特性与建筑设计》，常青、张昕、张鹏译，中国建筑工业出版社 2004 年版，第 73 页。

技术的支持，所有的技术也都是为了营造自然而生态的环境。

　　另外，在景观艺术与技术整合的过程中，最具时代特征和革命意义的事件是数字、信息、通信等先进技术进入设计领域。例如，地理信息系统（GIS）有助于对设计现状环境及方案，进行系统、量化、准确、快速的数据信息表达，并实行理性化、系统化的分析评价①。而对景观设计师而言，计算机辅助设计无疑提供了最得力的技术支持，特别是 AutoCAD、CorelDRAW、3D MAX、Photoshop、3D Landscape、Sketchup、VRay 等二维、三维绘图软件能够在设计过程中发挥不同的特点，以形成优势互补。计算机辅助设计凭借出图效率高、虚拟效果逼真、精度准确、修改方便等众多技术优势，让传统手工绘方式望尘莫及。

　　综上所述，景观与技术是相辅相成的，景观离不开技术的支持，技术通过景观得以实现②。

第二节　情境二：学科及行业的发展

　　近年来，关于中国景观学科的诸多问题引起了学术界的广泛关注。然而，由于对该学科诞生至今发展历程缺乏系统的审视和判断，也严重导致了学术界及社会公众对中国景观学科体系建构认识上的混乱。这是从抽象的客观性出发，局限于感性认识与理性认识、理性认识与实践的框架内思考问题的后果。

　　马克思在《资本论》中对这一理论曾有这样的表述："对社会生活形式的思索，遵循着一条同实际运动完全相反的道路。这种思索是从事后开始的，是从已经完全确定的材料、发展的结果开始的"③。这种"从后思索""同实际运动完全相反的道路"，揭示出实践反思的根本规律，即按其"历史上起作用的先后次序来安排"，按"合乎自然的次序或者同符合历史发展的次序"来安排。马克思的通过实践反思理论揭示了理论思维的出发点和坐标，这就是

---

① 周晓：《GIS 在景观规划设计中的应用》，《科技资讯》2005 年第 27 期。
② 黄树钦：《景观与技术相辅相成》，《风景园林》2010 年第 4 期。
③ 马克思、恩格斯：《资本论》第 1 卷，人民出版社 2001 年版。

"从后思索"，从历史和现实实践同步出发①。因此，要全面厘清中国景观的实践情境，就有必要对学科起源、名称变化、代表性期刊及行业学会等方面的重要问题进行阐述。要把这一部分被忽视的内容展示和丰富起来，才能为后续更深入、系统地进行实践反思夯实基础。

一、中国景观的学科起源（1951 年—1978 年）

中国第一个真正意义上的 LA 教育体系是在梁思成先生支持下，由清华大学营建系吴良镛先生、北京农业大学汪菊渊先生共同提议并经过高等教育部门批准，于 1951 年由两校负责联合试办园林专业。不久，由汪菊渊带领助教陈有民及自园艺系中选的 10 名学生在清华大学营建系中正式设立"造园组"。这是中国教育史上前所未有的园林专业的创始，为今天中国 LA 学科建设和发展奠定了基石。1953 年 8 月，清华大学改为专门性工业大学，造园组迁回北京农业大学自办。

1956 年 8 月，高等教育部参照苏联的专业目录制定模式颁布了《高等学校专业目录分类设置草案》，正式将造园组定名为"城市及居民区绿化系"。《造园学概论》作者，南京林学院的陈植先生立刻提出质疑，认为这个名称十分含糊。而汪菊渊先生则回应陈植先生的质疑，说城市及居民区绿化的范围比园林艺术或造园学的更为广大，对于"绿化"的理解不能仅仅限于字面上。这次改名事件被看作本学科半个世纪以来"名称之争"的开始。

1958 年，全国出现"大跃进"的形势，中央提出"大地园林化"的号召。在这一背景下，同济大学在城市建设系的城市规划专业中分设了"园林规划专门化"，初期称"绿化专业"，1960 年定名为"园林规划专门化"。1956 年，该系教师陈从周的《苏州园林》出版发行，为古典园林的研究工作提供了重要参考依据，也表明了同济对中国传统园林的继承态度。其间，专门化的师生们通过到各地实地规划设计以及听一些专家讲座，也获得了比较扎实的专业知识，并且参与了上海西郊公园动物笼舍设计、杭州西湖平湖秋月设计、杭州动物园规划以及桂林阳朔风景区游览线规划等项目。可见，专门化对中国 LA 学科的发展起到了重要作用。此后，全国各地陆续开设学科专业，除了林农院校，还有建筑院校。在学科名称上，除了"城市及居民区绿

---

① 陈志良：《马克思的实践反思规——理论体系演化的根本规律》，《社会科学战线》1990年第 1 期。

化"，还出现了"园林化"和"园林"。

1964年1月，根据林业部的批示，北京林学院的城市及居民区绿化专业改名为园林专业，"城市及居民区绿化系"改名为"园林系"，标志园林专业名称的正式确立。1964年7月，毛泽东针对政府机关和企事业单位下达的关于取消盆花和庭园工作的指示，致使园林专业的停办。1964年9月30日，林业部下达指示在北京林学院园林系进行"园林教育革命"，并于1965年7月1日停办园林专业。1966年，"文化大革命"爆发，各院校的园林教育被迫中断，全国城市建设工作受到严重破坏和影响。1974年，北京林学院被下放到云南，名称叫作云南林学院，园林系恢复教学，接受工农兵学员。粉碎"四人帮"以后，1977年恢复高考制度，园林专业的教育教学才又恢复正常。1978年北京林学院恢复名称并迁回北京。

这20多年的专业发展历程虽然充满了坎坷，但为当代中国景观学科的发展提供了一定的积累和准备，不能被历史遗忘。

二、学科专业名称的历次变化（1982年—2011年）

自LA学科传入我国以来，名称几经更迭。林广思认为，这里面有两个主要原因："一方面，我国LA学科是在西方科学意识影响下建立起来的。中国传统园林是优秀的文化遗产但是它并没有直接催生出中国的LA学科……另一方面，在我国LA学科发展的几十年中，也是我国政治、经济和文化发展异常波折的时期，可以说与经济发展水平、文化生活密切相关的LA学科的每一次更名，都是试图对此做出反应。"① 另外，由于中外文化和语言特点的差异，与之相对应的英译名称在国内外学术界一直存在激烈的争论，也是学科名称迟迟未能统一的重要原因之一。

教育部从1982年下半年至1987年年底，进行了第二次统一修订高等学校的专业目录。原"园林"专业正式分为"园林""观赏园艺"和"风景园林"三个专业，前两个在1986年正式颁布，"风景园林"则在1987年正式颁布。1986年初的教委会上委员们给出这样的解释："三个专业各有侧重。'园林专业'侧重'园林生态'，'风景园林'侧重'规划设计、园林建筑'，'观赏园林'侧重花木生产。"

---

① 林广思：《回顾与展望——中国LA学科教育研讨（2）》，《中国园林》2005年第10期。

由于这次专业目录修订的时间很长,其间一些学校迫不及待地开设或更名了。如武汉城市建设学院(现华中科技大学建筑与城市规划学院)在 1984 年率先设立风景园林系并开设风景园林专业;1985 年,同济大学园林绿化专业更名为风景园林。一时间,"风景园林"作为专业名称甚为流行。同期,风景园林作为 LA 的中译名正式为教育主管部门认可,大批农林院校及建筑院校,如重庆建工学院建筑系(现重庆大学建筑城规学院)、南京工学院建筑系(现东南大学建筑学院)、苏州城市建设环境保护学院建筑系(现苏州科技学院建筑系)都先后开办了风景园林专业。

进入 20 世纪 90 年代,正当全国各地的城市建设正在如火如荼地进行时,风景园林学科却遭到了一次重大打击。1997 年国务院学位办调整了国家学科和专业目录,取消已经存在的风景园林规划与设计学科①。风景园林规划与设计变成了位置模糊的城市规划与设计的子学科。关于学科专业的撤销和调整,社会上和学术界反响强烈,甚至出现了"专业落伍于社会"的悲观情绪。而此时,"景观"一词,无论是名称叫法还是专业内涵开始逐渐得到业内外的广泛认同。

1998 年 1 月,北京大学创办了北京大学景观规划设计中心,这是对传统风景园林教育的一次突破创新。2002 年 11 月,国务院学位委员会开展在博士学位授权一级学科内自主设置学科专业的改革工作。与 LA 相关的一些学科,如"景观设计学""景观建筑学""景观规划与设计",纷纷设置在建筑学、园艺学和林学等一级学科下。这次改革为社会培养了更多的专业人才,以适应社会的快速发展,但同时也造成了教育水平的良莠不齐。

2003 年 4 月 13 日,北京大学景观设计学研究院成立,诞生了中国首个景观设计学研究院,俞孔坚任院长。同年 10 月,清华大学的建筑学院景观学系正式成立,并邀请美国艺术与科学院院士,曾任哈佛大学设计学研究生院景观学系主任的劳里·欧林(Laurie D. Olin)担任系主任。在建系庆典上的发言中,他对清华大学乃至整个中国景观学科提出了自己的看法,"清华大学是国际公认的中国最为著名的高等学府之一,并拥有享有卓越声望的建筑学院……但是至今没能提供景观学方面的系统教育。作为与建筑、规划并列的

---

① 李雄:《北京林业大学风景园林专业本科教学体系改革的研究与实践》,《中国园林》2005 年第 11 期。

一个重要的规划设计领域，景观学对社会及其姊妹学科有着非常大的作用"①。这段话足以概括当时以清华大学为代表的中国景观学科发展的一种状态。

与上述两所高校相比，同济大学是从传统风景园林向景观转型的代表。同济大学建筑系于 1979 年成立园林绿化专业，是当时国内仅有的三个开设 LA 专业的学校之一。1985 年将园林绿化专业改名为风景园林专业。1988 年成立了跨学科的"风景旅游发展研究中心"，1991 年改为"风景科学研究所"；1993 年成立了"风景科学与旅游系"；1996 年，在该系的基础上，将原城市规划系的风景园林教研室纳入了该系，由刘滨谊担任系主任。2006 年，"风景科学与旅游系"将景观（风景园林）规划设计与旅游管理（旅游规划）两大学科专业合二为一，改名为"景观学系"，并招收中国首届景观学专业本科学生，形成了同济景观专业设置上的重要特色。这一时期，重庆大学、华南理工大学、哈尔滨工业大学等老牌建筑院校相继开设景观专业，其他院校也都开始进行相近的工作（图 2 - 2）。

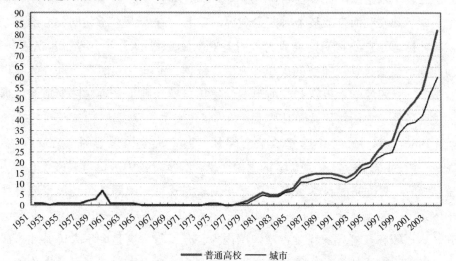

图 2 - 2　1951—2004 年招生 LA 学科专业的普通本科院校以及城市变化图

Fig. 2 - 2　Map for the Chang of the Ordinary Colleges and Universities and Cities Recruiting Students in LA Major From 1951 to 2004

---

① ［美］劳里·欧林：《在清华大学景观学系建系庆典上的讲话》，杨锐译，《中国园林》2004 年第 8 期。

2004 年 12 月，建设部人事教育司召开全国高校景观学专业教学研讨会。在 18 所参会院校里，只有北京林业大学和南京林业大学两所老牌林业院校，农业院校一所也没有①。本次会议被一些媒体誉为是中国景观学教育发展的里程碑。同时，这段时间也是"风景园林"与"景观设计"争论最激烈的时期，两派观点各执己见，呈现出针锋相对的态势②，也出现了世界少有的"一学两名，平行发展"的局面。

直到 2011 年 3 月 8 日，国务院学位委员会、教育部公布《学位授予和人才培养学科目录（2011 年)》，一级学科从 89 个增加至 110 个。风景园林和城乡规划学均成为一级学科，与建筑学一起，三者共同构成了完善的人类聚居环境规划设计学科体系。这一重要事件，"对统一学科名称，规范学科领域，整合人才队伍，形成行业共识等有重要作用，对我国未来人才培养和事业的发展起到积极的推动作用"③。

三、学术组织与代表性期刊的影响（1983 年至今）

就景观实践而言，某个时期景观界一定会存在着大家所共同关心的某个或某些话题，它或它们则会成为当时景观实践形成的现实土壤和客观依据，而期刊、杂志对景观实践的思想、方法、依据、动向的及时洞察和介绍，以及学会、社团等学术组织和政府组织的宣传、推动则是景观实践形成和发展的重要条件。它们往往共同对某段时期内景观实践的发展轨迹起着导向作用。

1983 年 11 月，"中国建筑学会园林学会"成立，学会的宗旨确立为："……建设生态健全、景观优美的人居环境，继承发扬中国优秀的风景园林传统，吸收世界先进的科学技术，建立并不断完善具有中国特色的风景园林科学体系……为满足社会对自然环境的需求而努力探索研究。"1985 年，学会会刊《中国园林》经国家科委批准向国内外公开发行，这是中华人民共和国成立以来第一本园林景观方面的综合性学术刊物，具有划时代意义。作为大型综合性学术刊物，《中国园林》至今已出版二百多期，刊登过大量具有很高学术价值的论文、译文，是中国风景园林（景观）界最具学术分量和影响力的

---

① 林广思：《论我国农林院校风景园林学科的提升和转型》，《北京林业大学学报（社会科学版)》2005 年第 9 期。

② 刘家麒：《还风景园林以完整意义》，《中国园林》2004 年第 7 期。

③ 张启翔：《关于风景园林一级学科建设的思考》，《中国园林》2011 年第 5 期。

刊物之一。

《中国园林》在创刊初期到 20 世纪 80 年代末，刊发的文章主要集中在"城市绿化""园林艺术与历史""园林规划与设计""植物绿化与美化"以及"国外园林"等方面，以及工作实践的经验总结和出国学习、考察的综述报告。这一阶段学会团体及期刊的活动主要反映了从"园林"到"风景园林"转变的时代特征，虽然还处于起步时期，在深度、广度上的学术研究还十分缺乏，但毕竟体现出了整个行业和学界对国家环境发展做出的积极反应，对提高普及园林的科学技术和学术理论，交流国内和国际的园林信息和先进经验起到了重要作用。

1989 年 11 月，"中国风景园林学会"成立大会在杭州隆重召开，同时标志"中国建筑学会园林学会"的结束。进入 20 世纪 90 年代，特别是邓小平同志南方谈话以后，全国各地掀起了经济建设和城市建设的热潮。一方面，园林绿化建设对改善城市环境的重要作用，人们的认识越来越高；另一方面，学术界渴求研究水平的进一步提高，以满足学科发展的要求，并促进城市环境的健康发展。因此在这 10 年里，"风景园林学会"的学术活动明显增加：自 1993 年 5 月至 1999 年 11 月共召开了三次全国会员代表大会；学会组织不断壮大，提升了全国范围的学术活动面，省级学会有 23 个，市级学会多达 56 个，各地学会结合本地情况积极开展了学术研讨活动。国内学术界与国际组织的交流日益频繁，例如，1998 年 10 月至 2000 年 9 月，中、日、韩三国的学术研讨会共举办三届，围绕"传统私家园林""传统园林的继承与发扬""运用园林艺术和技术手段营造城市风貌特色"等主题，展开了研讨；1998 年 10 月中国风景园林学会应美国风景园林师学会邀请，派端木岐等三位设计师参加"全美风景园林师学术年会及展览会"，发表论文《中国风景园林学科的回顾与展望》获得好评。上述学术活动，反映出学术界一个明显的变化，就是关心的话题范围明显扩展，尤其是对关于传统继承、城市发展以及设计方法方面的思考不断增多。到 20 世纪 90 年代中后期，全国公开出版的期刊有《中国园林》《园林》《风景名胜》和内部发行刊物《风景园林通讯》《风景园林汇刊》等。结合全国城市建设的形势，各类期刊普遍关注城建策略、政府职能、体制约束等重大问题，及时把握规划中"大"的方向。然而，在各地普遍存在的贪大求全、急功近利的城市发展状态下，涉及的规划设计实例或方案的比例也大幅度增加，以《建筑学报》为例，刊发关于"广场设计方法"相关的文章，在 1993 年只有一篇，而 1995 年则达到八篇。相对而言，对学科发展和理论创新的关注、思考却大大降低。

21 世纪初的几年，来自传统园林学科的定位和转型问题依然突出，学会组织及学术期刊的焦点也多汇聚于此。以 2001 年《中国园林》为例，刊发这方面的论文数共 19 篇，如《中国风景园林规划设计学科专业的重大转变与对策》《我国高等农林院校园林专业的现状与教育教学改革初探》《21 世纪园林专业面临的新形势与教学改革探索》《从中国传统文化观看中国园林》等。而随着全国各地景观类专业呈现出欣欣向荣的发展态势，景观学会组织在各地陆续成立，景观类刊物也陆续出版。

2006 年，中国第一个景观学会——上海市景观学会成立。该学会在成立伊始就从多角度对"景观"进行了学术定义和内涵阐述，区分了"风景园林"和"景观"的概念，批驳了业内关于"景观学等于风景园林学""'景观'本身概念模糊不可定义"等观点，为景观学科的研究确定了方向。另外，该学会在景观行业职业技能培训领域独树一帜，先后主持编撰了中国首个景观设计师国家职业标准，开发了景观设计专业技术水平鉴定标准，每年为景观行业输送大量持证从业者，无疑对有效规范景观行业，推动行业健康发展，起到了重要作用。2008 年，青岛市城市景观学会成立。

北京大学景观设计学研究院成立后，于 2008 年主编出版了《景观设计学》。这是一本真实反映中国及世界当代景观设计学发展的高端学术刊物，以"关注景观设计行业与教育发展、拓展景观设计师视野、提升行业整体水平"最为特色，其作者群源多为"一线在校设计师"，这些来自学界的理论观点直观鲜明、深刻透彻。如 2008 年 2 月以"景观十年——中国当代景观设计回顾与展望"为主题，选登论文既有着眼于中国当代景观的宏观发展的，如《中国当代景观设计学的传承嬗变、困境自赎与价值回归》等；也有关注和反思微观实践的，如《论过去十年中的中国当代景观设计探索》等。此外，《景观设计学》致力于传达国内外先进的景观设计理论和展示优秀的景观设计作品也是一个重要内容，使其不仅成为展示中国景观设计的平台，也是中国景观设计界观察海外景观设计的媒介，更是海外关注中国景观的窗口。另外，《景观设计学》依托媒体平台和行业资源，迄今已成功举办了多届的"景观设计学教育大会暨中国景观设计师大会"及专业相关的全国性展览、研修班与考察活动等，在学术界、行业与社会具有广泛而深刻的影响力。

此外，还有两本权威性较高的刊物，以精准的专业定位和优异的办刊品质成为重要的中国景观学界的实践阵地。一本是 2005 年由北京林业大学主办的《风景园林》，是以反映风景园林规划与设计为主的专业刊物。该期刊以前瞻性、学术性、理论性、实践性为办刊特色，推荐、交流在理论研究方面有超前性、实践成果有示范性的论文，以刊登反映风景园林学科最新研究动态的文章为主，兼顾与相邻学科交叉结合点的成果，主要以设计作品的理念、细节、研究、评析等为内容重点，深具专业实用性、学术性与人文性。另一本由大连理工大学与日本学术团体联合创建于 2002 年的《景观设计》，是国内第一本景观类的国际性专业刊物。该杂志特色非常鲜明：以放眼世界、关注本土、注重实际操作为主旨，介绍国外的典型案例，总结实践经验。2005 年美国、英国、德国、日本等国家的著名景观设计大师加盟该刊国际编委。2007 年，《景观设计》在保持了原有特色的基础上，由初期的"日本化"经过本土化创新真正走向国际化。通过案例介绍关注国际最前沿的景观设计热点，多视点捕捉全新景观设计理念，以拓展、启发国内设计师的灵感，因此，颇受专业设计师和在校师生的追捧。

总之，景观实践的思想与设计形成及发展，离不开一定学术组织的引导和宣传，并通过学术组织的平台职能，建立各个领域之间的互动式传播；同时一定需要期刊传播媒介的介入，固定、连续地传递专业信息，展示所处时代的景观事件和实践，激起学术共鸣和更深层次的讨论。本书希望通过从学术组织与期刊角度的"管窥"，从一个侧面寻求当代中国景观的演进轨迹，从而为全面的情境透视提供借鉴。

第三节　情境三：主要实践内容与特征

景观史并不像社会发展史那样以改变历史发展轨迹的某个重要历史事件的发生作为分水岭，要对只有 30 余年的中国景观的实践历程进行准确的分期是十分困难的。因此对实践内容的描述是通过笔者在对实践历程总体把握的基础上，形成了自己对中国景观实践的整体认识，归纳了四个主要方面的景观实践，并以每种思想与设计实践的发展阶段为轴进行了粗略分期研究。

一、从统一走向震荡：传统园林当代转型的思想历程

（一）思想统一期（20 世纪 90 年代）

改革开放以后，体制改革、思想解放、技术进步、城市建设重新展开等一系列有利因素，大大提升了学术界创作研究的热情。在这样的背景下，如何对待传统园林文化成为当时讨论的热点。1990 年，戴念慈在《反传统可以等同于反封建吗？》一文中，从宏观的角度提出"基于辩证认识下的继承"才是对待传统的正确态度，认为"以反封建为由笼统否定传统文化的观点是有害的"，并且引用毛泽东的名句——"破字当头，立在其中"①，阐述盲目、激进反传统的危害性。这篇掷地有声的论述，给还未形成气候的少数对传统文化的怀疑或否定态度来了个有力回击。虽然这一时期，全国院校的专业名称尚存在一定差异，但它们的"出身"基本一致，都源于"文革"前的园林专业。各地相似知识背景的学者们也都受过传统园林文化的浸染，并对其充满了深厚感情，尽管文化取向不同，但还是不约而同地表达了步调统一的观点——"继承中国传统园林"。而由于此时中西方文化交流的闸门刚刚打开以及传播途径的限制，西方现代景观设计的思想与理论还没有及时地传播到国内，加之主流社会也开始倡导"传统文化的复兴"，使这股思潮牢牢占据着学术界主力位置，很少听到质疑的声音。

在以孟兆祯为代表的老一辈园林专家的倡导下，这股传统继承的思想认识一直到 20 世纪 90 年代中期，呈现出一边倒的局面。许多相似的观点传达出当时学术界对"传统继承"的肯定态度。1990 年 11 月 2 日在西安召开的第四次古建园林学术讨论会上，戴念慈、汪菊渊、张锦秋等 70 位与会代表共同起草了《弘扬中国传统建筑园林文化呼吁书》，并发出倡议——"基于当代科技发展新成就，重新审视传统，扬其精华，弃其糟粕，在更深、更高的层次上升华，提炼，进行开拓性的创造"。

（二）思想震荡期（进入 21 世纪）

20 世纪、21 世纪之交前后，随着一批留学人员的回归以及西方现代景观设计思想的涌入，在中国传统园林的当代意义及何去何从的问题上，"肯定"的声音不再是主旋律，对立的观点明显发生了的冲突，不断有人对长久以来

---

① 戴念慈：《反传统可以等同于反封建吗？》，《建筑学报》1990 年第 2 期。

被视为国粹的——"传统园林文化"进行质疑和批判。

在这一时期的思想论坛上，首先出现一批在比较冷静的状态下，进行理性反思的学者，刘庭风是比较有代表性的一位。在 2000 年的《中国园林》上，他提出"中国园林是一个缺少批评的孩子"的观点，认为"古典园林本身也是一个'玲珑乖巧'的孩子，保持自省完善的谦虚态度，终成'诗情画意'的美好境界"①。而时隔三年，同样在《中国园林》上，刘庭风撰文从心理认知和审美的角度对传统园林体现的美学价值进行了评价，"消极心理""厌世心理""阴性美""病态美"等批评性字眼流露在字里行间。他认为中国传统园林的造园模式是文人消极心理的直接反映，并演化为一种阴性以至病态、变态园林美的形式，并进一步提出，"园林的阴性美与整个社会主流阶层的审美意识有关，他们的审美意识又是历史和文化积淀的结果，是难以医治的"②。所持观点的嬗变，反映了研究者在倾注许多研究努力的基础上思想转变的过程。刊登在同期《中国园林》的《忧郁审美情结与中国园林病态美》一文，作者曹劲也表达了类似的观点③。

从事中国文化研究与批评的学者朱大可，于 2006 年 4 月 14 日在其博客上发了一篇题为《穿越中国迷园的小径》的文章。作者用坐落于悉尼的一个中国花园——"谊园"（图 2-3）举例，痛批了中国传统园林在美学观点、路径创造、园林意境等方面的种种弊端。朱大可在该文中对传统园林讽刺道："中国花园是一个经过高度压缩的世界模型，它还要以一种自足的庭园话语体系来取代整个世界。"这篇博文立刻引来广泛关注，出人意料的是许多网友认同这种激烈批评和独特的话语方式，转帖者甚多。虽然这仅能作为一家之言，但也恰恰说明传统园林的弊端已有目共睹，且引发了社会大众的强烈关注和思考。

如果说朱大可是站在非专业角度的"反对派"代表，那么俞孔坚、庞伟等人的反对观点，则更加专业，也更具说服力。在《关于生存的艺术》一文中，俞孔坚提出，"这种上层文化的造园艺术，实际上伴随着封建帝王的结束而结束了，最多是一个陪葬品""对古典园林艺术到底应该有什么样的认识？中国跟古典园林一脉相承的有好多种艺术，所有欣赏裹脚艺术的帝王士大夫

---

① 刘庭风：《缺少批评的孩子——中国近现代园林》，《中国园林》2000 年第 5 期。
② 刘庭风：《消极心理·阴性美·病态美》，《中国园林》2003 年第 12 期。
③ 曹劲：《忧郁审美情结与中国园林病态美》，《中国园林》2003 年第 12 期。

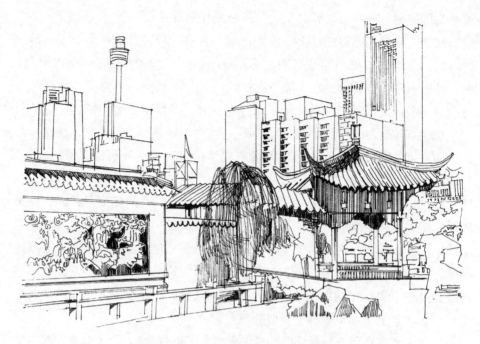

图 2-3　引发舆论争议的悉尼 "谊园"

Fig. 2-3　Controversial "Chinese Garden of Friendship" in Sydney

一般都喜欢古典园林"。① 在《生存的艺术：定位当代景观设计学》中，他甚至指出传统园林 "最大的贡献是加速，并见证了中国封建王朝的灭亡"②。庞伟则在《 "花石纲" 析——兼及中国传统园林思考》中，用北宋 "花石纲" 作引子，批评了中国传统园林在造园动机和审美上的根本缺陷，并对其在当代中国可能造成的 "审美危险" 发出警告。文中不乏 "计成生前……艺术造诣被政治拖累……在今天人们眼中，计成和他的《园冶》几乎已经是中国传统园林的 '教父' 和《圣经》了" "作为近千年前中国最大的由园林酿成的社会危机的见证，瑞云峰仍作为园林之宝被当今的人们轻松地 '审美'" 等颇具讽刺意味的调侃。③

　　面对这种状况，国内很多学者提出批评乃至抨击。针对俞孔坚倡导的 "土人理念"——"天地—人—神" 之和谐，王绍增直接回应，"什么 '天地

①　俞孔坚：《关于生存的艺术》，《城市环境设计》2007 年第 1 期。
②　俞孔坚：《生存的艺术：定位当代景观设计学》，《建筑学报》2006 年第 10 期。
③　庞伟：《 "花石纲" 析——兼及中国传统园林思考》，《城市环境设计》2007 年第 1 期。

人神'，一派胡言"①。杨滨章发表《关于中国传统园林文化认知与传承的几点思考》认为："某些学者否定传统园林的主张，反映出他们在认知方面的偏差"，并且批评"有的学者不仅在国内大肆宣扬这些'主张'，而且还将自己的观点在国际上散布，严重损害了中国传统园林艺术在世界上的形象和声誉。"②

在这动荡时期，围绕"中国传统园林的当代转型"展开的"思想之辩"，让近年来"风景园林"与"景观"间的冲突也再度升级。

二、适从与嬗变：地域性景观实践

（一）中国传统园林地域观的启示（20世纪50年代—70年代）

中国景观实践受到传统园林艺术启发，创造地域特色的优秀作品实例，从20世纪50年代起就屡有佳作呈现。特别是梁思成先生在1958年建设国庆"十大工程"之际提出的"中而新"目标，被认为是最早出现在建筑或园林设计中的"地域主义"的宣言③。"十大工程"引发了北京一大批园林景观项目的改造和建设，其规模之大是空前的。这批工程带动了当代中国"北派"园林的发展，其他城市也相继产生了自己的"献礼工程"。虽然有的为了赶工期，工程质量受到一定影响，但总体说来，全国城市环境面貌得到了一次较好地促进。

在江南一带，具有明显当代地域特色的是备受各方人士好评的，由孙筱祥先生在1955年设计的杭州花港观鱼公园（图2-4）④。孙先生运用了传统园林的构图理论，通过因地制宜的场地规划、组合变化的建筑布局和合理搭配的植物造景，营造了既有传统文人园林的画境与意境，又满足城市居民进行文化休息功能要求的现代公园。而1958年由莫伯治先生设计的广州北园酒家园林则是"新岭南派"的代表。它依然保持了传统园林风格，采取曲折多变的布局，巧妙地将花木和亭、廊、轩馆、厅堂等建筑物结合起来，体现出

---

① 王绍增：《低碳的疑惑与解读》，《中国园林》2011年第1期。
② 杨滨章：《关于中国传统园林文化认知与传承的几点思考》，《中国园林》2009年第11期。
③ 向欣然：《现代建筑有地域特色吗？》，《建筑学报》2003年第1期。
④ 王绍增、林广思、刘志升：《孤寂耕耘默默奉献——孙筱祥教授对"风景园林与大地规划设计学科"的巨大贡献及其深远影响》，2007年第12期。

强烈的岭南特色。同时由于充分利用了民间工艺的建筑旧科，因而更丰富了地方色彩①。在一次座谈会上，梁思成先生对其表现出的"强烈之地方风格"给予了极高评价②。另外，莫伯治先生又主持设计了泮溪酒家、双溪别墅、白天鹅宾馆、中山温泉宾馆等一批明显具有岭南特色的优秀作品（图2-5）。

图2-4　花港观鱼公园

Fig. 2 - 4　Visit Fish Flower Park

a) 北园酒家园林

---

① 曾昭奋：《莫伯治与酒家园林（上）》，《华中建筑》2009年第5期。
② 林兆璋：《岭南建筑新风格的探索——分析莫伯治的建筑创作道路》，《建筑学报》1990年第10期。

b）双溪别墅

c）白天鹅宾馆园林

图 2 – 5 莫伯治先生的庭院设计

Fig. 2 – 5 Mo Bozhi's Garden Design

20 世纪 60 年代至 70 年代在特定的社会、经济不景气背景下，地域性的设计创作始终处于艺术创作和政治因素的争论和冲突的夹缝中，表现出保守、凝固的特点，主流文化也没有给予及时的引导和批评。

（二）对西方地域性理论和设计实践的引鉴（20 世纪 80 年代）

尽管中国园林对东西方产生过巨大影响，其发展却由于封建时代的天朝情节和大国意识所导致的"闭关锁国"而呈现为长期"自我演进"。众所周知，任何封闭的艺术都有两个突出的消极特点：一是形式的规范化和单一性；二是传承有余而创新不足，中国的传统园林便是如此①。在 20 世纪 80 年代之前，长期浸淫在传统园林艺术成就的后来者们还在不断杂交着外在的园林符号或者片段，其后果是努力追求地域特色却不可避免地造成新的千篇一律。许多学者开始意识到在这种大环境下，很难再深入到景观本体的层面去关注地域中所蕴含的空间、手法等内涵，大多数人仍普遍更关注外在的景观形象是否能够继承传统地域特色。

随着相关外文出版物的大量引进以及国内外交流的增多，西方现代地域性思想和设计实践对国内学术界产生了极大刺激和影响，尤其是 R. 文丘里（Robert Venturi）的《建筑的矛盾性与复杂性》、C. 詹克斯（Charles Jencks）的《后现代建筑语言》等代表后现代主义建筑思想的理论著作。后现代主义思想中的新乡土主义、文脉主义和符号学理论，也正是地域性景观创作的原则。这些理论，具有简单易操作的特点，因而很快成为探索中国建筑及景观地域特色的主要影响因素。但由于对产生这些理论的深层社会背景了解不够，对这些理论本身的正反意义也缺乏深刻的研究，以致产生了许多消极的影响，如拼贴符号、片段移植等，又回到了追求表象化的老路。1981 年，希腊建筑理论家 A. 楚尼斯（A. Tzonis），提出"批判的地域主义"概念。K. 弗兰姆普顿（K. Frampton）在 1982 年的《现代建筑及其批判的现实》、1983 年《走向批判的地域主义：抵抗建筑学的六要点》以及 1985 年第二版《现代建筑：一部批判的历史》里进一步阐述了"批判的地域主义"的观点。在弗兰姆普顿看来，"地域主义并非简单地用来表达由于气候、文化、技艺等影响而形成的乡土特点"②。但遗憾的是，当时学术界对詹克斯的后现代主义的接受，使得

---

① 陈巍、程力真：《迈向新人文的地方性现代景观建筑》，《建筑学报》2000 年第 10 期。
② ［美］肯尼斯·弗兰姆普敦：《现代建筑：一部批判的历史》，张钦楠等译，生活·读书·新知三联出版社 2004 年第 3 期，第 64 页。

其他诸如批判的地域主义思想的传播受到影响，尽管弗兰姆普敦的许多理论译著很早就出现在国内，但反响不大。也就是说，基于西方后现代主义形式层面的地域性追求这条途径，成为 20 世纪 80 年代地域性景观设计追求的主要途径。这在一定程度上，反而阻碍了中国本土对地域特色的深层探索。

（三）原创性地域思想实践的逐渐形成（20 世纪 90 年代至今）

20 世纪 90 年代以后，追求地域性特色的中国景观实践，开始超越形式的层面向本体意义回归。

首先，在园林景观及建筑领域一些老一辈知名学者的引领下，逐渐形成具有中国特色的原创性地域思想。齐康先生作为当代著名的建筑教育家，在地域性的研究方面积累了丰厚的理论研究成果和实践操作的经验和感受，不过他更愿意采用"地区"的叫法。1990 年 9 月齐先生在加拿大世界建筑师大会上，做了题为《不同地区、不同特点的建筑设计》的报告，得到热烈好评，这使其最早意识到地区性研究和实践创作的重要性。2000 年前后，他开始著书、发表论文，提炼、总结自己的地区性研究成果。在其研究中他特别强调地区的综合属性，尤其是文化属性，齐先生认为"意义和观念给予地区以深沉的文化底蕴……它赋予地区首先是文化形象的见证……它是经济、政治、社会的总反映，这个属性的特点是传承、转换、创新，因此文化是人类一切物质和精神活动的总和，具有历史的属性"[1]。

孟兆祯先生则把生态思想与地域景观相结合，形成与时俱进的理论思想。在设计实践方面，他给出的建议是："首先要学习和了解地方志，传承前人在相地选址、概括形胜和因借地宜兴建城市的历史成就。其后，通过踏查用地现场了解从历史至今的演化变迁，以求延续发展之道。"[2]

另一位代表人物是何镜堂先生，他在长期的创作道路上不断摸索、总结出来的一套理论体系——"两观三性"（和谐整体观、与可持续发展观；地域性、文化性、时代性）。而"三性"中的"地域性"又首当其冲，可见其重要性。何镜堂先生曾在多个场合都特别强调地指出，从地域中提取特色，挖掘有益"基因"才是中国原创设计赖以生存的根基。

其次，后来学者沿着老一辈实践者的足迹继续探索，努力寻求适合中国国

---

[1]　齐康：《地区建筑的文化研究》，《中国大学教育》2003 年第7 期。
[2]　孟兆祯：《论中国特色的城市景观》，《建筑学报》2003 年第5 期。

情的地域性景观之路。近年来，随着文化的交流和传播走向全面，开放之初蜂拥而入的后现代理论开始受到批判，多元的世界景观文化更加全面地展现出来，关注新时期的地域特征以及如何表达当代景观地域性的文章大量涌现。

探讨新时期地域特征的各方观点，虽有不同但方向基本一致。余滨的观点比较具有代表性，"做好地域特征的创造性维护，处理好继承和发展的关系，在新的历史语境下做到'护老''创新''求联'"①。这方面的文章还有康彦峰的《现代城市景观研究——城市景观设计的地域性》、严洪的《对适合于风景园林学科的地域主义的分析》、曹冰的《中国景观建筑的民族性、时代性、社会性和地域性》、彭建国的《用新地域主义创作换千城一面旧貌》《城市地域特色的过去、现状与未来》等。

而对于如何才能表达当代景观的地域性，实践者们也倾注了许多的努力。俞孔坚的文章《追求场所性：景观设计的几个途径及比较研究》，讨论和比较了五个不同设计途径（"风水"途径、"城市印象"途径、"场所精神"途径、"设计遵从自然"途径以及景观生态途径）。他在文中强调的"场所性"其实就是地域性景观设计的根本之一②。王云才在《传统地域文化景观之图式语言及其传承》中，将传统地域文化景观分解为地方性环境、地方性知识和地方性物质空间三个方面，并尝试采用传统地域文化景观的代表性图式语言进行实践操作③。张彤在《持续的地区性——东南大学建筑研究所设计实践中的地区主义探索》中，将地域主义作为贯穿建筑及景观思想和设计创作的主要线索，对地域性设计实践成果进行概括，提炼出"乡土风格的延续和发展、城市文脉的创造性继承、整体地区风格的综合表现"等体现地域性的不同方法④。

从 20 世纪 80 年代之前在传统地域观中汲取经验，并开始关注景观与所在地区的地域性关联，到 80 年代热情高涨地将西方地域性理论和实践引入国内，再到 90 年代以后原创性地域思想实践逐渐形成，地域性景观实践走过了

---

① 余滨、张一兵：《再议地域主义——时代前行中的地域特征》，《华中建筑》2000 年第 7 期。

② 俞孔坚：《追求场所性：景观设计的几个途径及比较研究》，《建筑学报》2000 年第 2 期。

③ 王云才：《传统地域文化景观之图式语言及其传承》，《中国园林》2009 年第 10 期。

④ 张彤：《持续的地区性——东南大学建筑研究所设计实践中的地区主义探索》，《建筑师》1999 年第 10 期。

一段适从时代发展的历程，不仅自觉寻求与地域环境因素的形式层面的结合，更注重与地域文化传统的特殊性及技术和艺术上的综合要素的内在结合，实现了质的转变。

三、移植与羁绊："西学东渐"的影响

20世纪80年代以来，中国景观的社会情境发生了根本性的转变：政治上，把改革开放、发展经济作为基本国策；经济上，计划经济已向市场经济转型。这些重要举措都使得中国初步融入经济全球化的国际社会。摆脱了意识形态的禁锢，社会情境给景观建设和实践带来了自由，西方景观实践的各个方面引起广大国内业界的关注。这次"西学东渐"开始了自20世纪50年代城市建设全面引进苏联模式后又一次打开了大规模的引进之门，从政府职能部门到基层实践者们都表现出强烈的积极性与主动性，形成空前活跃的局面。

如果说，20世纪80年代还是一个学习摸索阶段的话，那么随着20世纪90年代改革开放的步伐日益加快，越来越多的人有机会有条件走出国门考察、参观西方城市建设成果，甚至有一些学者开始走出国门，去接受系统的西方景观教育，并且许多有关国外景观以及景观理论和思想的重要著作和文献得以引进出版。国人的视野得到极大的拓展，看到了丰富的世界景观理论及其现象，并如饥似渴地吸收其中的理论和思想片段。尤其是在一个世纪之内，西方曾经流行或正在出现的各种主义、思潮，都同时登堂入室。在国外本是处于纵向发展历程的景观实践一时呈现为国内的横向共存状态，并且在过去的20多年中，始终是中国景观实践的焦点。这段还在继续的西学历程，可大致分为两个阶段。

（一）西方"城市美化运动"的引进（1991年—2004年）

"城市美化运动"是一场源于美国，以改进城市基础设施和美化城市面貌为目的改革运动，在20世纪初的前十年，很大程度地影响了美国各城市的综合发展规划。但是，该运动由于过于强调表面化的美化方式遭到社会大众的反对，以及社会、政治、经济等方面原因，在20世纪20年代走向衰落。但"城市美化运动"在美国的衰落，并不意味着就此彻底消失，它的效应又逐渐渗透到以中国为代表的一批发展中国家。时逢20世纪90年代中国城市进入空前发展阶段，西方"城市美化运动"的主要内容和特征成为当时被效仿的对象。

中国风景园林学会于1991年12月第一届第二次理事会上，提出在"九

五"期间的城市园林绿化工作中，在考虑目标时，既应有总体的量化的指标，如人均公共绿地、绿化覆盖率、绿地率等；也可以考虑提出某个用以鼓舞、动员群众的目标，如创建"花园城市""园林城市"等。这一建议，得到了国家建设行政主管部门及各地方政府的重视。最先响应号召的城市是大连，并且在这种指导思想的基础上，又提出了"不是花园建在城市里，而是城市建在花园中""让城市洋起来、亮起来、绿起来"等景观建设目标的口号。大连也迅速地沿着这样的理念付诸行动，特别是广场和草坪一度成为两张令人瞩目的"城市名片"①。截止到 2000 年，大连改造或新建的广场有 45 个②，大连市区绿化覆盖率达到 40%，市民人均拥有绿地 8m²，这几项数字在当时遥遥领先于国内其他城市③。某种程度上，"大连模式"的确推动了城市的两个文明建设，而且提升了城市知名度。一时间各地纷纷效仿这种模式，"欧陆风""广场热""草坪热"席卷全国，造成了"千城一面"（图 2-6）的状况。其中主要原因，是迎合了强调新的历史发展时期下城市建设要求。

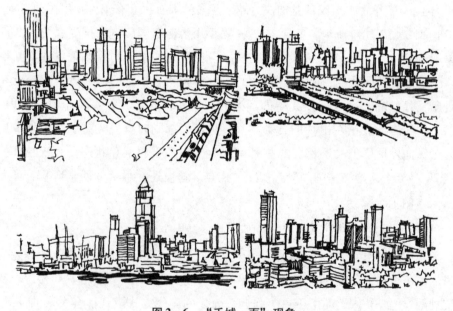

图 2-6 "千城一面"现象

Fig. 2-6 The Phenomena of "Resemblance of the City Portrait"

① 陈祖芬：《世界上什么事最开心》，中国社会科学出版社 1997 年版，第 74 页。
② 张红、李文彦：《城市人精神——大连的城市广场》，《园林科技信息》2002 年第 3 期。
③ 栾景玉：《璀璨明珠耀滨城——记大连市城市广场建设》，《中国林业》2000 年第 11 期。

回顾这段经历，一方面各地的景观成果推动了城市建设的发展，改善了很多城市的旧面貌，但也应该清醒地认识这股风潮明显受到政治因素或领导决策的影响，专业人员往往被动地去迎合或执行这种非专业的指导。站在这个角度，这股热潮也抑制了尚处于萌芽状态的中国景观事业的健康发展。2004 年 2 月 16 日，建设部、国家发展和改革委员会、国土资源部、财政部联合发出《关于清理和控制城市建设中脱离实际的宽马路、大广场建设的通知》。至此，"城市美化运动"的影响才暂时得到了控制。

（二）多元化先锋景观思潮的影响（2005 年至今）

西方在历经现代社会的长足发展之后，于 20 世纪 60 年代至 70 年代，提前迎来了信息社会的曙光。价值体系的多元化在许多艺术领域展开，景观领域当然也不例外。西方发达国家在现代主义的讨伐声中，拓展了当代景观多元化的局面。开放性的学科交叉、多元、多价的价值取向等，为西方景观世界进入一个多元化时代创造了条件，"后现代主义""解构主义""景观都市主义"等先锋式景观思潮接踵而至。

20 世纪 90 年代中后期，中国社会发展和西方 20 世纪 60 年代的社会发展有很大的相似性，而景观行业在刚刚经历了一次向西方古典城市模式的补课式引进后，"城市美化运动"暴露出的种种弊端逐渐显现，这与西方当时景观界的处境也颇有相似之处。虽然，这次短暂的西学经历看似有些盲目，但毕竟为中国景观实践积累了经验和教训，为日后的发展起到了过渡作用。因此，中国景观界再一次以热切的眼光巡视世界，期望得到最新的实践经验，也希望把已是"千城一面"的城市景观面貌彻底改观。而许多因素也使这次西学潮变得更加理性、更加符合中国景观事业的实际需要。在这样的大背景下，西方多元化的先锋景观风格与思潮相继传入中国，而传入途径也呈现出多元化特点。

首先，一些学成归国的学者将一些先锋式景观设计方法移植在自己的具体作品中，尤其是这些作品建成以后，对国内景观界产生了很大的震动。如俞孔坚设计的中山岐江公园、王向荣设计的海湾公园等，都体现了很强的解构主义特点（图 2 - 7）。其次，通过中外学者引进了若干景观思想，包括理论译著、系列丛书、期刊文章以及高校的博硕论文。如王向荣和林箐的《西方现代景观设计的理论与实践》及王晓俊的《西方现代园林设计》都堪称为国内研究西方现代景观设计的经典著作，其中不乏对"极简主义""解构主义""大地艺术"等先锋景观思想及作品的详细解读。再次，是通过国外设计师或设计事务所在中国独立创作或与国内设计单位联合完成的景观实践作品，如 EADW 的苏州金鸡湖风景区总体规划、SASAKI 的北京奥林匹克公园设计、NITA 的上海世博公园等，都必不可少地表现了西方最先进的设计理念。

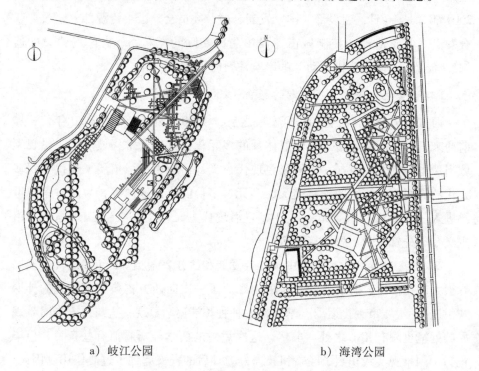

a）岐江公园　　　　　　　　　　　b）海湾公园

图 2 – 7　解构主义特征的中国景观设计
Fig. 2 – 7　Chinese Landscape Design of Deconstructivism

"西学东渐"让中国景观实践者们开阔了眼界、拓展了思路，为中国景观提供了更广范围、更深程度、更好形式的借鉴，推动了景观事业的发展。但同时，由于在传播的过程中，会必然失去了外来景观文化自身历史和文化深度，以至于对多数普通的实践者而言，对西方景观文化的理解是表象而肤浅的，其设计实践也只能是追随着西方流行过的主义或风格而做出形式上的或巧妙或拙劣的模仿。从这一角度看，"西学东渐"又严重羁绊了中国的景观实践之路。如威廉·J. R. 寇蒂斯（William J. R. Cutis）在描述开放后中国社会所面对的西方建筑和景观时所说的："新的'主义'以令人眼花目眩的速度被宣布，但批评和讨论却往往停留在风格的表面层次。无疑，这种短期表现与消费主义的扩散以及市场经济中形象的快速周转有关，但是它也提示了知识界处于一种软绵绵、黏糊糊的堕落状态，使人们从任何类型的标准面前做出自我陶醉式的退缩。"①

以当前的发展趋势观察，"西学"现象仍将在未来中国景观实践的道路上持续一段时间。

四、从小环境（园林景观）到大环境（城市生态环境）

中国在园林景观领域开展生态探索的起步相比国外发达国家要晚一些，是在 20 世纪 80 年代中期逐渐"热"起来，但发展较快，其实践轨迹表现出从小环境到大环境的积极趋向。

（一）传统生态思想的当代消融（1982 年—1993 年）

20 世纪 80 年代初，西方现代生态思想传到国内后，引起了建筑、规划、园林等学科的广泛关注。1982 年中华人民共和国城乡建设环境保护部成立，下设环境保护局。1983 年召开的第二次全国环境保护会议明确了"经济建设、城乡建设和环境建设要同步规划、同步实施和同步发展"等方针政策②。1984 年，生态学家马世骏提出了"社会—经济—自然复合生态系统的理论"。这一理论不仅丰富了城市与区域生态规划的内容，而且为实现社会经济环境的持续发展提供了行之有效的方法论。

在这样的背景下，景观领域的生态现代化开始起步，延续上千年的传统生态思想也逐渐消融于这股实践大潮中。恰逢传统园林的当代转型，在当时发表的大量文章中，以何种姿态对待传统生态思想成为讨论热点。

夏著华认为解决当代社会面临的环境问题不能固守传统，特别是"我国蜚声全球的文人写意派园林"的思想局限需要克服。他还强调盲目仿古的做法偏离了现代化生态环境美的主旨，应该"佳者守之；垂绝者继之；不佳者改之；粗俗者弃之；精妙者扬之……借此展示中国传统园林的时代风采"③。这段具有扬弃精神的总结代表了当时多数学者的普遍观点——保留和继承传统生态思想中对今天景观事业有积极意义的部分，克服、抛弃旧思想中消极

---

① ［英］威廉·寇蒂斯：《现代建筑的当代转变》，《世界建筑》1990 年第 3 期。
② 秦柯、李利：《国内外生态城市研究进展》，《现代农业科技》2008 年第 19 期。
③ 夏著华：《改变传统观念创新生态艺术使中国园林再现风采》，《花木盆景》1996 年第 2 期。

的因素，并将其引领至新的认识层面。陈鹭更是毫无讳言地表达了"'天人合一'并非指导园林建设的生态思想"的观点，他认为，"现代生态伦理，是将古代伦理范畴拓展到人与自然的关系。中国古代的朴素生态思想远未被纳入社会伦理层面。即使是今天，构建生态伦理核心问题的探讨还远未完成"①。

1990年7月，钱学森先生在给吴良镛先生的信中提出融合中国古代山水诗词、中国山水画和古典园林创造"山水城市"的想法。钱先生1993年发表《社会主义中国应该建山水城市》一文，进一步强调创建"山水城市"的重要性。"山水城市"思想的提出立刻在学术界引发了一场大讨论。吴良镛先生认为，"山水城市是提倡人工环境与自然环境协调一致发展的，其最终目的在于建立人工与自然相互融合的人类聚居环境。'山水城市'就是按照中国人的文化传统营造城市，使科学技术和文化遗产有机融合，'山水城市'是中国特色的生态城市"②。这一注解把山水城市的概念从狭义的风景园林城市推广到具有普遍意义的人工环境与自然环境相融合的范畴。可以说，"山水城市"是植根于中国传统园林文化和历史，反思当代城市建设实践，并且面向城市未来发展需要所提出来的跨学科、跨文化思想③。

（二）融贯中西的思想拓展（1993年至今）

在经历了20世纪80年代至90年代中前期对传统园林生态思想的消融，接下来如何在景观实践中突破既有传统的思想制约，拓展出具有当代中国特色的生态表达方式，成为一种普遍接受的探索途径。

首先表现出来的是思想认识方面的拓展。此时，国外学者已将生态学归为三个层次："一门科学、一个理解的框架、一种生存哲学"④。国内学者也提出了类似的看法，如周干峙先生提出，"'生态城市'中应包含自然和社会两部分，而且两者融合、互动"⑤。李敏明确地给"生态绿地系统"概念做出了新时代背景下的定位，"可以较好地解决各类人工经营的绿地和水域在人居环境空间体系中的恰当定位问题，从而在较高的理论层次上揭示其内在的同

① 陈鹭：《继承中国古代园林传统的探讨与思考》，《中国园林》2010年第1期。
② 吴良镛：《"山水城市"与21世纪中国城市发展纵横谈——为山水城市讨论会写》，《建筑学报》1993年第6期。
③ 吴人韦、付喜娥：《"山水城市"的渊源及意义探究》，《中国园林》2010年第2期。
④ Bart R. Johnson, *Krisin a Hill*："*Ecology and Design: Frame-work for Learning*", Island Press, 2002, p.64.
⑤ 周干峙：《对生态城市的几点基本认识》，《中国园林》2008年第12期。

一性，为各专业学科之间的融贯研究开拓新的思维空间"①。王绍增则在开敞空间的研究层面提出，"城市开敞空间，对于维护城市生态环境稳定和优化具有重要意义，作为其主体的绿地系统规划，对于城市可持续发展更是至关重要"②，并且从生态科学的角度探讨了"开敞空间优先"城市规划思想的生态机理。这些都是对思想认识的拓展和提高，为下一步的实际应用打下了夯实的基础。

近年来，随着研究水平不断提高，更是涌现出了一批高水平的博士论文。苏晓静的《城市景观环境的生态转型》，在研究深度和应用价值上具有一定代表性。作者以荷兰城市景观环境生态转型为参照，做出了中国城市景观环境正进入生态转型起步期的基本论断，对转型的发展阶段与目标、途径与对策进行了实践与理论层面的分析研究。此外，还有李哲的《生态城市美学的理论建构与应用性前景研究》、陈相强的《关于中国园林与生态园林的新思维与实践研究》等。

而期刊论文也不乏优秀之作，如郭晋平和张芸香的《城市景观及城市景观生态研究的重点》。作者利用景观生态学原理探讨了景观要素对景观整体生态过程的控制和影响机制，为城市景观生态规划提供了重要的理论依据③。包志毅则对将生态学原则与景观规划相结合产生的一种规划方法——生态规划的基本思路进行了应用型研究④。

进入 21 世纪，中国的生态事业全面展开，从社会主流导向上看城市建设方面的生态建设仍是重中之重。特别是 2004 年 3 月，胡锦涛在人口、资源和环境工作座谈会上，把"促进人与自然和谐发展"作为了"科学发展观"的重要内容。2006 年在国家制定的"十一五"规划中，强调"落实节约资源和保护环境基本国策，建设低投入、高产出，低消耗、少排放，能循环、可持续的国民经济体系和资源节约型、环境友好型社会"⑤。在 2011 年制定的

---

① 李敏：《生态绿地系统与人居环境规划》，《建筑学报》1996 年第 2 期。
② 王绍增、李敏：《城市开敞空间规划的生态机理研究（上）》，《中国园林》2001 年第 4 期。
③ 郭晋平、张芸香：《城市景观及城市景观生态研究的重点》，《中国园林》2004 年第 2 期。
④ 陈波、包志毅：《生态规划：发展、模式、指导思想与目标》，《中国园林》2003 年第 1 期。
⑤ 《中华人民共和国国民经济和社会发展第十一个五年规划纲要》，2006 年 3 月 14 日。

"十二五"规划中，又明确提出"绿色发展建设资源节约型、环境友好型社会"的方针目标①。这表明中国对待生态问题的态度已经跨越了发达国家先污染、后治理，先重人工高技术、再重自然恢复技术的基本路径，直接进入积极、先进的生态意识阶段，更为城市景观的生态现代化提供了有力支持。

至此，中国景观界已营造出与社会大背景一致的实践情境，并且随着中国城市生态景观建设更加系统、有序的发展和科学合理的策略与措施做指导，逐渐进入辩证思考和理性表达的新时期（表2-2）。

表2-2　中华人民共和国成立以来生态观念的演变

Tab. 2 -2　he Evolution of the Ecological Concept Since the Foundation of China

阶段	时期	时间	主到特点	基本生态观	典型案例
新中国（1949年至今）	计划时期	1949年—1977年	计划经济、全面工业化	征服自然、人定胜天	以粮为纲、围湖造田
	改革时期	1978年—2001年	市场化、工业化、城市化	开发自然、保护环境、生态科学、人地和谐	颁布《中华人民共和国环境保护法》
	市场时期	2002年至今	全球化、新工业化、信息化		

第四节　情境四：代表性实践者的实践脉络

中国园林（景观）实践者的群体，在思想方面的探索丰富，言论也多，由于笔力有限，本书主要从一些代表性实践者的思想及设计成果中寻找实践轨迹。分析他们如何受到当代社会情境变迁的影响，同时检视其在思考方式、立足点和实践目标等方面的定位与表现。希望可以从个体的角度管窥群体，审视中国景观的实践者们如何用自己特有的方式"体验"着现阶段的景观进程。

一、"中国式"继承

中国景观的学科起源可以追溯到20世纪50年代初至70年代末这20多年

---

① 《中华人民共和国国民经济和社会发展第十二个五年规划纲要》，2011年3月16日。

的时间。这一时期以汪菊渊、吴良镛、陈植、陈俊愉、程世抚、陈有民、陈从周等前辈为代表的实践者，在"城市建设是国家的基本建设，培养园林建设人才迫在眉睫"的社会大背景下，创建了园林专业，使该学科诞生并初步成长，并受到来自专业和大众越来越多的关注。

1951年至1964年是学科和行业发展的萌芽期，当时的中国社会百废待兴，"弘扬民族精神、鼓舞民族自尊心"的方针在城市建设中呈现出澎湃之势，对民族形式的探索，有两条指导思想，"一为'古今中外，一切精华皆为我用'，二为'继承与革新'"①。面对新的历史条件，强烈的"民族主义"代表了这一代实践者的集体意识②，重新挖掘中国传统园林文化资源，实现对传统园林文化的继承、追寻与拓展，构成他们教育教学、学术研究和创作实践的主要宗旨，同时也适时地映衬了政治主题的需要。

其中，汪菊渊和陈植两位先生堪称当代中国园林学界泰斗（曾有"南陈北汪"之誉）③，他们在园林教育以及思想理论方面的贡献和成就，都具有明显的"中国式"继承印痕。尤其是汪先生对园林教育事业的巨大贡献是普遍公认的，中国首次创办园林专业的教学计划、课程设置、教学内容大纲、教学条件等无一不经汪先生的精密思考与运筹。汪先生首创并亲自领导造园组学生赴南方进行综合实习，使学生对江南明清宅园、城市绿地系统的建设有了深刻全面的认识。在教学实践的同时，发表了《建设我国园艺事业之展望与途径》《苏州明清宅园风格的分析》《我国园林形式的探讨》等以传统园林的形式特征来体现当代名族形式和风格的论文。而陈植先生虽然早年留学日本，受到日本"造园学"的深刻影响，但在回国后依然走上了对中国传统园林继承的道路。陈先生为了避免造园艺术及造园经验失传，长期致力于挖掘、整理造园遗产，从20世纪50年代起就开始进行《园冶》《长物志》等古代造园著述的注释和校注工作，认真研究，直到20世纪80年代正式出版，是对造园文献理论上的一次重要贡献。

1958年下半年开始的"大跃进"运动也曾带来了学科的一度繁荣：开设

---

① 邹德侬：《中国现代建筑史》，天津科学技术出版社2001年版，第247页。
② 谢天：《当代中国建筑师的职业角色与自我认同危机——基于文化研究视野的批判性分析》，同济大学2013年博士学位论文，第71页。
③ 张钧成：《承前启后忆前贤——关于北林林业史学科建设的回忆》，《北京林业大学学报（社会科学版）》2003年第9期。

该学科专业的院校，在地域上，除了北京，还有南京、沈阳、长沙、郑州和武汉；在学校类型上，除了林业院校，还有农业院校和建筑院校。同济大学的陈从周先生作为南方建筑院校的代表，也表现出对传统园林文化的浓厚兴趣。陈从周先生融中国文史哲艺与古建园林于一炉，出版了第一本书苏州园林的专著——《苏州园林》；其另一部代表作——《说园》五篇，融文史哲艺与园林建筑于一炉，系统总结了中国园林理论，受到国内外学者的好评。陈从周先生不仅对理论有着深入的研究、独到的见解，还参与了大量实际工程的设计建造，直接参与指导了上海、浙江诸多古园的维修和设计工作。1981年，在陈先生精心设计和策划下，坐落在纽约的大都会博物馆，以苏州网师园殿春簃为蓝本的中式园林——"明轩"（图2-8）建成。陈从周成为将中国园林艺术推向当代世界的第一人，"明轩"建成后，一度在海外掀起了仿建中国传统名园的热潮。

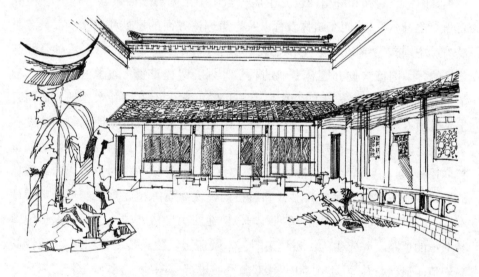

图2-8 "明轩"
Fig. 2-8 "Villa Claire"

这一时期的前辈实践者们虽然在1965年至1978年中国社会动荡的背景下，也"同步"经历了园林学科的低谷阶段，教学、设计、写作等一系列的工作受到了较大影响，却依然在传统园林的当代继承道路上留下了曲折但清晰的轨迹，为20世纪80年代以后的学人留下了传统园林当代继承的精神向导。但另一方面，虽然他们贡献了大量继承实践的成果，与"社会主义内容、民族形式"的宏大主题十分契合，但是在一定程度上依然没能摆脱特定历史时期意识形态的束缚，反而成了实现本体需要的羁绊；同时，这些以继承为主要特征的成果，成为后来者模仿范式的同时也隐性地约束了在这条道路上实现突破的信心与决心。

二、"大思想"的传播

所谓"大思想"，主要指倡导弱化学科界限，在一个广义的、整合的学科氛围内谋求融贯发展。

20 世纪 80 年代之前，前辈实践者作为新中国知识分子的代表，难免受到传统园林文化根深蒂固的影响，以及对政治环境的敬畏和服从，使其实践的重心始终围绕于"中国传统园林文化如何继承""中式道路如何走"这样的保守主题。随着改革开放政策的实行，整个中国社会的当代诉求也渗透在园林领域，园林学科已不再囿于单体发展，与其相关的领域、学科、因素等都在不断融合，形成一个相互关联的系统，包含内容不断扩充。20 世纪 80 年代中期，"风景园林"名称出现，试图在社会环境统一发展的前提下将城市内外的园林绿化系统统一起来。

实践者们也无法回避这一时代的演变所带来的观念与内容的更替，汪菊渊先生率先在其编写和协调的《中国大百科全书——建筑·园林·城市规划卷》一书中提出，"园林学是研究如何运用自然因素（特别是生态因素）、社会因素来创建优美的、生态平衡的人类生活境域的学科"，并将风景园林学科领域确定为"传统园林学、城市规划和大地景物规划 3 个层次"①。他还认识到"园林学的研究范围是随着社会生活和科学技术的发展而不断扩大的"，并指出"园林学的发展一方面是引入各种新技术、新材料、新的艺术理论和表现方法用于园林营建，另一方面进一步研究自然环境中各种因素和社会因素的相互关系，引入心理学、社会学和行为科学的理论，更深入地探索人对园林的需求及其解决途径"②。这种掷地有声的观点，为后来学科内涵和领域的不断深化、拓展打下了基础，开放的实践态度逐渐蔓延在整个行业中。

作为汪菊渊先生创办造园专业的第一届学生——孟兆祯，在各方面深受汪先生的影响，后留校任教。在其长期奋斗的教学第一线，孟兆祯先生非常

---

① 王秉洛：《中国风景园林学科领域及其进展》，《中国园林》2006 年第 9 期。
② 吴良镛：《追记中国第一个园林专业的创办——缅怀汪菊渊先生》，《中国园林》2006 年第3 期。

重视秉承"大思想",强调在继承的基础上开放性地建立风景规划与设计学科的融合体系。并且,在他的许多设计实践中也始终坚持最大限度地发挥风景园林的综合功能。孟先生指出,"将其中任何一种功能强调到高于综合功能的位置都是不科学的,要善于将生态环境、空间景观、文化内涵和现代社会生活融于一体"①。与孟先生同时期的另一位杰出学者——孙筱祥先生,同样为"大思想"的传播做出了重要贡献。1982 年,基于对中国传统园林艺术创作方法、人文思想以及生物和山水的自然环境的综合性思考,具有深厚传统文化底蕴的孙先生发表了著名的"三境论"②,即"生境""画境"和"意境",指评价江南文人写意山水园林的艺术成就,必须从创作进程的三个境界入手。这是从自然环境、设计者和观赏者的综合层面对中国传统园林艺术成就的准确解析,是独树一帜的理论观点。

另外值得注意的是,中国建筑界一直与园林界都保持着紧密联系,在开放的学科氛围下,"互为借鉴、共同发展"的理念在吴良镛、齐康等前辈的实践历程中更是得到了充分体现。作为中国"人居环境科学"研究的创始人,虽然吴良镛先生的主要身份是建筑学家,但却为当代中国园林学科的创立做出过重要贡献,他于 1951 年直接参与了"造园组"的组建工作。进入 20 世纪 80 年代中后期,面对社会的发展,各种复杂化的建筑问题,吴先生认为可通过聚居、地区、文化、科技、经济、艺术,甚至哲学的角度来讨论建筑,形成"广义建筑学",在专业思想上得到解放,进一步着眼于"人居环境"的思考,为多学科的综合融贯研究开辟了理论探索的途径③。

而同一时期,更加直接促进风景园林"大思想"构建是另一位建筑大师——齐康先生。齐先生自 20 世纪 70 年代以来就一直倡导建筑、规划与景观的多学科融贯发展的观点,经过十余年的实践探索,该思想逐渐清晰、系统化,他明确提出,"在我们这个时代,多学科的交叉,环境保护极其重要,大气的污染、植物的种植都要跟景观的设计结合,它不但是一个休闲的,而且要考虑到它是一个生态的,我们不是唯美主义者,善于结合才是环境保护

---

① 铁铮、孟兆祯:《风景园林设计要弘扬传统尊重自然》,《中国绿色时报》2006 年第 3 期。

② 孙筱祥:《文人写意山水派园林艺术境界》,见江苏省基本建设委员会编:《江苏园林名胜》,江苏科学技术出版社 1982 年版,第 3 - 20 页。

③ 吴良镛:《广义建筑学》,清华大学出版社 1989 年版,第 1 - 53 页。

最重要的目的，让更多的学科综合进来"①。在长期以来的设计创作中，齐康先生都十分重视建筑与整体环境的融合，吸取并运用中西建筑、园林传统经验和手法，齐先生将这一类建筑称为"风景建筑"，例如，天台济公院、福建武夷山庄（图2-9）等。另外，齐先生极不主张围绕学科名称展开的学术之争，而倡导更多地关注学科内涵及发展规律。他认为学术名字的争论和探讨常常有个过程，有些争论也是自然之事，过多的争论，各自阐述也未尝不可。

图2-9　武夷山庄景观

Fig. 2-9　Landscape in Wuyi Mountain Villa

以上几位先生开放性的学术思想，对当前乃至今后整个学科行业的发展方向，具有不可估量的价值与意义。

三、景观实践的发轫

1999年教育部开始进行专业目录的重新制定，风景园林和观赏园艺专业合并到园林专业或变更名称。同年，大规模的扩招在各高校展开，一些院校的园林专科也直接升为本科，传统园林学科的一统性逐渐削弱。而在20世纪

———————

① 齐康、齐昉：《景园课（第一课、第二课）》，《中国园林》2011年第1期。

90 年代末至 21 世纪初的这段时间内，"景观"作为新兴的专业名称逐渐进入公众视野，在设计领域也呈现出欣欣向荣的发展态势。这种态势的出现，与当时一批海归学者的积极推广密不可分。他们能够跳出传统园林范畴研究中国 LA 的实际问题，不仅支持采用"景观"的名称叫法，甚至对过去几十年的发展、学科定位、实践方式等一系列问题提出质疑，并结合自身专长从不同的研究方向寻求解决途径与方法。而这之中，俞孔坚、刘滨谊、王向荣为主要代表。

俞孔坚在哈佛大学攻读博士学位期间从事的是景观生态学和景观设计研究，于 1997 年作为景观设计学人才被引进到北京大学。1998 年初，回国后不久就撰写了两篇非常重要的文章，一篇是《可持续环境与发展规划的途径及其有效性》发表在《自然资源学报》；另一篇是发表在《中国园林》上的《从世界园林专业发展的三个阶段看中国园林专业所面临的挑战和机遇》。将两篇文章放在一起，能够清晰地看出俞孔坚对于中国城市化区域环境建设国家需求和学科发展的反思，一定程度上奠定了他后来的工作方向和北大景观学科发展的基本思路。2003 年，俞孔坚在其编写的《景观设计：专业学科与教育》一书中将 LA 译为"景观设计"。该书汇集的国内外专家学者有关学科与教育的论述和资料，为发展中的中国景观设计职业与教育体系提供了一定的借鉴。2004 年，俞孔坚在《中国园林》上发表题为《还土地和景观以完整的意义：再论"景观设计"之于"风景园林"》的文章，认为："国内学术界对 LA 的混乱认识绝不仅仅是翻译问题，中国的园林或风景园林的职业范围客观上远不如国际 LA，其专业内容大大超越普遍认同的'风景园林'的内涵和外延，真正的解决之道在于走向土地和景观的完整设计。"[①] 该文发表后，立刻遭到园林界的批判和反驳。俞孔坚对"景观"的阐释，被认为是片面的，以及是对延续已久学科传统的挑战。"景观"在当代语境下是否可以取代"风景园林"，又包含多少具有发展潜力的新内容，一时间使整个业界陷入"失语"状态，成为景观发轫期的一次波折。

1986 年至 1987 年，刘滨谊留学美国弗吉尼亚理工学院及州立大学，并于1994 年，在美国完成景观环境规划博士后研究。两次留学经历对刘滨谊的学术生涯影响很大。受到西方现代景观设计思想的启发，认识到 LA 是完全不同

---

① 俞孔坚：《还土地和景观以完整的意义：再论"景观设计"之于"风景园林"》，《中国园林》2004 年第 7 期。

于风景园林的一门学科，它的内涵及外延都是什么，涵盖的范畴有哪些，因此率先在国内开始对风景园林学科提出质疑和思考，并向着景观规划设计与景观学方向扩展。于 2001 年陆续发表《中国风景园林规划设计学科专业的重大转变与对策》《景观规划设计三元论——寻求中国景观规划设计发展创新的基点》两篇文章，在国内产生广泛影响。从实践、目标、操作、理论研究、学科专业五个方面，提出的景观规划设计三元论，构成了刘滨谊重要的理论体系，也成为同济大学景观学学科专业"三位一体"的学科专业发展战略、办学基本路线方针的理论基础。此外，归国后陆续出版《风景景观工程体系化》（1990 年）、《图解人类景观——环境塑造史论》（1996 年）、《现代景观规划设计》（1999 年）等专、译著，推动了国内景观研究水平的发展。

王向荣于 1991 年至 1995 年留学德国卡塞尔大学城市与景观规划系，获博士学位，1996 年开始在北京林业大学园林学院任教。王向荣在大量文献研究的基础上，并结合海外留学和工作经历，陆续出版专著四部，译著两部，主编丛书三册，这些著作构成了对国际现代景观理论较为系统的研究。其中《西方现代景观设计的理论与实践》对西方现代景观的产生和发展以及西方现代景观的主要思想、流派和作品进行了广泛介绍和阐述。该书不仅从更宽广范围和更深层次传递了西方景观设计的理论与实践，更重要的是为中国景观界提供了开启现代景观理论思维之门的钥匙。另外，他还发表了 60 余篇涉及这一研究领域的论文，如《新艺术运动中的园林设计》《现代景观的价值取向》《自然的含义》等。可以说，王向荣是国内率先进行西方现代景观研究的学者之一，研究成果广为学术界引用和参考。

学术思想上的积极探索，也必然引起设计实践方面的回应，两者相互影响，相互促进。1998 年 3 月，俞孔坚注册了中国第一家以景观设计命名的公司——土人景观。针对环境与生态和民族文化身份缺失两大危机，俞孔坚积极倡导"尊重人和人性的本质需求，尊重自然以及自然过程，建立土地及土地上人与自然的和谐关系；探讨中国人的理想景观模式的结构特征及其深层意义；历史文化资源的共存共荣"[①]。他陆续提出的"土人"理念、大脚革命和大脚美学、白话景观、重建"桃花源"等一系列观点，其实都是围绕这一方向进行的衍生和再提高。因此，他的很多作品也往往表现出乡土式、恢复

---

① 俞孔坚：《生存的艺术：定位当代景观设计学》，中国建筑工业出版社 2006 年版，第 78 页。

性、保护性和地域性的特征，一方面传达了一种建立在道德哲学基础上的生态观，同时还表现出对地方精神和文化遗产的尊重。同一时期，刘滨谊的科研项目主要围绕"风景景观工程体系化"展开，并申请到国家自然科学基金资助，其成果鉴定结论为：该成果开拓了我国现代风景园林理论与工程体系的研究工作，为中国现代风景园林学科——景观建筑学的研究奠定了重要的基础。王向荣的多义景观事务所于2000年成立，在其初期的设计项目中，可以发现浓重的西方现代景观思潮的印痕，例如，在青岛的海天大酒店环境设计（2002年）中艺术化的地形创造形式来源"大地艺术"，而从钢床涌泉池和竹丛中可以看到"极简艺术"的特征①；厦门海湾公园（2003年）中闪电形的平面构图、螺旋山的地形塑造（图2－10）、空间的分割都借鉴了解构主义设计手法。

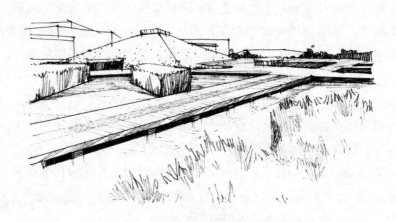

图2－10　海湾公园的螺旋山
Fig. 2－10　Spiral Hill in Bayfront Park

以上述三位为代表的一批实践者促成了中国景观的发轫，他们一系列或引介或研摹或原创的实践探索，甚至与传统园林学科的分庭抗礼，构成了中国景观实践最初的内容与特征，引导着在新的实践情境下思考和探索。

四、殊途同归的探索

在梳理近十余年的中国景观实践情境时，可以发现"存在一种在两极之

────────────

① 王向荣、林箐：《青岛海天大酒店南庭院景观设计》，《中国园林》2003年第5期。

间努力保持的精致平衡，这种平衡力图既从理论层面，又从实际操作的层面来消解传统概念上的种种二元对立，并以辩证的方式加以结合"①，即所谓的"殊途同归"。

进入 21 世纪，"景观"与"园林"在名称理解上的对立仍在继续，来自传统园林学科的定位和转型问题依然突出，新兴的景观话语体系中还存在很多矛盾，如景观的价值取向、传统与创新、应对全球化等。在经历过一阵如火如荼的设计市场高潮后，一些实践者们开始冷静地思考这些亟待选择的答案，选择一种更积极的方式介入这种矛盾现状，力图在复杂的实践情境中建立新的平衡关系。

首先，经历过 20 世纪中叶园林艰难而封闭发展历程的前辈实践者们通过一定的反思，率先垂范进行了更广泛的探索。孙筱祥先生一直践行着他所提倡的从多元、综合思考角度拓展专业领域。早在 20 世纪 80 年代，孙先生就开始了他在大地建设领域的研究；2002 年，基于多年的研究积累，发表了《风景园林从造园术、造园艺术、风景造园——到风景园林、地球表层规划》一文，提出风景园林学科的中心工作应该是："地球表层规划——城市环境绿色生物系统工程——造园艺术"②，并首次提出了地球表层规划的概念，对园林专业和学科的研究领域进行了宏观及微观层面的细化。

孟兆祯先生近年来十分注重汲取西方景观先进经验，并及时反馈到教学以及设计实践中，在坚持弘扬传统精髓、尊重自然方面实现了新的突破。在2008 年北京奥运会"林泉奥梦"景观设计中（图 2-11），无论是地形的改造，还是在视线组织、景点营造等方面均充分体现了"以中为体，以外为用"的策略。如其在设计总结中提到的，"我们特别要学习外国先进国家现代化的建设经验……它主要是现代化比我们先进，它的文化并不见得有我们先进，博采众长而发展自身的民族文化就是传统文化要现代化，这就叫与时俱进"。

另外，从一些中生代实践者的思想与行动变化轨迹中也可以窥见端倪。例如，在对待"传统园林文化"的态度上，留日学者刘庭风的思想转变代表了新时期部分学者理性反思、寻求变革的状态。分别发表于 2000 年和 2003

---

① 王硕：《脱散的轨迹——对当代中国建筑师思考与实践发展脉络的另一种描述》，《时代建筑》2012 年第 4 期。

② 孙筱祥：《风景园林（Landscape Architecture）从造园术、造园艺术、风景造园——到风景园林、地球表层规划》，《中国园林》2002 年第 4 期。

图 2 - 11   "林泉奥梦" 景观设计

Fig. 2 - 11   Landscape Design of "The Olympic Dream at Forest and Spring"

年的《缺少批评的孩子——中国近现代园林》《消极心理·阴性美·病态美》两篇文章，刘庭风表达了两种截然不同的态度：一方面表明了在看待"传统园林"问题上纠结而不安的情绪①，一方面又反映了他试图通过另一种视角重新审视所谓的传统精华，在否定中继承，寻求当代转型创新的思想历程②。

而出身于园林院校的王绍增先生，在对待"景观"大行其道这一业界讨论已久的话题上，则表现出理性而开放的学术态度。2004 年，他在为《亚太景观》一书作序时，就阐述了景观设计在观念、创作方法上带来的改变，并且写道："经过打破坚冰、破除闭锁、在广泛地汲取了世界各地文化精华后，伴随着中国经济、文化长时间高速发展的罕有机遇曾经创造过具有世界最高水平古典园林的中国人肯定能够开创出景观建设的一片新天地。"③ 可以认为，这种理解和认识是一种理念的超越，与老一辈实践者倡导的"大思想"也是殊途同归的。

与上述高校体制内的实践者相比，庞伟的主要身份是设计师，但也时常活跃于学术领域，发表论文、出版专著、诗集、做景观设计的专题演讲。因此，他更能够以跨界的方式实现他所提倡的"方言景观"命题的释义与表达，多途径地探寻解决中国园林或景观现实问题的策略与方法。这种独特的实践方式，不仅激发了日常状态的景观实践思路与过程，甚至还涉及以中国传统园林为代表的造园活动的反思批判——"反对用中西古代的那些'高贵'的语言以及当代那些权力化的虚假语言，去做充斥套话空话、无病呻吟的景观，

① 刘庭风：《缺少批评的孩子——中国近现代园林》，《中国园林》2000 年第 5 期。
② 刘庭风：《消极心理·阴性美·病态美》，《中国园林》2003 年第 12 期。
③ 王绍增：《园林、景观与中国风景园林的未来》，《中国园林》2005 年第 3 期。

主张有真实生命感的人与同样作为生命的大地去互动、去交流"①。"方言景观"很大程度上源于庞伟对中西传统园林与当代景观文化的融贯性的理解，而具体实践则转化成他那简单朴实的平民化景观语汇。

在发展的进程中，齐康先生的两段话道出了当前多数实践者的共同心声——

"'地景学''造园学'，以及大家经常提及的'景观学'，与'风景园林'为同一意义。"②

"风景（景观）的设计的任务扩大了……它们实质上是一种环境的综合设计。科技生产的发展，自然环境及气候的变化要求学科之间的定义，有的产生新的学科，新的交叉学科，有的产生相对独立的学科，这是事物发展的必然规律。"③

消解在二元对立中的挣扎，将中国景观实践者们从矛盾的抉择中解放出来，这样一来可以殊途同归地走出属于中国的景观发展之路。

社会学的"情境"概念反映的是在一定时期内各种情况相对的或结合的境况。在当代中国转型的时代背景下，景观实践的发展必然直接受社会情境的作用，或者说是与这种情境密切相关的景观学科、行业及其代表人物等对于当代中国社会的特定回应。

---

① 庞伟：《方言景观——重新发现大地》，《城市环境设计》2007 年第 6 期。
② 齐康：《尊重学科，发展学科》，《中国园林》2011 年第 5 期。
③ 齐康：《建筑·风景》，《中国园林》2008 年第 10 期。

第三章

传统园林的当代转型实践：惯习角度的实践反思

"人类社会过去的发展历史表明，在新旧文化碰撞的急剧变革时候，如果不打破旧文化的统治，'传统'会成为包袱，适足以强化自身的封闭性和排他性。一旦旧文化的束缚被打破、新文化体系确立之时，则传统才能够在这个体系中获得全新的意义，成为可资借鉴甚至部分继承的财富。就中国当前园林建设而言，接受现代园林的洗礼乃是必由之路，在某种意义上意味着除旧布新，而这个'新'不仅仅是技术和材料的新、形式的新，重要的还在于园林观、造园思想的全面更新。展望前景，可以这样说：园林的现代启蒙完成之时，也就是新的、非古典的中国园林体系确立之日。"①

——周维权
《中国古典园林史》，1990 年

传统园林的艺术成就是影响中国景观实践的必然因素，这一点毋庸置疑。然而也许因为中国传统园林太优秀，也许因为陶醉于这优秀的传统太长久，使得这个行业中的许多人在现代景观经历了一个多世纪之后的今天，仍然时时不忘"继承"的宗旨，甚至背负着沉重的文化包袱。也正是这种保守的"继承"情结，使当前的转型实践被固有范式所束缚，经常迷恋于符号形式的追求，把寻找所谓的"民族风格、地方特色"认定为今日中国景观的价值追求。

那么为何在时过境迁的背景下，当代中国景观的实践者们还如此纠结于面对传统的态度？又是什么赋予了他们以机械的继承方式表达着对传统成就的敬畏？本章试图通过布迪厄的惯习理论工具，在实践反思中获得解释。

---

① 周维权：《中国古典园林史（第二版）》，清华大学出版社 1999 年版，第 1 页。

第一节　惯习：“性情倾向系统”

一、惯习的含义

对于生活在社会中的实践者来说，社会生活的规律性是如何产生的，而且又如此具有可预见性呢？如果说外在的结构并不机械地约束着行动者的行为，那么又是什么赋予了实践者的行为模式呢？布迪厄用惯习概念解释了这种现象，它在布迪厄的社会实践理论中，是最重要的基本概念之一。

喜欢“开放式概念”的布迪厄曾多次对“惯习”做过阐述，使其充满了丰富性内涵。第一，惯习是持续的、可转换的“性情倾向系统”，倾向于被建构的结构，发挥具有建构能力的结构功能，也就是说，发挥产生和组织实践与表征的原理的作用①。法国社会学家菲利普·柯尔库夫（Philippe Corcuff）的解释是：“禀性，也就是说以某种方式进行感知、感觉、行动和思考的倾向，这种倾向是每个个人由于其生存的客观条件和社会经历而通常以无意识的方式内在化并纳入自身的。持久的，这是因为即使这些禀性在我们的经历中可以改变，那他们也深深扎根在我们身上，并倾向于抗拒变化，这样就在人的生命中显示某种连续性。可转移的，这是因为在某种经验的过程中获得的禀性在经验的其他领域也会产生效果。最后，系统，这是因为这些禀性倾向于在它们之间形成一致性。”② 第二，惯习是与客观结构紧密相连的结构形塑机制，是一种社会化了的主观性。也就是说，惯习既来自行动者自身的运作系统，但也不完全是个人的，而是受到历史和社会制度因素的影响。

需要指出的是，布迪厄的惯习概念不同于习惯，他解释，“惯习（habitus）不是习惯（habit），惯习是深刻地存在于性情倾向系统中的，作为一种技艺存在的生成性（即使不说是创造性的）能力，是完全从实践操作的意义上来讲的，尤其是把它看作某种艺术实践”③。可见，习惯是直接由传统延续

---

① 毕天云：《布迪厄的“场域—惯习”论》，《学术探索》2004 年第 1 期。

② ［法］菲利普·科尔库夫：《新社会学》，钱翰译，社会科学文献出版社 2000 年，第 45－47 页。

③ ［法］皮埃尔·布迪厄、华康德：《实践与反思——反思社会学导论》，李猛、李康译，中央编译出版社 2004 年版，第 21 页。

下来的，不需要能动性实践，其主要目的是延续和接受，而惯习虽然具有先验的前反思模式及历史的积淀，但它具有生成性，能不断地将周围的社会、历史等综合因素纳入自身，在调整和重构自身的同时重新建构实践的对象。

基于对惯习的理解，可以分析得出惯习的形成是一种先验的前反思模式，是特定历史阶段的个人和群体的行为和思维方式的积淀，成为一种行为模式内化于这一时期的个人或集体的意识中。实践者在惯习这种前反思模式的指导下规划行动的目标和方向，以及活动的风格及模式。总之惯习既是实践者的主观精神外化为客观的过程，又是历史及社会的客观环境内化的主观过程。

二、惯习的历史持久性特征

W. H. 潘诺夫斯基（Wolfgangk. H. Panofsky）在《哥特式建筑和经院哲学》中认为哥特式建筑设计的思想源泉在于经院哲学式的历史传承方式，是建筑和生活及思维方式的根本。他指出，"我们可以看到在哥特式艺术和经院哲学之间的一种关联，这种关联比'平行论'更为具体……这种关联不仅仅是一种平行现象，相反，我心里想的是一种真正的因果关系……这种因果关系是因传播而不是直接碰撞所形成的，是由可称之为'精神习性'，也就是将过分复杂的陈词滥调化简为一条经院哲学意义上十分精确的'规范行为秩序的原则'"①。潘诺夫斯基所提到的"精神习性"也激发了布迪厄产生惯习概念。布迪厄认为惯习是一种现代历史进化和传承中的思维模式或行为的认识能力，并始终强调"是在历史经验中沉积下来和内化成为心态结构的持久秉性系统……是在个人和群体的实践历史中形成、稳定化和发生建构性功能的动力性因素，同时，它又是在个人和群体的精神生活和社会行动中呈现的活生生的历史，是在现实中行动的历史"②。可见，布迪厄把时间变量引入到惯习的分析中，它的形成具有明显的历史性特征。惯习可以看作是历史经验积淀下来内在化的秉性系统，是在集体和个人实践中形成的一种生成性能力。历史渗透在实践者的惯习中，实践者对原有的历史经验进行继承或创新，以使在新的社会背景中唤起历史经验。

此外，惯习作为一种历史的产物，就必然在现实实践中不断运行着的历史，具有开放性和能动性。一方面，惯习可以继承历史，同时又能够以创造

① ［美］欧文·潘诺夫斯基：《哥特式建筑与经院哲学（上）》，《新美术》2011年第3期。
② 高宣扬：《布迪厄的社会理论》，同济大学出版社2004年版，第56-71页。

性的方式改造历史经验，在历史与现实中双重结构化。如果由原初经验形成的惯习并没有随着集体和个人的实践变化而不断调整，依然执拗于历史经验，那就是单纯地复制着历史。这种惯习是僵化守旧的，也与历史进程相悖。相反，如果惯习不断地随实践而变，并在这些实践的影响下不断强化，或者调整自身结构，那么在继承、内化历史的同时，就又表现出对历史的改造和建构。这种惯习将是稳定持久的，并不断地处在历史结构生成过程之中。

第二节　传统园林的当代转型背景

一、"传统复兴"的社会背景

景观实践的发展有其自身的历史逻辑，但也必然会受到历史传承的影响，或者说一定程度上对景观实践的梳理不能离开历史脉络，一方面有历史的延续性，另一方面又有历史的变化性，即惯习的"双重历史性"特征。近代以来，由于中国在西方冲击下国家主权的不完整，以及民族的屈辱和失败的痛苦记忆，使得中国园林的"现代性"不得不在一种对传统园林文化的批判和反思中建构自身。而面对西方现代景观，则存在着自大和自卑两种截然相反的矛盾心态，盲目崇外和偏狭排外交替出现。这种状态，也折射在中国景观的实践进程中。

从 20 世纪 80 年代开始，在新的历史条件下，中国园林界逐渐酝酿并发展着一定的"传统复兴"思想。以中庸或者折中的传统哲学思想和方法论原则恰好与新中国第一代多数园林实践者们所接受的学院派思想取得一致。因此，传统园林文化自然成为第一代园林实践者们在新的社会条件下，理解、设计、评价园林重要的价值归依。这次"复兴"也奠定了中国现代园林教育的基本框架和走向，并影响着受他们教育所成长起来的后来者们。

而今，在"中华民族伟大复兴"[①] 的语境下，"传统复兴"又一次成为一个十分引人注目的文化现象。此起彼伏的复兴热潮是以许许多多具体形态的

---

① 《中共中央关于深化文化体制改革 推动社会主义文化大发展大繁荣若干重大问题的决定》，人民出版社 2011 年版，第 23 页。

传统表征的复活为标志，园林景观领域也自在其中。其深刻背景是改革开放取得的巨大的经济成就带来的新的文化自信和中国和平发展所带来的国际地位的迅速提高①，以及应对全球化的冲击。首先，改革开放使中国取得了前所未有的发展成就，在世界上的经济地位迅速上升。根据亨廷顿的文化发展模式理论，改革开放给中国带来了"工具文化现代化"的巨大成功，而这种成功把"终极文化西方化"推向了历史性的转折点，使中国进入了传统文化复兴的时代②。因此，在这样一个经济相对富裕和社会环境相对宽松的背景下，开始认识到传统文化对于日常生活和价值选择的意义。其次，全球化的冲击让中国又迎来了在具体层面上再度回归传统去寻找中国人的文化认同的历史机遇，使传统成为个体、民族、社会与国家重要的文化认同工具③。甚至换一个角度，也可以将全球化看成是中国传统复兴的一种外在动力④。

所以在"传统复兴"的宏大社会背景下，以传统园林为模板的转型实践就应运而生，这种选择是由社会情境所决定的，也是一种历史的必然。

二、对传统园林局限性的反思

如果说"传统复兴"的社会背景是传统园林当代转型的客观前提，那么近 20 年，在理论及设计实践方面对传统园林局限性的不断反思，则是主观能动的实践行为。由此也证明，惯习是具有"外在的内化和内在的外化的辩证关系"。

虽然中国传统园林在过去几千年间孕育成熟，并且在自我的天地里已经发展到了"登峰造极"的地步，甚至被西方人称之为"世界园林之母"，但它毕竟是特定历史条件下的社会、经济和文化的产物，在当代社会各方面的需求下，其历史局限性已暴露无遗（图 3-1）。改革开放后，陆续有许多学者针对传统园林的局限性进行批判和反思。关欣在《传统与创新——中国园林发展断想札记》一文中的观点比较有代表性，他指出"皇家园林因为封建王朝的覆灭而消灭；私家园林由于社会主义的土地公有制不断发展；寺院园

---

① 张颐武：《传统文化复兴的意义和问题》，《今日中国论坛》2007 年第 11 期。
② 刘诗林：《当前传统文化复兴现象分析》，《科学社会主义》2011 年第 1 期。
③ 王树生：《全球化进程中的文化认同与传统复兴》，《黑龙江社会科学》2008 年第 5 期。
④ 黄向阳：《全球化与中国传统文化的复兴》，《社会科学家》2007 年第 1 期。

林则因宗教信仰的消退而逐渐失去发展价值"①。其他各方观点也主要集中在以下若干方面。

a）相对封闭的园林空间

b）宁曲勿直的造园手法

---

① 关欣：《传统与创新——中国园林发展断想札记》，《中国园林》1985 年第 4 期。

c）人工自然的艺术特征

图 3 – 1　传统园林的局限性

Fig. 3 – 1　Limitations in Traditional Garden

（1）服务对象。皇家园林和私家园林是中国传统园林的两个主要类型，其服务对象主要面向皇族、官僚、商贾、文人等，广大劳动人民根本无权享受。

（2）功能定位。由于服务对象的限定，其功能定位基本以观赏型为主[①]。这是一种等级社会制度下脱离大众的功能定位，与当代社会要求城市景观功能多样化的现实需求相违背。

（3）造园思想。大多营造在一个相对封闭、内向的小环境中，强调在"壶中天地"中营造"小中见大"的园林模式。往往使得有些园林空间局促拥挤，变化琐碎冗余，反映出造园思想贫乏空洞，意境牵强附会。

（4）审美观念。传统园林通常极尽所能地通过分隔、曲折等手法划分、组织空间，创造步移景异、含蓄深远的空间效果，已达到静谧、淡雅、空灵、精巧的美。这虽然是美的一种境界，但绝不是美的唯一标准，与当下多元化审美的时代特征不相符。

（5）艺术特征。强调"师法自然"，讲求"虽由人作，宛自天开"，因此

---

① 张振：《传统园林与现代景观设计》，《中国园林》2003 年第 8 期。

通过叠石掘池营造园林的山水构架成为普遍的园林特征。但当代人无须再于城市中尽享山水真趣，而真山真水的气势及其丰富的景观环境都是"人造自然"难以比拟的。

另外，在成熟后期，许多造园经验未能得到总结，也没有提高到理论概括的高度，在意境营造方面矫揉造作的倾向也愈加明显，加之封建社会衰亡等综合因素，造成了传统园林最终退出历史舞台。

面对传统园林的"一体两面"，"如何吸收并消化传统园林的有益成分，吸取哪些教训"成为开放之初的中国学术界的思考命题。

三、传统园林当代转型的必要性

学术界在经过改革开放初期对传统园林局限性的讨论之后，渐次将着眼点落在"当代转型"的话题上，例如，邓其生的"衡量现代园林的成功失败标准不能仅囿于传统理论，创作不能'泥于古人'，或按'古之有之'亦步亦趋"[1]，余森文的"既要反对割断历史，抛弃优秀传统造园手法的'纯现代派'，又要防止照抄照搬古典园林的做法"[2]，刘庭风的"不应以一个旁观者的身份漠然视之，把它放在古董的位置上去欣赏它、赞美它，而且很少对身边的新园林进行彻底的反思"[3] 等，这是改革开放以来，整个学术界在思想认识上的一次重要转变。

而 20 世纪 90 年代以来，中国的城市化进程呈现出一种突然爆发的局面[4]。在这股潮流中，不免发问："与封建社会的经济、政治、文化相适应的传统的造园方式和手法有多少能够被应用？""传统的造园理论又有多少被体现？"面对鳞次栉比的现代化高楼，置身于人流熙攘的"欧风"广场和公园，回答自然是否定的，而即使被传承下来，也是在局部范围内发生，"星星之火"很难燎原……相信每一个中国人都希望将传统园林的辉煌发扬光大，而理想和现实总是存在遥远距离，从业者们常常会陷入这样的沉思……中国传统园林的当代转型迫在眉睫。

在 1989 年 11 月 20 日中国风景园林学会成立大会的闭幕式上，周干峙先

---

① 邓其生：《园林革新散论》，《广东园林》1982 年第 1 期。
② 余森文：《园林建筑艺术的继承与创新》，《中国园林》1990 年第 1 期。
③ 刘庭风：《缺少批评的孩子——中国近现代园林》，《中国园林》2000 年第 5 期。
④ 范恒山：《中国城市化进程》，人民出版社 2009 年版，第 135 页。

生发表了题为《继承和发展中国风景园林事业》的讲话，他认为"应当吸取自己固有的历史文化和传统园林学的一切优秀成果，抛弃其中封建性的和不健康的糟粕""风景园林学科是一门相当古老、具有特色、已形成体系，今后还要继续伸展、丰满"。① 讲话中提到的"继承""发展""开拓"等观点和想法，实际上是针对传统园林如何转型和特点的具体阐释。而时隔22年，中国风景园林学会又将"传承创新"确定为2011年年会主题。可见，这次大会发言的影响是深远的，为学术界在"中国传统园林当代转型"方面的探索指出了一条十分清晰的思路和切实可行的道路。一种共识正在形成，中国的风景园林（景观）事业要取得进步，必须通过对传统园林的深入研究，提炼本土文化特征，突破其历史局限，把握传统观念的现实意义，并融入新的时代要求。

当前，"转型"的步伐依然继续，并且这条线索会一直贯穿未来的发展历程，直至建立与中国道路相适应的话语体系，以更好地指导景观实践再现传统园林的辉煌成就。

第三节　继承惯习与传统园林的当代转型

一、继承惯习的形成

惯习是历史的实践活动，因此会在客观条件所制约和影响下，通过不断的实践"运行"历史。而这种"运行"方式通过布迪厄的社会实践理论，则会出现两种情况。一种情况往往表现出重复性、机械性和惰性，不具有创造性、建构性和再生性，还仅仅停留在习惯的层面，这样的惯习将不可能在历史的实践活动中进行再生产并不断发展，也不可能在新的境域下发生创造性的作用。本书将这一类的惯习定义为"继承惯习"。从历史发展的角度观察，任何艺术门类思想和实践的提升都需要一个不断积累、丰富的过程，而这一过程中非常重要的一个环节就是对前人优秀研究或实践成果的继承。从这一角度审视"继承惯习"，自然有它的存在价值。另一种情况则是布迪厄更加看

---

① 周干峙：《继承和发展中国风景园林事业——在中国风景园林学会成立大会闭幕式上的讲话》，《中国园林》1989年第4期。

重的，即它一方面倾向于复制客观条件的客观逻辑，一方面又使它遭受新创造。也就是说，惯习并不只单纯地复制着历史，它能以创造性的方式重建、改造历史经验。本书将这一类的惯习定义为"创新惯习"。显然，布迪厄更倾向于"创新惯习"独特的、创造性的方式和改造社会条件的主动性。将"创新惯习"应用于艺术创作领域，如梁思成所说："艺术创造不能完全脱离以往的传统基础而独立……能发挥新创都是受过传统熏陶的。即使突然接受一种崭新的形式，根据外来思想的影响，也仍然能表现本国精神。"① 可见，两种惯习的形成存在一定的前后联系，"继承惯习"是"创新惯习"的初级阶段，而"创新惯习"则是"继承惯习"的实践方向和目标。

然而，中国文化传统不习惯系统的理论思维，不重视理论思维的规律，一旦形成思维习惯和思维定式就很难改变②，因此也没有产生过系统的传统园林理论体系和园林哲学。自中华人民共和国成立至改革开放之初，以建筑领域为代表，又习惯于将中国建筑的出路问题归结为如何解决建筑风格问题，而从继承传统形式和风格的层面去寻找出路，似乎又成为一种新的传统，同时也影响了当时的园林领域。另外，这一时期中西方文化交流的闸门刚刚打开以及传播途径的限制，西方现代景观的思想与理论还没有及时地传播到国内，加之主流社会也开始倡导"传统文化的复兴"，使这股继承思潮牢牢占据着学术界主力位置，很少听到质疑的声音。

如何继承传统园林文化似乎成为当时唯一值得讨论的热点。戴念慈先生在《反传统可以等同于反封建吗?》一文中，从宏观的角度提出"基于辩证认识下的继承"才是对待传统的正确态度，认为"以反封建为由笼统否定传统文化的观点是有害的"③，并且引用毛泽东的名句——"破字当头，立在其中"，阐述盲目、激进反传统的危害性。这篇掷地有声的论述，给还未形成气候的少数对传统文化的怀疑或否定态度来了个有力回击。虽然这一时期，全国院校的专业名称尚存在一定差异，但它们的"出身"基本一致，都源于"文革"前的园林专业。各地相似知识背景的学者们也都受过传统园林文化的浸染，并对其充满了深厚感情，尽管文化取向不同，但还是不约而同地表达

---

① 梁思成：《为什么研究中国建筑》，《建筑学报》1986 年第 8 期。
② 楚渔：《中国人的思维批判：导致中国落后的根本原因是传统的思维模式》，人民出版社 2011 年版，第 78 - 82 页。
③ 戴念慈：《反传统可以等同于反封建吗?》，《建筑学报》1990 年第 2 期。

了步调统一的继承观点。

二、当代转型中的两次继承惯习

在传统园林的当代转型中，先后出现过两次大规模的继承惯习。第一次可以追溯到园林领域"新中国热"的产生。它是相对于18世纪发生在欧洲大陆的第一次"中国热"而言。促成"新中国热"兴起的主要原因是中西方政治关系开始解冻。代表性设计实践是1980年，以网师园"殿春簃"为蓝本建成的美国大都会博物馆"明轩"。该园由陈从周先生精心设计和策划，虽然用地面积仅约400m²，但紧凑的布局，严谨的结构，建筑的精美，都原汁原味地反映了苏州园林的艺术精髓。"明轩"在美国好评如潮，连当时的尼克松总统和国务卿基辛格都前往参观，并大为赞赏。"这是我国现代造园史上第一座整体庭园出口"[1]，因此，它具有文化和政治的双重意义，甚至有的学者称之为"园林外交"[2]。

随后，能够更加明确地反映出这次继承惯习的是两个建筑庭园建成，成为这一时期设计界的焦点。1982年，美籍华人建筑大师贝聿铭设计北京香山饭店建成（图3-2），这是他在中国大陆的第一件作品，使中国传统庭院和园林的艺术特色与现代建筑布局融为一体。整个设计以流华池为中心进行布局，结合地形共形成了13个大小不一的小院，特别是作为主要庭院——后花园大量吸取传统园林特征，形成了"烟霞浩渺""金鳞戏波""晴云映日"等18处传统风格景观。香山饭店设计和建成，引起了广泛关注，仅在1983年至1984年间的《建筑学报》上就刊登了12篇文章。多数评论对香山饭店"继承发展中国建筑与园林创作的民族化道路"给予了肯定。

时隔三年，戴念慈先生设计的曲阜孔子阙里宾舍建成（图3-3）。设计中，戴先生运用了传统园林的造园手法，跨水为阁，流水成景，草木花香怡人，回廊环绕，小径蜿蜒，甚为幽静典雅。事实证明，这种传统形式的继承，"在曲阜这样特定的环境中，可以发挥优势……是最有把握、最稳妥的办法"[3]。阙里宾舍获建设部1986年颁发的全国优秀建筑设计一等奖。

---

[1] 周峥：《走向世界的苏州园林》，《中国园林》1994年第4期。
[2] 李景奇、查前舟：《"中国热"与"新中国热"时期中国古典园林艺术对西方园林发展影响的研究》，《中国园林》2007年第1期。
[3] 戴念慈：《阙里宾舍的设计介绍》，《建筑学报》1986年第1期。

图 3 - 2　香山饭店庭院

Fig. 3 - 2　Courtyard in Fragrant Hill Hotel

图 3 - 3　曲阜孔子阙里宾舍庭院

Fig. 3 - 3　Courtyard in Qufu Confucius Queli Hotel

　　第二次大规模继承惯习出现在 20 世纪 90 年代中期。中国城市开始进入高速发展的时期，同时经济发展带动了城市景观的全面建设。面对近半个世纪，因为照搬苏联模仿而产生的形式单一、平淡冷漠的"千城一面"，显然与改革开放后生机勃勃的发展态势形成了强烈反差。于是一场"夺回古都风貌"的运动（图 3－4），率先从政治和行政领域大规模展开。关于"夺回"的解释，某领导认为古都面貌已被"豆腐块""麻将块"取代，因此运动的目的"一是停止破坏，二是尽量体现民族传统和地方特色"①。可见，这场运动"并非一个永远的口号而是为在特定时期纠正某种倾向"②。适逢后现代主义的理论传播到中国，特别是后现代提倡注意使用历史的装饰丰富视觉的观点，是最为的国人所接受的③，因为中国传统园林和建筑最让人瞩目的就是各种装饰细节。因此，设计领域的实践者们一边忌惮于对运动倡导者特殊地位，一边也逐渐发现仿古继承的做法很是讨好。首先，通过这种方式，它可以让人们重拾"民族信心"，增强对传统文化的认识；其次，对设计者而言，也可以显示出设计者对传统建筑和园林文化的继承。尽管许多专家学者从专业角度并不赞同，但多数人还是采取了迎合的态度，并纷纷出谋献策，这是从城市

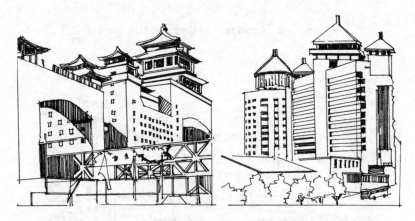

图 3－4　"夺回古都风貌"运动

Fig. 3 –4　"Returning the Portrait of the Ancient Capital" Movement

　　①　陈希同：《陈希同再谈"夺回古都风貌"》，《北京规划建设》1995 年第 1 期。
　　②　陈希同：《陈希同再谈"夺回古都风貌"言其——并非一个永远的口号而是为在特定时期纠正某种倾向》，《城市规划通讯》1995 年第 6 期。
　　③　王弦：《传统的复兴——论当代仿古建筑》，《艺术探索》2008 年第 8 期。

面貌方面对中国传统文脉的保护和发展。在对传统建筑、园林文化价值近乎无知与疯狂的损毁破坏强烈批评声和综合条件的促成下，仿古继承的风气便在大江南北兴盛起来：北京的大小建筑上出现了许多大大小小的仿古亭子；各地各处充斥着传统符号的"传统风貌一条街"的建设热；与"传统街"如出一辙，且规模、投资更大的"传统文化主题公园"纷纷建成；等等。

第一次继承惯习的出现，与上述几件代表性作品的建成是分不开的，而设计者的主动实践是这次继承惯习形成和发展的重要条件，另外学会组织的宣传和传播媒介的介入也是其形成的现实土壤和客观依据。同时可以发现这几位设计大师并没有一味教条地走复古道路，从作品中可以依稀感受到"创新继承"的生命力。因此，"中而新""与古为新""新中式""修新如旧"等一些崭新的字眼也从这一时期逐渐走入理论视野。相比之下，第二次继承惯习中以"夺回古都风貌"为代表的各种继承实践，在表面上是传统文化在现代化城市建设过程中兴起和推广的结果，但实际上则是行政意志主导设计实践的结果。一些急功近利的继承做法，让这次继承惯习逐渐走向僵化复古的偏离轨迹，也导致了一些城市传统风貌的再次损坏，对刚刚进行当代转型的传统园林来说无疑是一种倒退。

第四节　继承惯习的晦蚀：僵化实践

社会学中的"僵化"，指思想凝固不变[1]。对转型期的传统园林而言，僵化实践是继承惯习失范的具体表征，不仅表现为景观建设过程中对传统园林表象层面的重复性、机械性复制，更严重的是对传统园林文化背后的社会习俗、文化背景、民族心理、知识结构的肢解、破坏和偏离[2]。

一、形式模仿

"明轩"建成后，以苏州园林为蓝本设计建造的展览花园在海外引发新一轮"中国热"，如加拿大温哥华的"逸园"，新加坡的"蕴秀园"，美国波特

① ［美］C. 赖特·米尔斯：《社会学的想象力》，陈强译，生活·读书·新知三联书店2005年版，第31页。
② 黄勇：《城市空间的失范现象初探》，重庆大学2002年硕士学位论文，第21页。

兰的"兰苏园"等。另外，岭南园林、北方园林、徽派园林等其他传统园林风格的作品也纷纷在国外落户（图3－5）。1982年10月，综合江南园林和岭南园林风格的"芳华园"在德国慕尼黑落成。它是为第四届国际园艺展览会而设计建造，既保留了江南园林幽静、曲折的风格，又有岭南园林开朗、明快的特点。1988年广东省与澳大利亚新洲发展友好关系的一个项目——"谊园"，以厅、堂、斋、馆、台、楼等园林建筑作为模仿重点，更纯粹地表现了岭南园林特色。1984年5月—10月，国际园林节在英国利物浦举行。中国参展的是一个面积仅有820m²，具有北方园林风格的园子——"燕秀园"。园中以仿制于北京北海静心斋内沁泉廊和枕峦亭的一厅一亭作为标志性景物，并获得园林节金奖和永久保留奖。另外，还有1989年法兰克福贝特曼公园内建成的徽派园林——"春华园"；1993年位于瑞士苏黎世的一座云南园林风格的"中国园"等风格迥异的仿古园林。据统计，从20世纪70年代末至90年代末，中国已在世界各地建造了规模和类型不同的仿古园林50余座，分布在五大洲的20多个国家和地区。可见，这股"新中国热"的影响范围之广。

a）逸园　　　　　　　　　　　b）兰苏园

d）芳华园

图3－5　形式雷同的海外仿古园林

Fig. 3－5　Similar Overseas Archaizing Gardens

　　上述这些作品大多是为了参加海外举行的国际园林博览会或作为友好国家、地区或城市间礼品而修建，因此会受到一定的场地限制，面积一般都不大，布局形式也较封闭，如赵庆泉在总结"兰苏园"建设时提到的，"唯一的遗憾之处，就是园外的一些现代化高层建筑对景观造成一定程度的视觉影响"。它们还有一个共同特点——楼、廊、亭、桥等构筑物在设计中占主体地位。甚至在一些海外作品中，直接把这类代表性的园林建筑形式单独作为展示内容。例如，1979 年，南京市园林规划所就设计制作了一对华表赠予日本名古屋市，是以南京栖霞区保存的南朝萧梁时代的艺术品为模式仿制。这是对传统园林建筑模仿最早的实例，在国内外广受关注。另外还有 1984 年的美国费城华埠牌楼；1985 年的墨尔本仿南京朝天宫牌楼——棂星门（图 3 - 6）；1986 年的华盛顿中国城牌楼；1989 年的加拿大密西沙加市中国城牌楼；1989 年的日本岐阜市杭州门；1992 年日本熊本县孔子公园祀圣亭；1995 年的墨西哥墨西卡尼市友谊亭。

　　中国古建筑的样式长久以来对西方影响较深，也是最能产生深刻印象的造园要素，因此在这些海外作品中小体量的园林建筑往往成为"主角"，而其他重要的园林要素只能成为填满空间的中国式"符号"或"景点"，传统园林的意境与文化内涵理所当然也不会表达的那么地道了。另外，受到工期限制、技术支持不够、资金短缺等不利因素的影响，建成后会发现许多作品在布局方式、细部处理、植物品种等环节上都多少存在一些遗憾。虽然这些作品在园林博览会上屡获奖项和好评，但像"明轩"和"兰苏园"这样施工精细、设计周全的精品还是少了些。难怪曾昭奋看完"兰苏园"感叹道："即使放到苏州它也是一个大规模高水平可以与留园、拙政园、网师园等相媲美的园林精品。"①

---

　　① 曾昭奋：《兰苏园记》，《世界建筑》2001 年第 1 期。

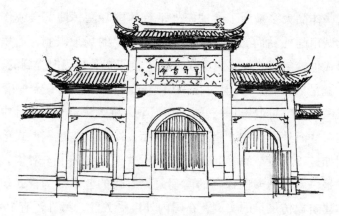

a) 南京朝天宫牌楼

b) 墨尔本牌楼

图 3 - 6　两座牌楼的对比

Fig. 3 - 6　Comparison between Two Decorated Archways

　　然而由于中西方文化的巨大差异，外国游客对中国传统园林的认识程度基本停留在较为肤浅的层面，出于好奇和凭吊钩沉心理的参观者也不在少数。尽管这一类的模仿实践虽然在技术、材料等方面进行了一定革新，但其带来的影响效果却只能停留在视觉层面，而其背后更加丰富的园林内涵很难被观者理解和接受。例如，对叠山、理水、筑屋、种植等园林组成元素模仿得较为充分的日本鸟取县"燕赵园"，于 1995 年落成。开园之后，受到日本民众的欢迎，但也有很多媒体就造园方面的问题采访了中方设计师，其中不乏

"中国造园为什么要叠山？叠山为什么有洞"① 之类众所周知的问题。假如换
位思考一下，如果日本的枯山水放在中国，是不是也会出现"为什么用砂石
代替水"这样的问题？所以，此类装饰古董似的形式模仿并不是将中国传统
造园艺术发扬光大的最好办法。难怪李金路尝试该方法做完巴西驻华大使馆
庭院设计后，针对巴西人对他的"以草代水"设计手法提出的疑问，发出了
"巴西人接受了禅么"的感慨②。

　　古为洋用的继承惯习也在国内开始迅速蔓延。恰好此时，国内正在开展
"文化大革命"之后的新一轮城市公园建设，两者一拍即合，一种仿古公园模
式迅速展开。20 世纪 80 年代后期建成的北京陶然亭公园中的"华夏名亭园"
是以传统模仿为主要特点的代表。景区占地 10hm²，是传统园林的园中园模
式。园林部门投入了大量人力、物力，搜集了大量资料，历时十年建成。园
中网罗了"醉翁亭""二泉亭""沧浪亭""清风亭""吹台亭""兰亭"（图
3–7）等全国多种名亭的复制品。这个名亭园建成之后，以其新颖的形式吸
引了大量游客，设计者对它的总结是："以名亭求其真，环境写其神"③。这
里提到的"真"，即说明这是一种直接的模仿。但也有学者对此提出不同的意
见。李珂从设计立意、园林布局、文物保护等方面，对这种模仿提出质
疑——"将南方的一些亭子和景点硬性地搬到北方其难度是可想而知的……
现在将这些东西挪来北京，即使仿制得一般无二，但由于北京缺水，既不能
形成'此地有崇山峻岭，茂林修竹'的景色，更难见'清流激湍，映带左
右'的感观"，"让人进入园中甚至分不清究竟身在何方"。④ 无独有偶，在杭
州标志性古建筑"六和塔"旁也建了一个"中华古塔博览苑"（图 3–8），罗
棋布地摆了 100 个仿真古塔，其设计意图与"华夏名亭园"如出一辙。这就
如同在近年来红火起来的古玩市场上，出现了大批赝品，它们谈不上是艺术
创作，最多只是模仿得像不像而已。所以，仅凭简单地模仿、复制或再现就
想长久地吸引大众眼球，而不在文化内涵、园林手法上下功夫，只能得到那

---

① 张四正：《"燕赵园"答日本记者问》，《中国园林》1996 年第 2 期。
② 李金路：《巴西人接受了禅么——巴西驻华大使馆庭院改造设计》，《建筑学报》1994
　　年第 2 期。
③ 北京市园林设计研究院名亭园设计组：《陶然亭公园华夏名亭园景区设计》，《建筑学
　　报》1989 年第 12 期。
④ 李珂：《从陶然亭公园的建设谈园林古迹功能开发的方向》，《中国园林》1994 年第
　　4 期。

几年间此类公园纷纷倒闭关门或改作他用的下场了。这种继承惯习下的僵化实践，有一定的历史必然性，体现了学者与普通大众们对传统园林文化的"寻根"意识，它是传统园林当代继承的最直接、最具体、最形象化的表现。但是，模仿手法也会因为表现风格的公式化、一般化遭到社会主流文化的鄙视，相比适应时代发展而不断涌现的新观念、新手法，必将陷入无可奈何的境地。

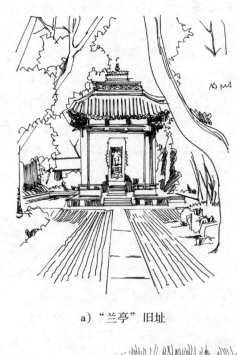

a) "兰亭"旧址

b) 陶然亭公园内的仿品

图 3－7　两座 "兰亭" 的对比

Fig. 3－7　The Comparison between Two "Orchid Pavilion"

图 3-8   "名塔博览苑"的仿古景观

Fig. 3-8   The Archaizing Landscape，"Famous Pagoda Museum"

二、片段移植

20 世纪 80 年代中后期，开始出现对传统园林进行片段移植的实践，明显受当时传入中国的后现代思潮的影响。这一类实践有两种不同的探索途径：原型实物的移植和艺术思想的移植。实物移植是将已经存在的原型"拿来，为我所用"，虽然来得直截了当，但却降低了创新难度，很难深入人心。中国多数设计者更倾向选择实物移植的手法来继承传统以明显地区别于"形式模仿"。而学术界也对这种后现代的手法给予较高的评价，例如，在评论某建筑时毫不吝惜溢美之词——"当一个完整的民族形式被打碎了的时候，当为旧形式所发出的赞歌将渐渐沉默下去的时候，它留下的碎片却在发出动人的'片段之歌'"①。

当时较早的典型实例应该是贝聿铭先生的香山饭店庭园。以流华池中部的"流水音"平台设计为例，此景是对"曲水流觞"这一中国传统园林中相对固定的景观设置形式的移植：平台宽 7m，长 8m，由青石凿成，外部又用花岗岩做台明和坐凳，东侧通过另一个典型片段——曲桥与岸相连（图 3-9）。

---

① 曾昭奋：《阳关道与独木桥——建筑创作的三种途径》，《建筑师》1989 年第 12 期。

不过也有人对这种片段性的继承手法提出了质疑。其中，刘少作作为庭园的设计参与者在《北京香山饭店的庭园设计》中认为："它既不是继承传统与革新的唯一路子，也不一定是普遍推广的一种形式。"① 这里的潜台词是，香山饭店所探索的道路并不有助于传统继承。尽管香山饭店的设计为贝聿铭赢得了普利茨克奖，但由于种种原因他本人对这个设计并不满意。但不可否认的是，这次实践探索为他后来更加成熟的"新民族化"风格奠定了一定的基础，也对后来人的传统继承之路产生了启示。

图 3-9 香山饭店的"曲水流觞"

Fig. 3-9 "Floating Wine Cups along Winding Water" in Fragrant Hill Hotel

1989 年，有学者提出"可以借鉴'后现代'的经验，摸索'软硬兼施'的路子把传统'硬件'符号化，把传统外形式的原型予以概括、变形、错位、逆转，提炼成具有表征性的符号。通过不同层面的深层文脉和不同程度的表层符号的融合、调节，体现不同浓度的传统神韵"②。这种观点倡导的移植手法同"实物移植"相比，明显有所进步。例如，在北京、上海曾几乎同时出现了两座以四大名著之一的《红楼梦》为蓝本的仿古景观，一时间社会反响

① 刘少作、檀馨：《北京香山饭店的庭园设计》，《建筑学报》1983 年第 4 期。
② 侯幼彬：《传统建筑的符号品类和编码机制》，《建筑学报》1988 年第 8 期。

巨大，中外学者和游人纷至沓来。有人将此类园林称之为"著作园林"①（图3－10）。

a）北京大观园

b）上海大观园

图 3－10 "著作园林"的僵化实践

Fig. 3－10 Rigid Practice of "Works Gardens"

这种移植方式，是将其他领域内的思想、内容引用于景观领域进行片段式加工整理，南北两座大观园的建成既是此类实践的产物。这两座"著作园林"在移植手法上存在一些共同特征：第一，根据原著故事情节的发展和人

_____

① 林福临、于英士：《我国著作园林之首创——北京大观园》，《中国园林》1996 年第 2 期。

物活动的需要进行片段式场景营造;第二,体现了"忠于原著,尽于神似"的创作理念,即仅停留于"继承"层面;第三,用地规模大,结构上采用园中有园、园外连园的布局手法;第四,中规中矩地移植传统园林的造园要素,建筑、水体、山石和植物应有尽有;第五,各种功能、各种形式的仿古建筑众多,形成国内规模首屈一指的明清建筑群。两座大观园是在基于现实人文基础上虚构的产物,特别是通过片段移植手法的运用创造了独特的人文意境和审美价值,毕竟意境美长期以来一直是中国传统园林所执意追求的目标。特别是上海大观园的设计则更多地结合了基地水道纵横交错这一地理特征,北引淀山湖水入园,以形成似院落般形成三大主体水面,再以溪流相互沟通连接成一整体。这样的思路体现了现代景观要求"设计结合自然"的客观规律,和移植对象的关系不大,顶多是为了呼应"女儿是水做的骨肉,男子是泥做的骨肉……"这一经典词句罢了。大观园在 20 世纪 90 年代前后走向繁荣,进入 21 世纪后处境日渐艰难。对此,社会对这种"著作园林"的形式,一直众说纷纭,褒贬不一。不管它们的命运将走向何方,毕竟开创了将其他艺术门类移植到景观创作上的先河,客观上也促进了红楼文化的传播,其观念与形式上的另辟蹊径为传统继承的实践探索带来了一条新的思路。

这期间,与大观园如出一辙的仿古景观建设呈井喷之势,且名目繁多:规模、投资更大的"传统文化主题公园",如杭州"宋城"(图 3 – 11)就以《清明上河图》为蓝本,还原宋代城市风貌;以表现民间艺术、民俗风情和民居特征的"大型文化景观园",如建于 1991 年的深圳中国民俗文化村(图 3 – 12)在总体规划上采用传统造园手法,按 1∶1 的比例将 22 个民族的 25 个村寨移植在园内……在不同地区、不同规模、不同主题类型都有实例。

在这些仿古景观中虽然不乏成功之作,但注重表象、流于形式的片段移植还是比较普及的一种实践方法,在一定程度上呈泛滥之势。它们虽然能够满足参观者的访古猎奇、返璞归真的观赏心理,但由于过分依赖甚至只强调形态、符号等外在片段的移植、拼贴与罗列①,而未能处理好由此形成的形式的"旧"与时间的"新"之间的矛盾②,从而仿古景观自然成为传统形式碎片的堆砌产品。只具有传统形式,而不具有传统园林文化内涵,这也是导致

---

① 赵侃:《仿古建筑兴起的文化因素》,《艺术评论》2009 年第 3 期。
② 伍燕南:《从历史文化名城风貌保护谈对建筑仿古的反思》,《山西建筑》2008 年第 11 期。

人们对仿古景观产生怀疑与误解的主要原因。甚至当时有人疾呼："拙劣低能的'造古''仿古'热该歇歇了，如不"悬崖勒马"，将是历史的悲哀！"①

图 3 – 11　杭州"宋城"

Fig. 3 – 11　"Song Dynasty Town" in Hangzhou

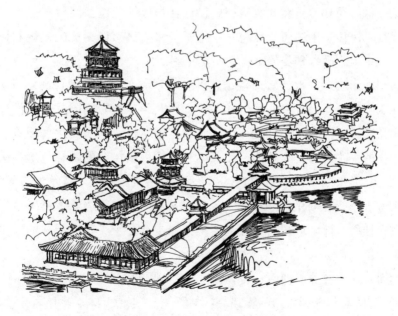

图 3 – 12　深圳中国民俗文化村

Fig. 3 – 12　Shenzhen China Folk Culture Villages

①　占建军：《仿古建筑热透视》，《中外房地产导报》1994 年第 23 期。

三、主题叙述

在传统园林的当代转型过程中，主题叙述作为一种普遍实践方法，是指设计作品除了要满足"使用功能"之外，还要通过一种"讲历史故事"的方式，传达出作品内在的"含义"，以受众能够"看懂读懂"为目的。而承载"故事主题"的作品本身即可以认为是叙述性景观。历史上，著名的"圆明园四十景"在这方面可视为一个范例。

20世纪80年代中期，此类当代设计作品逐渐增多。由孙筱祥先生带领胡洁、王向荣等人完成的古隆中诸葛亮草庐及卧龙岗酒店模拟设计是出现较早的一次尝试。创作灵感主要源于《三国演义》及一些戏剧、戏曲中关于描写草庐传奇与山居环境的资料，结合对主人公的性格分析，得到设计方案：模拟区选在溪谷深处，群山环抱，宁静幽深，适于展示诸葛当年躬耕陇亩的生活环境；全区的建筑设计依山就势，采用不对称自由布局，使建筑与自然山水有机地融为一体；景观设计沿袭古代文人写意山水园的手法，根据现状略加修饰，保持质朴、自然的风格……设计者希望借此作品"尽可能饱含千百年来世代人民传下来的历史信息……寄托广大人民对诸葛亮的崇敬和怀念之情，并从中得到教益和美的享受"①。这种手法本身实际上受到了西方后现代主义思想的影响，如设计者所说，这种表现手法在国外已较普遍，而在国内还是初次尝试。在当时一些建成作品中，曾获第二次全国园林优秀设计的洛阳白居易墓园、河南汝阳杜康造酒遗址风景游览区、广州文化公园等也都采用了同样的手法。这类作品往往要借鉴和发挥中国传统的园林艺术手法进行主题构思和形象创作②，因此被普遍认为是对传统园林艺术继承的有效创新。1984年全国优秀园林的评审中就有一条这样的标准："继承古典园林优秀传统，重在神似，设计思想有所创新。努力探求社会主义新型园林的风格，具有地方特色。"③

然而，随着各种以神话、名著、典故为主题建成的"神话宫""名著园""仿古街"的兴起受到大众的青睐，"主题"与"传统园林"间的联系却愈发

---

① 孙筱祥、胡洁、王向荣：《古隆中诸葛亮草庐及卧龙岗酒店模拟设计》，《中国园林》1988年第8期。
② 李敏：《中国现代公园——发展与评价》，北京科学技术出版社1987年版，第39页。
③ 刘少宗：《中国优秀园林设计集（一）》，天津大学出版社1999年版，第65页。

模糊。叙述主题逐渐成为设计的最终目的，传统园林的形式和内容只能沦为"配角"。设计者也往往还打着"继承传统"的旗号，一边设定主题，一边选择题材，进行着与场所并无实质性联系的景观布局，并且在模棱两可的中介——"主题"的相关表述下，获得自圆其说的合理性。例如，因为邯郸素有"典故之乡""成语之乡"的美誉，所以设计师在丛台公园改造中，便巧借成语典故，用壁画、雕塑、诗词、建筑、植物等营造出若干功能区，并为每个景区进行冠名，如"胡服跨射""涌池遗韵""燕醉春英"等①；涿州华阳公园设计则取荆轲刺秦王的历史题材，设计了华阳台、碑林、角楼等景观，以体现文化公园的性质②。可以发现，上述这些主题叙述的设计实践都与它们所在地丰富的历史文化有关，似乎只有通过这种方式才能让所在地悠久的历史文化得以传承，而人们也顺理成章地接受了这样的方式。

　　这种情况在 20 世纪 90 年代后期更加普遍，即使是首次举办的专业类世博会——1999 年昆明世界园艺博览会，许多地方展园（图 3－13）的景观设计都"意在笔先"纷纷根据地方特色确定一个主题，再借鉴和发挥中国传统造园手法进行景观构思和形象展示，使园景表现出叠山理水、巧于因借等传统园林的典型特征。比如，山东齐鲁园围绕"一山一水一圣人，和仁和智和乾坤"的主题，分别营造出"泰山""趵突泉"和"孔子文化"三个景区③；广东"粤晖园"以水池和船厅为构图中心，利用地形高差凿池筑山，表现"海洋文化"的主题，营造出一个具有传统岭南特色的自然山水园；贵州"黔山秀水园"以"银链坠潭"漏斗式瀑布为主题，隆高造山，凿低为瀑，布置了绝壁、涌泉、溪流、瀑布、溪潭等标志性"黔山园林"景致④；等等。这一类的转型实践也为叙述性景观起到了推波助澜的作用，并慢慢产生了固定的模式，一直延续至今，如林广思所指出的，"'主题'——言语构筑了中国当代园林设计的主流思想；文字思维构筑了主要实践活动"⑤。2003 年的奥林匹克森林公园及中心区景观规划设计的国际竞赛就再步后尘，七份入围方案

---

①　江保山、李慧云、申曙光：《巧借成语典故再现古赵文化——成语典故在丛台公园改造规划中的运用》，《中国园林》1993 年第 1 期。

②　华阳公园设计组：《涿州市华阳公园总体规划》，《中国园林》1991 年第 3 期。

③　冯钦铎、陈俊强、张学峰、田海林：《中国'99 昆明世界园艺博览会山东〈齐鲁园〉》，1999 年第 3 期。

④　张剑：《中国'99 昆明世界园艺博览会贵州〈黔山秀水园〉的构造》，1999 年第 4 期。

⑤　林广思：《"主题"——言语构筑的中国当代园林》，《新建筑》2005 年第 4 期。

中有三份（表3-1）不约而同地选择了与中国传统文化密切相关的"龙""凤"作为创作主题，并在平面中强化龙的整体形态。在最终实施方案中，也的确实现了将"龙"的图形贯穿于整个奥林匹克公园的理念，如设计者所总结的："在自然的形态中，完形了"奥运中国龙"的存在……"① 同时，许多不熟悉中国文化的外国人在内地做项目，都要有模有样地讲上几个"历史段子"才行，例如，由加拿大赛瑞（CSC）景观设计公司完成的合肥逍遥津公园设计，就是以片段、局部的表现手法来讲述"三国故里，逍遥古道"这段历史典故，美其名曰"白话三国，寻常景观"。显然，这只是词语诗文的构筑，语言的游戏。作为一种继承中国传统园林文化的探索，主题叙述的景观实践是否值得推广，还有待商榷。

图3-13 1999年园博会各地主题展园

Fig. 3-13 Theme Exhibition Park from Various Places in the 1999 Expo

① 胡洁、吴宜夏、吕璐珊：《北京奥林匹克森林公园景观规划设计综述》，《中国园林》2006年第6期。

表 3 - 1　三个入围方案的主题与主要的景观形态和景点类型

Tab. 3 - 1　Theme，Main Configurations of Landscape and Landscape Genre
of the 3Candidate Plans

方案编号	创作主题	主要的景观形态和景点类型
A01	龙的腾飞	龙形水系；奥林匹克广场、体育广场、新闻广场、文化广场和森林广场
A03	龙之舞	所造水型按"龙形"，所堆山型宛若"龙形"，山水之间、二龙相会
A07	龙凤呈祥	在原有龙形水系基础上创造凤凰山

第五节　当代转型的复杂性与矛盾性

中国传统园林的当代转型，也已然走过了近 30 年的实践历程，而面临着的却依然是一种两难的境地：一方面，在"解放思想、转变观念"的主旋律中，主流社会和整个景观界早已达成共识，呼吁推动传统园林的继承与创新，但是在西方现代景观思潮的夹击中，发展态势"忽冷忽热"，前景不容乐观；另一方面，对传统园林当代转型的批判批评不绝于耳，企图超越"形式转型"的努力从未停止，但以僵化实践为主要特征的继承方式在一段时间内还无法实现本质的超越。

布迪厄反复强调社会、行动、思想以及社会研究本身的反思性，提出"惯习"概念的目的主要有两个：一是克服主观主义和客观主义的对立；二是克服实证主义唯物论和唯智主义唯心论的对立。因此，从惯习的角度，能够比理性行为理论更好地反思这段转型实践的实际逻辑①。

一、转型中的问题根结

不难发现，传统园林当代转型中的实践者在长期性、经常性和历史性成

---

① 包亚明：《布尔迪厄访谈录——文化资本与社会炼金术》，上海人民出版社 1997 年版，第 10 页。

长过程中的行动，很大程度都是在对前人所积累的经验传统和成果结晶的基础上传袭而来，"继承惯习"的转型实践就应运而生。但布迪厄告诉我们："惯习是一个开放的性情倾向系统，不断地随经验而变，从而在这些经验的影响下不断地强化，或是调整自己的结构。它是稳定持久的，但不是永久不变的！"①可见，坚持"继承传统"的转型导向是正确的，然而在继承、内化历史的同时，未能对旧的思想观念难以摆脱进行客观反思，缺乏对景观设计本体与社会、历史动因间内在联系的研究，并及时表现出对传统园林文化的改造和重塑是转型中的问题根结，深究其因主要有三点。

首先，改革开放之后的两次"继承惯习"明显受到了外来文化的冲击，所以中国传统园林的当代转型并不完全是本土园林历史发展的产物。

西方园林史也多次经历以"传统复兴"为主要目的的转型实践。从意大利文艺复兴时期的"台地园"到法国勒·诺特（Andre Le Notre）风格的古典主义园林，以及英国的自然风景式园林，再到"后现代主义""景观都市主义"等思潮的出现，但是每一次转型无一不是在原有基础上的发展提高。另外，这些园林景观的产生和发展与西方社会的历史和文化密切相关，是西方历史情景发展固有逻辑的产物，反映当时人们感受和理解园林景观的方式，也回荡着西方社会先前园林景观的历史余音。因此，西方园林史的转型实践具有惯习"外在的内化和内在的外化的辩证关系"。

与西方不同，20世纪80年代长期封闭后的国门刚刚打开，改革开放成为当代中国顺应历史发展的必然选择。来自不同国家和地区以及不同发展阶段背景各异的景观文化迅速向中国涌来，承载着不同文化内涵的各种"主义"作为景观实践思考的方法论原则或价值观念并存于同一个时空中。外来景观文化的强烈冲击，中国景观界一时不知所措，理性态度被震荡所带来的情绪化心态所困扰。一方面急需与世界景观发展潮流接轨，另一方面又希望通过"中而新"来抵抗外来影响。这种故此及彼的态度，在当代中国建筑的身上曾有过一次历史教训。那是在改革开放后不久的一段时间，北京在"夺回古都风貌"的口号下，盲目对传统建筑形式特别是屋顶形式的模仿，"冒出了许多不伦不类的东西，有的甚至奇丑无比"②。一边靠"模仿"来"继承传统"，

---

① Bourdieu P, Wacquant L, *An Invitation to Reflexive Sociology*, Chicago：Chicago University Press, p. 131.
② 彭一刚：《从建筑与社会角度看模仿与创新》，《建筑学报》1999年第1期。

一边又要"形式创新"，那只能是南辕北辙的结果。这场走上形式层面的"复兴"运动，本应该给处于转型节点的景观界敲响警钟，然而在一片附和声中，还是直接促使了传统园林当代转型中第二次继承惯习的出现。

近现代的中国社会历来受到外来文化的猛烈冲击，面临的也都是关乎民族文化生存发展的宏大主题，因此各界也是围绕传统园林文化的何去何从和怎样应对挑战，来理性地看待转型问题。可以认为，中国传统园林的当代转型是文化冲突的产物，是一种文化上的应对策略，但并不是自身按照历史逻辑发展的结果。同时，也使几次"继承惯习"具备了复杂性与矛盾性的特点。

其次，中国传统园林当代转型的问题还源于本土价值观念的混乱。由于近十年来学术界在"风景园林"与"景观设计"问题上的种种分歧和争论，中国传统园林文化的基本价值一直没有机会获得系统而有意识的当代理清。而且，客观理性地衡量传统也是行不通的，因为它是无数人在漫长的历史中非意识的积淀，其精髓是以民族、血缘为重心的价值系统，有着浓厚化不开的情结。正是这种情绪上的纠结掩盖了理性思考，"继承传统"与"反对传统"你方唱罢我登场，轮番成为不同时期主要思潮。所以传统园林文化的基本价值虽然还在，却始终处于"日用而不知"的境遇之中。

受继承惯习影响的一方陷入的是先验的一元化的思维模式，认为中国传统园林真的如西方评价的那样，是当之无愧的"世界园林之母"，其地位在任何时期都无法撼动。他们还认为未来的发展必定是传统和现代的结合，因此也无法对传统园林的当代转型进行理性的分析。而比较激进的反对者们则在自觉的感情层面否定了传统园林文化，认为其早在封建社会后期就已走向衰退，时至今日早已失去生存意义，因此就更不可能对传统进行认真整理。这种鲜明的对比，在王绍增《评所谓"中国迷园"》一文中，可见端倪。文章内容主要针对的是朱大可批评传统园林的那篇博客文章。王绍增指出，该文"根本否定了中国传统园林，从而否定中国文化，依据是荒谬的，结论是错误的"，"一篇充斥着错误的历史和知识，混乱的逻辑和方法的文章还自以为是理性的鼓吹者，岂不让人笑掉大牙"。① 可见，立场各异的双方很难心平气和地一起认真地考虑它的价值系统问题，取而代之的只有耗费时日而又毫无结果的口诛笔伐。这类辩论虽然局限在小范围内，但经辗转传播之后也往往会

---

① 王绍增：《评所谓"中国迷园"》，《风景园林》2007 年第 3 期。

影响到普通大众，逐渐对中国传统园林的价值观念产生误解或曲解。正如程泰宁批评传统建筑的继承问题所说，"多少年来……对于我们自己反复强调的传统，除了历史资料的整理和出于政治需要的口号外，在理论上并没有进行过系统的实质性的研究"①，这又何尝不是在传统园林当代转型上的关键问题所在？正是由于缺少对传统园林文化进行理性的深入研究，传统园林的外在和内在价值得不到自觉的反省与检讨，也就无法获得时代意义并发挥创造的力量，因此对中国传统园林的继承惯习只能始终停留在肤浅的形式层面，而无法实现质的超越。

此外，以僵化实践为代表的继承方式还受到实践者的知识体系不够全面系统的影响。面对中西方文化价值的冲突，支持中国传统园林文化延续发展的本土实践者并不是文化上的荒民，他们看待传统园林有自己的观察和思考角度，但是也受到自身专业知识背景的局限。20 世纪 20 年代第一代实践者主要来自一些农学院的园艺系、森林系或工学院的建筑系开设庭园学或造园学专业，接受的是师徒传授的传统教育模式。20 世纪 50 年代—70 年代的实践者接受的是延续的 20 年代教育，以及对国家政治形势和政策方针的及时回应。已成为当前中坚力量的 20 世纪 80 年代的实践者，他们大多具有传统园林教育背景，并接受过西方现代景观思想的熏陶。随后成长起来的一代，又师承于 80 年代实践者，加之改革开放的社会背景让他们的知识面和学习途径更加宽广，所接受的教育更趋于现代设计思想，也更西化。这种教育环境下成长起来的实践者，相比他们的前辈思想会更加开放，接受新知识的能力也较强，但往往不注重对传统文化的思考和研究。在对待传统园林的态度上，老一辈实践者容易走保守的路线，而青年一代又常常倾向另一个极端。从分析中可以看出，不同年代的中国园林或景观的实践者，在知识体系上虽存在不同的局限，但一致的是实践手法多停留在"形式模仿""片段移植""主题叙述"等僵化的形式层面，简单地泥古只能导致"形似而神散"的结果。

二、外来文化的误导

从时间维度来看，惯习不但具有历史性还具有开放性和能动性。因为惯习是一个开放的性情倾向系统，不断地随外界环境进行有目的的调节，逐渐

---

① 顾孟潮、张在元：《中国建筑评析与展望》，天津科学技术出版社 1989 年版，第 98 页。

"产生与那些环境相一致的思想、观念及所有行动"①，并使原来的惯习适应现在的环境。这一过程在继承、内化历史的同时，又体现出对历史的改造和建构。中国传统园林的历史局限性之一，在于不够开放，与外界缺乏联系。诚然，在多元的世界文化格局中，对西方现代景观设计思想的引进为客观地重新认识传统园林文化带来了可能，但也必须看到这种开放也会产生新的误导。从 20 世纪 80 年代的大都会博物馆的"明轩"，到近来在亨廷顿图书馆建成的中式花园"流芳园"，中国传统园林早已成为中国文化向世界展示自身的一种可能，不可避免地，这种展示中既有交流也有错解，有精华也有糟粕，西方人能够接受的仍然是经典园林的"本色还原"，如果看到经过"当代人的'活'的诠释"出的传统园林，他们还是不理解，甚至产生怀疑。这一点，唐克扬在策划《活的中国园林》展览期间感同身受，"德方的几位馆长，特别是几位分馆长，分明期待着看到一个"原汁原味"的"中国园林"……面对一件创造性地阐释中国园林理念的当代艺术品照片，对方会不乏疑惑地发问，这是一件很有意思的作品，可是，这和大家熟知的"中国园林"有什么关系呢？"② 可见，中国园林的传统形象在西方人的脑海里还是根深蒂固，不是一两代人就能够一下子扭转过来的。

同时，西方景观设计师们也会带着所谓传统继承的直接范本进入中国设计市场，中国的传统园林理论也偶尔有机会"幸运"地成为西方的"舶来品"。但真正实践起来会发现，他们沿袭的却依然是西方的那套理论框架。由于文化差异，西方人很难找到沟通中国传统文化与当代景观需求的途径和将传统园林布局转换为当代空间场所的方式，加之对中国传统造园理论和理法缺少深入的研究，即使是世界知名的设计大师或设计单位，也是通过令人眼花缭乱的思想方法和操作方式，将那些经典的传统园林符号重新包装一下呈现给当代中国大众。以金鸡湖项目为例（图 3 - 14），它让易道作为国际知名设计单位通过运作这样一个大型项目，敲开了中国广阔的设计市场的大门。易道显然知道在苏州设计这样一个现代滨水景观也绝不能割裂传统，同时也意识到"目前国际景观设计界流行的做法是在设计中汲取'只言片语'的传统园林形式移植入现代景观设计中，使人在其中隐隐约约地感受历史的信息

---

① Bourdieu P, "The Economy of Linguistic Exchanges", *Social Science Information*, No. 2, 1977, p. 95.

② 唐克扬：《再造"活的中国园林"》，《风景园林》2009 年第 6 期。

与痕迹"①。然而从最终成果中却感受不到多少新意,依然没有摆脱在材料及节点处理上"旧瓶装新酒"的禁锢,例如,用苏州园林中卵石小径这一传统元素结合当地做法,设计抽象几何平面纹样的铺地;按十二生肖和天干地支的排列方法,设计的"农历广场"等。可见,外国对中国传统园林的了解和认知相当肤浅,相当片面,在这样的基础上继承只能是形式层面的继承。随着近年来国外设计单位在内地项目类型的拓展,以及出于迎合中国民众继承惯习的目的,各类"师其意,套其形"的设计项目充斥着设计市场,有些作品不顾环境与功能要求,忽视对尺度和比例的掌握,也缺乏对古典材料和细部的运用,而生硬地表现仿古形式,造成整体形象缺失,更谈不上意境营造;或者冠以后现代的噱头,在传统的造园手法和园林构件中寻章摘句,拼凑局部和变换符号,使景观显得生硬和不协调,实则成为一种脱离历史传统的"伪惯习",这样的"入乡随俗"也让国内设计师更加意识不到已身陷"误区"。

图 3-14　金鸡湖项目中的传统符号

Fig. 3-14　The Traditional Symbols in JinjiLake Project

事实证明,"因循守旧、故步自封"故不可取,但改善和转变中国传统园林的当代面貌也不能盲目依靠西方模式。在转型阶段,需要对外来文化进行

---

① 唐剑:《浅谈现代城市滨水景观设计的一些理念》,《中国园林》2002 年第 4 期。

过滤后再消化，并警惕外来文化的误导，唯有继承传统、勇于创新、融贯中西，才能使中国传统园林真正焕发新生。

三、"双重历史性"：对传统园林应有的当代认知

布迪厄提出，"惯习同实践者所处的社会历史条件、环境、成长经历和以往的精神状态有密切关系，是行动者历史经验的结晶"①。从历史发展的角度观察，任何艺术门类思想和实践的提升都需要一个不断积累、丰富的过程，而这一过程中非常重要的一个环节就是对前人优秀研究或实践成果的继承。法国新古典主义画家 J. A. D. 安格尔（J. A. D. Ingres）提出："请问著名的艺术大师哪个不模仿别人？从虚无中是创造不出新东西的，只有构思中渗透着别人的东西。所以从事文学艺术的人在某种程度上说，都是荷马的子孙。"②美国作家亨利·大卫·梭罗（Henry D. Thoreau）曾这样形容继承的重要性："后代人抛弃了前代人的事业，如同抛弃了几条搁浅的船。"③ 但是，布迪厄也明确强调惯习之所以不同于习惯，在于惯习能反映实践者的能动性，通过这种能动性"不仅可以继承历史，也能够建构历史，在历史与现实中双重结构化"，具有"双重历史性"（Double Historicity）。④ 从上文对若干转型实践的分析中可以发现，进入 21 世纪之前，"继承惯习"明显处于强势位置，并逐渐形成一种惰性扎根于实践者身上，它反映出大部分实践者对传统园林文化认知的局限，使传统园林的当代转型只能徘徊在浅表的形式层面，以至于有人坦白地指出，"我实在找不到不仿其形而求到了味的实例"⑤。

因此，从"双重历史性"的角度，"当代认知"应该是现阶段面对传统园林文化应有的态度。处理传统园林当代如何转型这一复杂的历史命题，首先需要解决的也许不是某种超越形式层面的实践手法是否可行，而是要深入到传统园林文化这座博大精深的文化体系内部，力求做当代的理性认知，这样才能发挥惯习在历史与现实中的双重结构化。传统园林是一个复杂而矛盾的系统，不同时代都有自己审视的时代视角，都对传统园林做出过不同的阐

---

① ［法］皮埃尔·布迪厄：《实践感》，蒋梓骅译，译林出版社 2003 年版，第 71 页。
② ［法］安格尔：《安格尔论艺术》，朱伯雄译，辽宁美术出版社 2010 年版，第 3 页。
③ ［美］梭罗：《瓦尔登湖》，王金玲译，重庆出版社 2010 年版，第 36 页。
④ 毕天云：《布迪厄的"场域—惯习"论》，《学术探索》2004 年第 1 期。
⑤ 赵国文：《未来的抉择》，《建筑学报》1986 年第 11 期。

释和选择。一味地拘于传统，而缺乏当代认知，就意味着对传统园林文化的研究失去了基础，所谓超越形式表象的当代转型就成为空谈。其实，有许多研究传统园林文化的学者一直致力于此方面的研究，特别在最近几年尤为明显。但是，由于他们的侧重点和研究方法都有所不同，所以放在学术研究的大环境中就显得势单力薄，不成系统。例如，孟兆祯的《从"林泉奥梦"看中国传统园林之美》，李睿煊、李斌成的《从审美心理角度谈园林美的创造》，邬东璠、庄岳的《从文化共通性看中国古典园林文化》，何昉的《从心理场现象看中国园林美学思想》，张伶伶、莫娜的《存在主义哲学语境中的传统景观意境研究》，欧阳勇锋、黄汉莉的《向中国古典园林学习互补性设计》，周向频的《中国古典园林的结构分析》，李开然的《组景序列所表现的现象学景观：中国传统景观感知体验模式的现代性》等多篇论文都是跳出形式层面的关于传统园林内核问题的探讨。只有在崭新的当代认知中，才会克服由于时空间距所造成的历史落差，真正建立起与传统园林文化沟通和对话的现实联系。

另外，近年也有学者介绍了日本将传统园林融入当代景观实践的经验，比如，张云路等的《极简主义园林与日本传统园林融合的探索》比较有代表性。文章从内涵特征、外在表现分析了日本传统园林和以极简主义为代表的西方现代景观实践的契合点，并通过解读日本千叶县幕张 IBM 庭院的实例，探讨了在两种不同设计思想、手法、文化内涵下进行融合的方法和途径。作者特别指出，"一些受到日本书化影响的西方极简主义设计师和日本现代设计师从日本传统园林中提取真谛和精髓，在满足现代功能的同时，在极简主义的简洁纯净表达中和谐地融入了日本传统园林纯意细禅的意境，虽然表面上体现的并非日本传统园林，但感受到的却是地道的日本园林内涵。在全球化趋势下，它们为西方园林与东方园林的沟通对话提供了一个参考和实例"①。其实，早在 1991 年的《中国园林》，就刊登了 Yoji Sasaki 的《现代主义与传统的结合——日本城市公共空间的新设计语汇》，文中介绍的两个案例分别通过把握文脉关系、视线控制的方法将传统园林形式、造园思想与现代景观形式进行了协调。可见，当我们刚刚开始反思这方面的实践探索并开始关注邻邦在这方面的做法时，日本早在 20 多年前就已经走出了一条适合本国发展的

---

① 张云路、李雄、章俊华：《极简主义园林与日本传统园林融合的探索》，《中国园林》2010 年第 8 期。

道路，如 Sasaki 所说的那样："这些工程正为当代日本城市园林设计创造出新的设计语汇与新的设计思想。"① 与中国文化同宗同源的日本，其传统园林文化"外缘"向"内核"景观的成功转化，对中国传统园林的当代转型之路有研究和借鉴意义。如梁思成所说："艺术创造不能完全脱离以往的传统基础而独立……能发挥创新都是受过传统熏陶的。即使突然接受一种崭新的形式，根据外来思想的影响，也仍然能表现本国精神。"②

第六节　启示：建立创新惯习的实践视阈

惯习具有能动的实践意义，可以将它看作某种创造性艺术。但是，"继承惯习"却忽略了这一点，它的一个主要表现便是由于实践者个人或集体对传统园林形式的依赖，使其失去了创新的能力和追求转型发展的渴望，长此以往任凭由"继承惯习"导致的僵化形式使实践者的创新能力下降，思维被束缚。虽然时至今日，关于传统园林如何继承还存在着争议，但是僵化继承的弊端显而易见，传统园林文化需要在"继承惯习"的基础上，发挥"重建和改造社会条件的创造性能力"③，在"创新惯习"的实践视阈下，摆脱传统力量的束缚，打破僵化的转型模式。

哲学中的"创新"有三层含义：第一，更新；第二，创造新的东西；第三，改变。它无疑是克服意识形态色彩浓郁的道路问题局限的有效实践之一，它符合当代景观作为一种艺术创造活动所满足的基本特点。在中国风景园林学会网站上，关于 2011 年年会主题——"传承创新"的解释是："'传承创新'是现代风景园林思维的起点。研究前人的造园思想和文化，汲取营养，感悟中国智慧，唤醒文化基因，是为'传承'；研究当代风景园林理论与实践，感悟生命，创造新的传统，是为'创新'。"虽然，这段总结依然指向"风景园林"专业，但在时过境迁的背景下，放在源于"风景园林"的"景

---

① ［日］Yoji Sasaki：《现代主义与传统的结合——日本城市公共空间的新设计语汇》，漆淑芬译，《中国园林》1991 年第 4 期。
② 梁思成：《为什么研究中国建筑》，《建筑学报》1986 年第 8 期。
③ 洪进：《论布迪厄社会学中的几个核心概念》，《安徽广播电视大学学报》2000 年第 4 期。

观"身上应该更合适一些。正如詹姆斯·弗格森（James Fergusson）在《艺术中美的真实原则之历史探究》一书中宣称："为了恢复进步活力，必须放弃所有对过去风格的模仿，并且必须以超越前人作品的决心立即开始。"① 这种呐喊无疑为创新实践指明了方向。

中国传统园林作为一种存在无疑属于过去，但它又是一个包含着当下和未来整个时间维度的开放系统，需要置身于此的研究者们高瞻远瞩，拥有一种当代性的宽广视域，而不仅仅是满足眼前。要获得这样的视阈，就要将中国传统园林当作子系统放置在更大的系统中作为参照，这注定是新的中国文化对于传统的反观和再认识，同时也有着影响深远的现实意义。这个系统就是当代文化与西方现代景观思想，以及各种相关艺术门类。

面向大系统的开放程度决定了对传统园林思想反思和理解的深刻程度。随着历史潮流的推进，只有今天不断的交流才提供了产生这种宽广视阈的机会。从世界范围看，园林到景观的转型其实也是一种积极创新，并成为推动该行业向前持续发展的动力。在其自身不断发展完善的过程中，思想实践与设计实践表现出来的种种创新随时可能发生，如果在相对长的一段时间内有所固定，又会形成另一种传统继承下来，这是历史发展的普遍规律。

20 世纪 80 年代初，当很多学者还沉湎于对各种继承手法的探索时，出现了一件具有创新精神的作品——上海松江方塔园（图 3 - 15），让国内外学术界为之一震，甚至被台湾园林学会主席凌德麟称为"大陆最好的城市公园"②。在 1999 年世界建筑师大会优秀设计展上，方塔园我荣获 50 个优秀设计作品中唯一的园林设计奖。它的设计者是中国现代建筑、城市规划和风景园林教育的前辈——冯纪忠先生。关于"方塔园"的设计，冯先生写过两篇风格迥异的文章，发表于 1981 年的《方塔园规划》，首先介绍了规划背景和用地现状，然后详细阐述了在竖向组织、功能划分、道路规划等方面的设计思路。在文章的结尾有一段意味深长的话："……试图在继承革新的道路上跨出一步，以作引玉之砖。"③ 而写于 2008 年另一篇文章《时空转换——中国古代诗歌和方塔园的设计》，则借满诗情画意带出方塔园设计的情境创造。两

① ［英］彼得·科林斯：《现代建筑设计思想的演变》，英若聪译，中国建筑工业出版社 2003 年版，第 122 页。
② 吴伟：《方塔园设计研读》，《城市规划汇刊》1996 年第 3 期。
③ 冯纪忠：《方塔园规划》，《建筑学报》1981 年第 7 期。

篇文章一个"理性"，一个"感性"，结合起来能够全面理解冯先生是怎样做到"与古为新"的①。《世界建筑导报》在 2008 年第 3 期，连续刊发了 15 篇探讨冯纪忠学术思想及方塔园设计的文章。可见，"方塔园"在中国设计界里程碑般的意义与影响。在其建成至今的 30 多年里，各方专家、学者们持续不断地从各种角度剖析、评价方塔园的设计思想、手法及学术价值和社会影响。

a）现代的设计手法

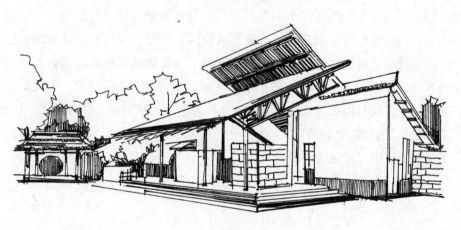

b）景观建筑

图 3 - 15　冯纪忠先生设计的方塔园

Fig. 3 - 15　Fangta Garden Designed by Feng Jizhong

——"这是一个现代技术、原理与中国民间园林设计手法相结合的成功

①　冯纪忠：《时空转换——中国古代诗歌和方塔园的设计》，《世界建筑导报》2008 年第 3 期。

作品，称誉它是'现代的、中国的'。"①

——"对传统文化重新立意，不以历史的时间为依据，不以传统格局为规范而再创格局。"②

——"如诗如梦的境界，引导该者从逻辑的深度去重新鉴赏元、宋、明、清各朝文物珍品，启迪历史发展的真谛。"③

——"在继承中国园林的传统中创造出现代园林新的生命……"④

——"基本格局体现了冯先生'与古为新'的思想，其中今与古盛合的空间组织是方塔园作为现代园林经典的核心所在。……整个方塔园被赋予了不同于传统园林和西方现代园林的全新境界。"⑤

——"用现代的手段获得了新的空间体验和建筑形式，或者说，是东方空间经验的一种现代化转换。"⑥

冯纪忠先生超越了对传统园林的继承模式，创新性地将现代的设计理念、手法与传统造园的精髓融合在方塔园设计中，反映出鲜明的时代特色。同类型的设计实践还有彭一刚先生的山东平度现河公园（图3－16）、福建漳浦西湖公园和厦门日东公园（图3－17）。尽管这几个案例都涉及传统继承与创新的问题，但还各有其不同之处：平度现河公园主旨是在现代的园林建筑设计中引入传统的手法；潭浦西湖公园在此基础上主要强调闽南的地域特色；而厦门日东公园则在不失传统的基础上，更加偏重创新手法的运用。每次创作都是在探索传统与创新方面又向前迈出了一步，如彭先生在进行创作回顾时所总结的："通过在全新的形式中赎予传统的韵味，从而在原本处于断裂与挽击的尖锐矛盾中谋求触合。"⑦

---

① 邬人：《现代的、中国的松江方塔园设计评介》，《新建筑》1984年第2期。

② 易吉：《上海松江"方塔园"的诠释——超越现代主义与中国传统的新文化类型》，《时代建筑》1989年第3期。

③ 吴人韦：《梦的逻辑——方塔园创作》，《建筑学报》2000年第1期。

④ 程绪珂：《新的途径》，《建筑学报》2000年第1期。

⑤ 赵冰：《解读方塔园》，《新建筑》2009第6期。

⑥ 韩谦、范文兵：《"消解"——方塔园的设计策略分析》，《华中建筑》2010年第11期。

⑦ 彭一刚：《传统与现代的断裂、撞击与融合——厦门日东公园的设计构思》，《建筑师》2007年第4期。

图 3 – 16　山东平度现河公园

Fig. 3 – 16　Pingdu River Park in Shandong

图 3 –17　厦门日东公园

Fig. 3 –17　Ridong Park in Xiamen

受老一辈实践者的影响，后继学人寻此路径更加清楚地认识到对传统园林的转型不能仅停留在"继承"层面，"创新"必将成为下一个阶段。天津大学的王德全认为，"如果传统一成不变，没有创新的延伸和补充，传统就会中断"①。同济大学的关欣直接喊出了"创新，大胆地创新！传统也是可以创造的"这样气势豪迈的口号②。

①　王德全：《传统与创新——现代公园探索》，《中国园林》1997 年第 3 期。
②　关欣：《传统与创新——中国园林发展断想札记》，《中国园林》1985 年第 4 期。

　　东南大学的景观设计团队在潘谷西和杜顺宝两位先生的带领下，多年来始终保持开放的实践视野，以演进发展的观点看待文化传统，坚持将"传统中最具活力的部分与现实生活及未来发展相结合，强调历史文化的整体感与现代社会的功能需求相平衡"。一系列的设计实践体现了"根植传统，融合创新"的理念，尤其在风景名胜区的设计方面中探索出一套"将传统园林的艺术精神和区域的文化形态转换入当代景观语境之中"的途径与方法①。例如，在绍兴柯岩风景名胜区设计中，设计者借助现代景观规划手段，将场地内的历史遗存进行重新组织，并赋予特色鲜明的文化主题；新昌大佛寺风景名胜区的设计，依据地形、地势的条件和空间形态组织，用线刻和雕塑的佛教故事凿刻于石壁体现文化内涵，同时辅以生态和工程技术，将水和本土植物引入宕口中，形成丰富立体的景观序列游线；新昌大佛寺风景区的入口设计，设计者则用圆形水池中的莲花造型突出了景区的主题，其平面形式和建构技术是现代的，而表达的则是宗教的圣洁意境（图 3－18）。以上实践启示着传统园林当代转型的新趋向——超越形式的追求，走向融合的创新。

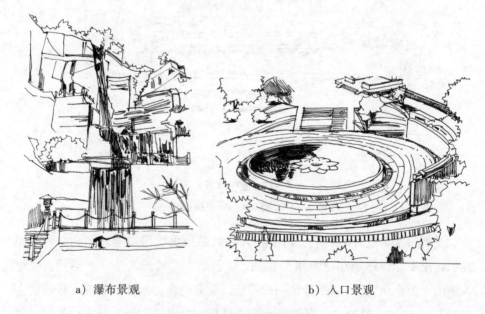

a）瀑布景观　　　　　　　　　　　　　b）入口景观

图 3－18　新昌大佛寺风景区

Fig. 3－18　Xinchang Giant Buddhist Temple scenic zone

---

①　唐军、侯冬炜：《根植传统 拥抱未来——景观设计本土创造的理念和实践》，《南方建筑》2009 年第 3 期。

　　唐克扬在浸淫西方文化多年后，产生了对中国传统园林独到的见解。他分别于 2008 年和 2009 年，在德国和比利时策划了名为《活的中国园林：从化境到现实》跨学科展览。其间共有 60 余位艺术家的百余件作品参展，涉及建筑、景观、装置艺术、绘画、摄影、雕塑、新媒体等在内的当代艺术的众多领域，以"化境""尤物""戏剧"或"现实"的视角切入传统园林的本质特征，体现了中国传统园林的各种因素在当代中国艺术和营造领域的延伸（图 3 - 19）。回顾这次以中国传统园林文化为载体的艺术交流，唐克扬的策展设想可以说既简单又复杂。首先，他认为"中国园林是经过再次定义，重新组织的一个范畴，它是为今天的生活的，因此也是'活'的"，希望"展示'活'的中国园林如何在当代文化和社会发展中发挥可能的积极作用"，更重要的是，希望通过展览唤起观者园林"内在"文化意味的关注，以及对中国传统园林的当代处境作重新定义，比如将传统文人文化和当代建筑学作嫁接做出的努力，比如对于城市化面貌和园林理想间落差的调侃。① 这次展览以当代的姿态重塑了中国园林在西方人眼中的形象，比历史上任何一次交流都具有现实意义和学术价值。可以看出，在一个大规模文化的碰撞、交流的背景下，更容易使传统园林思想的当代解释获得深度和广度。也正是国外多年的游学经历，丁沃沃才有了对自己作品的重新审视和客观评价："如果说十几年前我们的认识只能使我们走这条路的话，十几年后的今天我们仍无其他路可走吗？我感到茫然……脱离模仿就会获得更大的设计空间。"②

　　由此看来，传统园林的当代转型，要真正摆脱形式模仿等僵化实践的羁绊而具有创造性，需要在"创新惯习"的实践视阈下，将传统园林文化的内涵精神，与当代景观的功能、形式、技术等因素结合起来，使之继续发挥积极作用，并作为文化遗产得以延续发展。只有站在批判继承与发展创新有机统一的结合点上，传统园林的当代转型才能走出自己的特色，再次达到新的历史高度。如朱建宁在《中国古典园林的现代意义》总结的那样："继承传统中优秀的部分，勇于创新、融贯中西、博采众长，才能使中国现代园林真正走向健康发展。"③

---

　　① 唐克扬：《再造"活的中国园林"》，《风景园林》2009 年第 6 期。
　　② 丁沃沃：《传统与现代的对话》，《建筑学报》1998 年第 6 期。
　　③ 朱建宁、杨云峰：《中国古典园林的现代意义》，《中国园林》2005 年第 11 期。

图 3 – 19 名为"活的中国园林"的展览

Fig. 3 – 19 Exhibition with the Name of Living Classical Chinese Garden

在当代中国景观的思想演进与设计实践中,一方面,对传统园林文化的追寻与继承,一直是重要的流向和不移的观念,留下了曲折而清晰的轨迹,并在新的时代背景下进行了超越继承的转型探索。但另一方面,当代转型的实践步伐又往往被传统园林的固有范式所束缚,以形式继承为主要特征的实践过程反而造成对传统园林的创新转型停滞不前、特色平庸。

第四章

景观存在本体的表象化实践：场域角度的实践反思

"在社会科学的场域中，对于科学的权威的内部争夺，即时生产、强加和灌输社会世界合法表象的权力的争夺，本身就是政治场域中各阶级争夺的几个焦点之一。其结果是，处于内部争夺中的各种位置永远不可能在被立于外部争夺中的位置方面，实现像自然科学场域中所能观察到的那样的程度。所谓中立的科学的想法只是一种虚构，而且是一种蓄意的虚构，它使我们得以将社备世界的占支配地位的表象，将其在符号象征上特别有效的中立化和美化后的形式，看成是科学的。而这种表象形式之所以在符号象征方面特别就是目为在'中立的科学'看来，它在某种程度上有可能被误识。"①

——皮埃尔·布迪厄（Pierre Bourdieu）

《科学领域和社会环境的特殊性进步原因》，1975 年

20 世纪 90 年代以来，以"城市美化运动"、时尚景观为代表的景观实践活动悄然登上了中国城市建设的舞台，甚至在一段时期内达到盛行之势。这类景观实践是在市场经济深入发展以及全球性消费文化影响的社会背景下展开的（图 4-1），多元、复杂的各种社会关系在景观的生成过程中最大化地争取自身利益和价值，景观逐渐成为社会经济发展以及各方获取资源的重要物质载体，不同社会领域间的界限也因此而模糊。同时，景观实践也呈现出表象化的价值特征，景观内涵从一种被展现出来的可视的物质形态，逐渐成为主体性的、有意识的"展示"。

---

① Pierre Bourdieu, "The Specificity of the Scientific Fild and the Social Concditions of the Progress of Reason", *Social Science Information*, Vol. 14, June 1975, pp. 19-47.

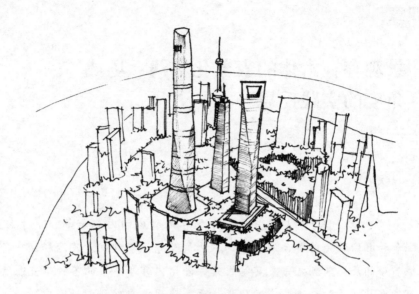

图 4 - 1　市场经济背景下的中国城市面貌

Fig. 4 - 1　Portrait of the Chinese City Under the Market - oriented Economy

本章旨在通过场域理论，揭示当代多元文化社会背景下，表象化景观实践的特征、本质和发展规律，通过场域角度的实践反思，使景观实践回归本体追求，表现出正确的价值取向。

第一节　场域："社会实践空间"

一、场域的含义

布迪厄在社会实践理论中提出的场域概念，是受到了黑格尔的辩证法、马克思主义和结构主义等思想的多重影响。尤其是结构主义把关系性的思维方式引入了社会科学，引导人们在分析事物的时候，将各个社会要素组合起来纳入某个系统，要素通过系统获得其意义和功能，而要素的特性由要素之间及要素与结构之间双向互动的关系而定。布迪厄在结构主义的研究基础上稍加改动，指出"现实的就是关系的"，强调在社会世界中存在的是各种各样的关系，认为社会实践既包括行动也包括结构，以及由两者相互作用所产生的历史，而这些社会实践的材料就存在于关系之中。布迪厄将由各种位置之间存在的客观关系的网络或构型，用场域概念进行了定义。

　　布迪厄之所以抛弃传统的概念不用，而另外寻找场域的解释方式，是因为在他看来，当代社会已经分化，并非一个整合的总体，而是由一系列遵循着运作逻辑的不同社会领域组成，也就是说，社会世界是由相对自主的社会小世界构成，这些小世界就是布迪厄认为的社会关系的空间——场域。社会作为一个"大场域"就是由这些既相互独立又相互联系的"子场域"构成的。布迪厄还进一步指出，场域中体现的实践者之间的相互关系，与他们所处的不同社会地位密切相关，而且在某种程度上，受到不同地位所造成的关系架构的影响，但是，不同的社会地位，只有靠由不同地位所展现出来的不同实践力量间的对比，场域才作为一个现实的关系网络而存在。也就是说，场域不是某个固定的社会结构，也不只存在某个孤立的社会关系，同样也不等于不同的社会地位所构成的框架，场域的核心是贯穿于社会关系中的力量对比及其实际的相互联系。因此，场域始终都是具体实践活动的场所，同时场域在本质上是历史的和现实的、有形的和无形的、固定的和发展的，以及物质性的和非物质性的各种实践环节的关系网①。

　　由此可见，布迪厄的场域概念目的在于以下几点。第一，场域概念充分体现了关系主义思维方式，为"社会关系分析"提供了一个研究框架。第二，场域概念非常强调社会关系的冲突性。作为一个包含着各种显性或隐性力量的空间，场域也是一个充满着旨在维护或者改变场域中的力量格局的博弈场所，一个争取对价值资源的控制权的竞技场。第三，场域所涉及的是对实践者地位的分析，对实践者占据的位置的多维空间的阐述。实践者的行动方向取决于他们在场域中的位置，不同位置占据者的行动策略各不相同。

二、场域的社会关系特征

　　布迪厄的场域概念源于关系性的思维方式，而场域作为布迪厄从事社会研究的基本分析单位，理所当然地具备社会关系这一根本特征。布迪厄从多个层面做过论述。

　　首先，场域是一种相对独立的社会空间，而不是地理空间所指的物质存在形式。具体说，场域就是现代社会世界高度分化后产生出来的一个个"社

---

① 包亚明：《布尔迪厄访谈录——文化资本与社会炼金术》，上海人民出版社 1997 年版，第 142 页。

会小世界"，一个社会小世界就是一个场域，如权力场域、经济场域、教育场域、科学场域、艺术场域、景观场域等，各个场域有其自身发展规律。任何一个场域，其发生、发展都经历过为自己的自主性而博弈的过程，也就是摆脱政治、经济等外部因素控制的过程。在此过程中，场域自身的逻辑逐渐获得独立性，也就是成为支配场域中一切行动者及其实践活动的逻辑。而外部资源要想渗透到某一场域内部，必须预先转换成场域本身的结构元素才能发挥作用。

其次，场域是一个存在积极活动的动态空间。在布迪厄看来，社会场域内各种力量之间的"博弈"使场域充满活力，类似于"游戏"。他说："作为包含各种隐而未发的力量和正在活动的力量的空间，场域同时也是一个争夺的空间，这些争夺旨在继续或变更场域中这些力量的构型。"① 这些社会关系间的博弈状况决定了某个场域的结构，而博弈的焦点在于哪一方能够强加一种对自身所拥有资本最为有利的等级化原则。从特定场域来说，实践者的策略取决于他们所具有的对场域的认知，而后者又依赖于他们对场域所采取的观点，即从场域中某个位置点出发所采纳的视角。

再次，场域是客观关系构成的社会系统，场域间的关联是复杂的，因此场域边界是模糊的。这是由于每个"子场域"都是发生各种复杂社会关系的场所，都可以构成一个潜在的、敞开的关系空间，造成了场域的边界不断发生变化，因而场域的界线是极难确定的动态边界。它比任何人们能策划出来的实践活动都更具流动性和复杂性。如果非要从理论上确立一条划定的边界，只能说"场域的界限位于场域效果停止作用的地方"②。

场域的社会关系特征在理论上彻底贯彻了关系主义的视角，而不只是关注各学科内部学术话语的实体性内容，将各种学科的学术问题本身问题化，兼具跨学科性和挑战性，也为本书对景观场域的解释提供了理论支撑。

三、场域与惯习的双向模糊关系

社会科学的研究对象，在本质上就是历史性行动分别在实践者的身体中和在事物中的这两种实现方式之间的关系。惯习具有一定的历史持久性特征，

① ［美］阿诺德·豪塞尔：《艺术社会学》，居延安译，学林出版社1987年版，第58页。
② ［美］戴维·斯沃茨：《文化与权力——布尔迪厄的社会学》，陶东风译，上海译文出版社2006年版，第69页。

它来自历史和社会制度，又来自实践者自身的运作系统。而场域是客观关系的系统，它也是历史和社会制度的产物，但体现在事物中，社会科学的研究对象就是两者间的这种关系所产生的一切，即社会实践和社会表象。在强调辩证思维的布迪厄看来，尽管场域具有客观的社会关系特征，但在场域里活动的实践者并非是一个个的"物质粒子"，而是有意识、有精神属性的人；场域也不是单纯的"物质世界"，每个场域也有自己的性情倾向系统——惯习。因此，布迪厄认为场域与惯习反映了社会世界的双重存在方式，它们之间在实践中存在着一种双向模糊关系。

　　场域和惯习的双向模糊关系可以通过三种方式表现出来。首先，场域和惯习是相互影响的双重存在。布迪厄认为，社会实践理论应同时考虑外在性的内在化和内在性的外在化的双重过程，"社会现实是双重存在的，既在事物中，也在心智中；既在场域中，也在惯习中；既在行动者之外，又在行动者之内"①。其次，场域和惯习间存在认知性和建构性关系，惯习有助于将场域营造成一个充满价值和感觉的世界。实践者身处其中所占据的地位的感觉，美国当代社会学家欧文·戈夫曼（Erring Goffman）称之为"个体位置"②的感觉，布迪厄则称之为"实践感"，是对作为整体的社会结构的实际控制，这种控制通过实践者在结构中所占据的位置的感觉表现出来，实践感很好地阐释了场域与惯习的双向关系。因此场域理论如若系统而完整，就需要利用有关社会实践者的惯习理论，"只是因为存在着行动者，才有了行动，有了历史，有了各种结构的维续或转换"③。最后，场域可以形塑惯习，惯习可以成为某一场域固有属性体现在身体上的产物。因为惯习是一种社会化了的主观性，这种主观的内容与场域的客观结构有着同族的对应关系，人的思维和性情受社会限制，是由社会加以组织和建构的。惯习因此成为场域本质上在实践者身体上的体现。

①　[法]皮埃尔·布迪厄、[美]华康德：《实践与反思——反思社会学引导》，李猛、李康译，中央编译出版社 1998 年版，第 172 页。

②　[美]欧文·戈夫曼：《日常生活中的自我呈现》，冯钢译，北京大学出版社 2008 年版，第 128 页。

③　[法]皮埃尔·布迪厄、[美]华康德：《实践与反思——反思社会学引导》，李猛、李康译，中央编译出版社 1998 年版，第 20 页。

第二节　景观与景观场域

一、景观的场域逻辑

景观实践是与社会发展紧密联系的，社会的政治、经济、文化状况对景观发展有着深刻的影响。社会公众对一个综合的景观，既包括行为活动的物质空间需求，也包括思维活动的精神文化需求①。而布迪厄的反思社会学即为景观学提供了一个超越物质性的研究视角。但是，在对社会实践活动的、历史的、线性的分析之后，面临具体的实践问题时该如何论证社会实践和空间（景观）之间的相互联系？在本书看来，场域理论即是从社会角度分析景观实践的一个有效工具，因为两者间存在着必然的客观联系。

场域概念是社会实践理论体系中的基本概念，社会场域是由若干个小场域组成的网络。在当前复杂、多元的社会背景下，社会场域是受各类社会关系或不同资本类型之间诸力量的现存均衡结构决定的一个包含许多力量关系的领域，愈发展现出关系性特征。同时，在这里，一些拥有一定数量经济资本、文化资本的社会行动者和群体通过各自的场域（如经济场域、权力场域、政治场域）在大的社会场域中占据支配地位，并影响着其他新进入的场域和处于弱势地位的场域，而这些场域又会采取各种策略去改变这种现状。布迪厄用场域这一理论武器用来分析各种社会实践。例如，他将15世纪的意大利艺术作为一个场域，他认为一直以来的对作品的局部分析和对文艺复兴历史的宏大叙述都妨碍了人们对于这一场域的认识，"无疑这些作品离得太近了，就无法通过一种有备而来的辨识进行打乱和控制；离得太远了，又无法以直接的方式供适合的习性进行几乎有形的先行反思的把握"。在他看来，真正决定着艺术内容和技法的实际上是15世纪意大利人的道德和精神观点，这是作为一种制度的艺术场域建立的社会条件，"那些以非功利的和纯粹的眼光来分析作品的企图事实上是对社会历史条件的置若罔闻"②。所以，艺术场域的存

---

① 季岚：《城市景观的社会功能内涵》，《广西轻工业》2008年第5期。
② ［法］皮埃尔·布迪厄：《艺术的法则：文学场的生成和结构》，刘晖译，中央编译出版社2001年版，第376—380页。

在和发展绝不是孤立的，对其评价要充分考量该场域的外部因素和内部因素。

同艺术场域相同，对本书而言，"景观就是一系列社会关系在空间上的映射，空间的规划正如财政的预算一样，本质上是一种政治过程"①。而景观创作作为设计者的能动行为，带有明确的主体性和目的性，不仅是设计者职业自我价值实现的主要手段，还同样是在社会中获取生存与发展利益的手段。因此在社会领域的内容、形式、模式和意义都发生着巨大变革的历史条件下，景观实践也随之发生显著转变：在内部因素（主体自身的需求）与外部因素（政治权力、社会物质与文化生活等）的共同作用下，景观成为社会经济发展以及市场主体获取资源的重要物质载体，多元主体（设计师、政府官员、社会大众等）都要在景观价值的生成过程中最大化地争取各自场域的利益，从而出现景观实践过程理性判断失衡、景观价值接受与评价失范的创作内部自律机制的失调等问题，进而使景观的物质价值、经济价值、社会价值和艺术价值都发生了巨大转变。

随着各类社会场域逻辑及其在社会物质与文化生活中的全面渗透，传统景观标准逐渐失效，景观存在的社会语境作为一种不容忽视的要素进入到景观学的理论视野，景观实践呈现出前所未有的综合性与复杂性。因此，景观学研究不应再局限于狭义景观学的范畴，对其功能、形式、技术、美学的片面分析，应该被对整体建成的大的社会场域及其与周围政治、权力和经济等小场域之间的相互建构关系的考察所取代，而不是局限于景观场域的系统内部。从场域角度研究景观问题，会更加全面、系统揭示景观实践的发展规律，并探寻未来景观的前进方向。

二、景观场域的形成

布迪厄用场域概念代替了传统实践观中的客体或场所概念，而场域概念本身包含着一种对社会机构理解的关系性原则，社会作为一个"大场域"，是由许多既相互独立又相互联系的"子场域"构成。关于场域的分类，布迪厄进行了阐述："作为客观关系的空间，处在空间中的位置的指向一般来说是实践者，但是，实践者集团、机构和国家也可适用场域概念，实践者的实践活动都是在其中进行"。就本书的研究对象景观实践而言，"景观场域"可解释

---

① 李津逵：《〈景观社会学〉是怎样开设的》，《城市环境设计》2007 年第 2 期。

为一种由政治、经济、文化、艺术等各种社会因素影响下的"整体空间环境",是"形态或空间的基底,不同元素的综合体"①。另外,布迪厄还制定了场域的分析方法,依据该方法,对权力场域、经济场域、教育场域、科学场域、艺术场域进行了详细阐述。本书根据景观实践的诸多特征套用这一分析方法,也可以得到"景观场域"的定义。

第一,分析该场域与权力场域相对的位置。布迪厄认为,权力场域是受各种权力形式或不同资本类型之间诸力量的现存均衡结构决定的一个包含许多力量关系的领域,在社会大场域中是元场域之一。因此,尽管其他小场域都具有一定的自主性,遵循着自己的逻辑和规律,但是还会受到元场域以及其他场域的制约,完全自主和孤立的场域是不存在的,这也符合关系主义的思考方式。比如,中国现阶段的城市景观项目一般以政策为先导迅速付诸一系列行动,然后再总结出相应的理论以指导下一轮的政策制定,而政策的制定者便是各类政府官员。很明显,景观场域被包含在权力场域之中,而且在这里,它也是处于被支配地位,因此,景观设计师就成为支配阶级中被支配的群体对象②。

第二,要弄清楚实践者个体或群体在场域中所占据位置之间的客观关系结构。布迪厄指出在某个场域中,占据不同位置的实践者个体或群体是资本的承载者。根据他们的成长背景及自身所拥有的资本结构和数量,被安排在该场域的不同位置,并在可支配的权限范围内,产生并实施竞争策略,从而形成了各种关系。比如,在当前景观领域,存在一些具有个性特色的言谈以及"明星化"实践风格的明星设计师。他们往往是身兼高学历、艺术家、政府高参等"光环"的知识分子,也常常被媒体、书籍、期刊等广泛报道,进而形成了一种能够有效促进价值增值的明星效应。这些明星设计师们既是在景观场域中占据优势,也因此使其在市场、社会评价上具有了不平等的"特权"③。

第三,根据场域与惯习存在双向模糊关系,所以要分析实践者的惯习。

---

① 华晓宁:《建筑与景观的形态整合:新的策略》,《东南大学学报:自然科学版》2005 年第 7 期。

② 高宣扬:《当代法国思想五十年(下)》,中国人民大学出版社 2005 年版,第 513 页。

③ 焦洋:《当代建筑创作的功利性研究》,哈尔滨工业大学 2011 年博士学位论文,第 77 页。

不同的实践者具有不同的惯习，实践者是通过将一定的社会背景及政治、经济和文化条件予以内在化的方式获得惯习，惯习具有一种使行动者积极踊跃地行事的倾向。惯习也总是与实践者所处场域的某一位置联系在一起，惯习使实践者的身份得以永存的倾向是再生产策略的原则，而再生产策略的目的就在于维持距离和等级关系。比如，在对待中国传统园林如何转型的问题上，"继承派"和"创新派"各自所持的立场明显反映出惯习在景观场域中起到的作用。

第四，场域在布迪厄社会实践理论中起一个中介作用，即外在的制约因素并不是直接作用于置身在某场域的实践者，外部作用只有借助于场域的这种特定中介作用，才能影响实践者的行动。比如，不同教育场域中成长起来的景观设计师，受到的文化教育和艺术熏陶是不同的，在设计实践中必然自觉或不自觉地将自身的教育定势和文化价值隐性地作为景观作品的标准、尺度和参照。它说明了教育场域对景观实践起到的中介作用。

可见，根据布迪厄提供的上述四种分析方法可以建构起景观场域的概念。这样一个与社会学结合的景观概念，蕴涵了更多的社会性和人文色彩。如美国社会学家桑德斯（Irwin T. Sanders）在《社区论》一书中以社区景观为例所指出的，"社区为一种社会行动与互动的场域，它的特征是，所有分子都对彼此产生影响；这个场域是动力的，它是人际互动与联系的舞台"①。

对本书而言，"景观场域"概念的提出意义在于两点：一是景观场域是对景观实践研究完整性原则的引申；二是景观场域也是对景观实践研究真实性原则的拓展。场域的引入是对景观概念内含与外延的丰富，"景观场域"概念丰富了针对景观本体的研究视野，强调了对人类文化活动的社会场域，即促使其景观发展、演变的社会推动力的关注②。

---

① 宋言奇、马桂萍：《社区的本质：由场所到场域——有感于梅尔霍夫的〈社区设计〉》，《城市问题》2007 年第 12 期。
② 周小棣、沈旸、肖凡：《从对象到场域：一种文化景观的保护与整合策略》，《中国园林》2011 年第 4 期。

第三节　存在本体的表象化实践特征

一、权力场域影响下的异化表达

权力在社会学中，是指产生某种特定事件的能力或潜力，其本质就是主体强制影响和制约自己或其他主体价值与资源的能力。马克斯·韦伯（Max Weber）认为，"权力意味着在一定社会关系里哪怕是遇到反对也能贯彻自己意志的任何机会，不管这种机会是建立在什么基础之上"①。

由于中国传统封建社会的"官本位"观念根深蒂固，而计划经济时代又是以政府为核心的资源调配和社会管理体系，因此在市场经济发展的今天，不同类型景观建设依然很大程度上取决于各个领域权力拥有者的决策，其中作为当前景观项目直接投资方的政府和开发商是主要的两类权力拥有者，他们各自控制着自己的权力场域。当景观场域与权力场域产生交集时，权力拥有者往往凭借管理者和操作者的双重身份，不仅直接影响着景观投入和建设的效率和效果，还会在景观实践者的创作过程和服务过程之中，影响着景观实践者的价值判断。权力的过度僭越，也使景观设计师成为政府或个人意志反映的工具，成为"权力"使用的工具，甚至在获利原则的驱使下会出现以迎合权力方喜好为价值判断的实践行为，进而丧失专业的自律性和科学性。在两个社会子场的博弈中，景观场域明显处于劣势，权力场域通过对景观实践的控制，实现了对"政治本位""经济本位"等社会价值判断的异化表达，而景观实践者对权力方的妥协也形成了以"权力本位"为基础的实践目标和机制。这个有目的、有原则的被动景观实践过程就是一个与权力紧密结合的过程，是权力场域作为社会"元场域"的现实反映②。

当代法国著名思想家居伊·德波曾批判性地以德国法西斯主义和苏联斯大林主义为具体实例，来说明官僚政治资本主义社会中景观所传递出的权力统治作用。他认为，这一时期的景观（如大型广场、宽长的街道、宏大的建筑等）是"一种类似于中央集权体制的东西，景观中的一切，无论它的物质

---

① 陈兴云：《权力》，湖南文艺出版社 2011 年版，第 23 页。
② 高宣扬：《布迪厄的社会理论》，同济大学出版社 2004 年版，第 86 页。

生产功能还是意识形态生产功能，都是围绕并支持着体制中的核心——具有魅力和强权的独裁人格，并且景观成为统治者的垄断产品"①。然而这种权力的异化在中国景观的实践过程中也是如此普遍，就像前文提到的"夺回古都风貌"以及后面主要讨论的中国"城市美化运动"等一系列的城市景观建设属于受制于行政权力下的景观实践。值得注意的是，在行政意志背后通常还隐藏着景观规模、形象建设与"为官一任"的政绩挂钩的现象，权力拥有者急于通过城市形象的改变来展示政绩，树立领导权威或借此一举成名。于是便有了规划建设贪大求全，只在乎形式不重视功能使用的那些中央广场、景观大道。而自 20 世纪 90 年代，人们开始普遍认识的各种"风格"的楼盘景观则是商业权力介入景观场域的代表。在这场景观与权力的"场域游戏"中，景观实践者往往屈从于"权力"而表现出被动依附，或是缺乏理性的批判态度和积极主动的专业探索回应，仅仅停留在个体价值认可的满足之上，这也更加促进了权力异化的扩张。

但是，外行领导内行，以权力凌驾于专业权威，使景观实践缺乏法治和决策民主化，势必会由于缺乏专业、科学、系统的思考，以致产生方向性失误。另外，由于权力部门对景观形式的过度关注，可以发现这一类的景观大多流于表面化且模仿性强，而景观实践应该遵循的人本精神却往往被淹没在其形式所带来的视觉刺激中。最终，急功近利的实践方式使得人居环境的发展与大众实质生活严重脱节。2009 年 9 月 12 日，周干峙先生在"2009 中国城市规划年会"上指出，"当前城市建设工作要解决好两个问题，其一就是行政干预过多"②。这短话批评的正是行政权力的异化问题。

二、存在本体沦为表象化图像

早在 20 世纪 30 年代，M. 海德格尔（Martin Heidegger）已然预言"世界图像时代"来临，而今德波终于在《景观社会》一书中大声宣告，"景观社会是当代社会发展的最新形态，直接存在的一切全都转化为一个表象（Representation），具体来说即当代社会存在的主导性本质体现为一种被展现的表象

① 汪冬冬：《景观社会：当代权力的异类表达》，《社科纵横》2007 年第 12 期。
② 刘义昆：《长官意志是城市规划被操纵的总根源》，《羊城晚报》2009 年 9 月 14 日。

化图景"。从这里读到的是从柏拉图（Plato）、笛卡尔以来的认知论的悖反①，这一观点同时宣告了马克思所面对的资本主义物化时代的结束，向一个视觉表象化并篡位为社会本体基础的颠倒世界的开始，也就是德波所谓的"社会景观之王国"②。

改革开放以来，中国逐渐地从生产型社会发展成为消费型社会，景观行业也实现了从计划经济向市场经济的转变。与此同时，与大众文化相关的社会产品，包括建筑、景观等也都成为富于象征意义的能指符号，对其指向的审美、形式、使用等功能都促成了某种认同的建构。此外，20 世纪中期的后现代主义及其理论在实践层面上使城市、建筑、景观等物质存在成为一种可供多重解读的符号图像，或者说它们天生就具有符号象征和教化的功能，是表达价值观的一种有力的方式和手段。这种社会背景下，关注城市景观的人群不断扩大，已不局限于高校师生、设计师、评论家、有关政府官员，还有很多非专业人士。景观，也同服饰、影视、广告等图像艺术一样被"大众化""流行化"所标榜。相应的，景观的本体价值系统也随之产生显著变迁，景观的能指与所指间的确定关系被打破，景观实践转变为景观本身的生产，斑斓缤纷的、扩张化的符号和图像取代物质功能成为景观实践的主要对象。杨宇振以上海世博会为例，深刻地概括了这一特征："上海世博会是全球性的节日庆典、符号的盛宴和图像的狂欢。图像的视觉直观和大众媒介化使得对于空间的体验、感知和想象依赖于图像建立的符号解释模式……图像符号意义的传播媒介成为在全球化境况中塑造特异性、创造地方性认同的手段。"③

而景观实践者也会受此影响，自觉或不自觉地把追求社会中政治或经济或文化的流行现象作为创作追求的目标，即图像化景观作为外在的异己力量转过来束缚了设计活动，凌驾于实践者本应该坚持和秉承的思想追求、职业理想及社会责任之上。他们塑造出各种新奇的景观图像，持续不断冲击着社会大众的视觉。从用传统符号堆积出来的传统风貌街到以"大广场""大草坪"为代表的"城市美化运动"；从各种形式的主题公园到名目繁多的园林

---

① 范欣：《媒体奇观研究理论溯源——从"视觉中心主义"到"景观社会"》，《浙江学刊》2009 年第 2 期。

② 张一兵：《颠倒再颠倒的景观世界——德波〈景观社会〉的文本学解读》，《南京大学学报（哲学·人文科学·社会科学版）》2006 年第 1 期。

③ 杨宇振、文隽逸：《符号的盛宴：全球化时代的建筑图像生产与批判——后 2010 上海世博会记》，《新建筑》2011 年第 1 期。

展；还有在西方流行设计思潮的强势影响下，风靡南北的现代主义、欧陆风、解构主义等，图像化的外观、风格、功能属性都是中国景观实践的符号标志，异彩纷呈的景观图像为观者展现了丰盛的视觉盛宴。

与服装、电视的市场相似，以创造产生视觉文化和眼球效应为目的的景观图像成为景观实践的主要特征，图像压倒了景观本体，成为景观实践的"主角"，而对景观本体存在的追求则尴尬地沦为图像的脚注①。正如德波所说，"实际上它已通过表象的垄断，通过无须应答的炫示实现了"②，这就是景观的强权统治。

L. A. 费尔巴哈（Ludwig Andreas Feuerbach）判断的他那个时代的"符号胜过实物，摹本胜过原创，表象胜过现实，现象胜过本质"的事实正被今天的景观场域彻底验证，人们不仅因为对景观的着迷而丧失了对本真生活的渴望与要求，而且当景观本体沦为美丽的平面图像或立面图像，各种新潮的符号充斥了所有空间与时间，景观的倡导者和实践者们也就此成功地依靠控制景观生成和变换的途径操纵了社会关系，受此影响的社会场域内的其他主体也将陆续失去批判和想象。

三、消费场域影响下的拜物特征

"拜物"（Fetishism）是社会学理论中的一个关键概念，指涉的是将社会中以金钱进行交易的商品予以外在表象包装，借由符号和意向的充填和再现，来掩饰社会阶级关系中的剥削与不平等③。另外，德波的景观社会批判理论也宣告了资本所刻意建构的消费社会景观是在物质对人异化基础上的再度异化，整个当代资本主义社会形成了一种"景观拜物教"④。

20世纪90年代以后，在以举国之力搞经济的大背景下，中国也逐渐被卷入全球性的资本主义经济生产关系和文化生产关系中，本土性的拜物价值观得到了全球消费主义意识形态的强烈支援。"中国已成为世界第三大奢侈品消

---

① 马妍妍、宫慧娟：《景观、狂欢、物欲症——消费社会下的广告文化》，《新闻世界》2010年第8期。
② ［法］居伊·德波：《景观社会》，王昭凤译，南京大学出版社2006年版，第5页。
③ 赵义良、崔唯航：《马克思商品拜物教理论的哲学向度及其方法论意义》，《马克思主义与现实》2012年第5期。
④ 王士荣、刘成才：《消费社会意识形态控制与自我殖民——居伊·德波景观社会理论及其批判性》，《南京工程学院学报（社会科学版）》2012年第3期。

费国"、"中国已取代美国成为全球第一消费国"……类似的报道屡见不鲜。这种变化潜移默化地发生在各种社会场域，商品经济所带来的消费文化正在逐步确立其在日常生活里的意识形态影响力。受其影响，大众开始片面地以价格高低作为所拥有的商品衡量价值的标准，并使其隐性地具有了身份象征的属性，如住房、汽车、时装等日常消费商品都具有边际价值中的物质化身份象征意义（图4-2）。只要这些高价物质符号出现，就仿佛能感受到高人一筹的存在感。而景观项目作为市场经济体系中的一部分，也不可避免地成为物质消费的对象，并呈现出拜物的特征。这一现象在目前活跃的房地产景观、商业景观（图4-3）和服务业景观中尤为多见。

图4-2　拜物特征的城市景观

Fig. 4-2　Urban Landscape with the Feature of Fetishism

对当代中国景观场域而言，逐渐成为社会主导文化的、决定社会及个体存在价值的拜物价值观及其指导下的生活方式的影响是不容忽视的。景观实践的主体、对象以及整个实践过程已然全面商品化，无论是作为物质消费实践还是艺术创作实践，景观的产生都更多地受到拜物逻辑的左右，如 W. S. 桑德斯（William S. Saunders）所说，"设计更成为一种外在目的的手段而不是目的本身"①。在消费场域中，拜物性质的景观实践的具体特征可以概括为三

---

① Willlam S. Saunders，"Refaee"，in William S. Saunders（eds），*Commodification and Specta-cle in Architecture*，2005，p. 1.

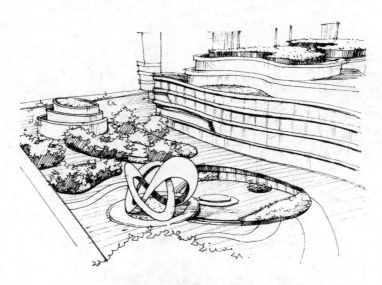

图 4 – 3 某商业广场景观

Fig. 4 – 3 The Landscape in a Commercial Plaza

点。其一，在城市建设领域，景观被视为刺激经济增长、促进城市发展的有效手段，这些景观计划成为城市物质增长的重要筹码，最典型的例子是"城市美化运动"一时间成为各地耗资巨大打造出的城市价值符号。其二，景观更多地从物质的创造转向为了迎合某种消费趣味或偏好的生产，并构成了景观本体和消费者的符号资本，景观意义被包装下的形式语言所消解。以至于许多景观项目从策划、设计、施工到宣传推销，整套环节更像是一个庞大的流水线，"批量生产"且"质优价廉"。其三，景观的符号价值具有了体现接受者身份地位的作用，景观实践越来越多地介入时尚文化和流行符号的生产与消费之中。就如同楼盘会以"某某风格""某某品味"的宣传口号博取消费者青睐一样（图 4 - 4），时尚的景观形式也是层出不穷，从材料到手法，从平面图形到空间造型都可以成为时尚化景观的内容，这些内容就是通过大众对自身身份认同的需求而产生的拜物化产物。其四，消费者对品牌的关注度成为景观实践的价值衡量标准。特别是，对品牌效应的形象工程的大量需求是将景观作为城市或企业品牌并使其形象化的主要表现，而明星设计师的"供不应求"也是商品的品牌效应向景观物质层面延伸的结果。

拜物效应就这样一方面引导着景观实践者不断地从消费流中获得"创作灵感"，另一方面通过商品化的景观诱导着大众的价值判断。景观实践本应该承担的功能性、经济性、人文性等本体价值，在拜物价值观的驱动下，也被

图 4 – 4　北方某城市的泰式楼盘景观

Fig. 4 – 4　The Thai Landscape in a Community of a Northern City

市场中的诸多附加价值所带来的趋利心理所驱赶。"流行"的景观实践成为"符号"的意义创造，意义成为消费者用来攀比身价的筹码，"拜物"进一步转化成"时尚"商品，变为更高层级"地位"的象征。这种本末倒置的实践现象与追求是消费异化在景观设计中的表现。这种异化的严重后果，便是当今的景观实践活动往往是深度以及本体意义的停滞不前，表现出盲目模仿、失去表现力与情感冲击力的僵死的形式。

　　因此从根本上说，景观的拜物特征是商品拜物发展新阶段的产物，是资本逻辑发展的新形式。正如德波所说："商品拜物教的基本原则社会以'可见而不可见之物'的统治，在景观中得到绝对的贯彻。"①

四、表象化的明星效应

　　当代社会的明星效应在大众生活中占据了越来越多的比重，从文化、影视到商场、学校，各领域的明星充斥着各个社会场域，同样也影响着景观实践和接受的价值判断，产生了作为决策方的明星官员或业主、作为实践主体的明星景观设计师以及作为实践目标客体的明星景观。

　　当代景观场域内明星效应其实也保持了历史惯习的持久性特征，通过宏

---

① 李怀涛：《景观拜物教：景观社会机制批判》，《广西社会科学》2008 年第6 期。

伟的建筑和景观为世人所瞩目，稳固社会秩序、象征社会地位以及展现国家或城市实力，从而带来更多的综合社会效益。如作为"城市美化运动"典型代表的华盛顿规划是在法国设计师皮埃尔·朗方（Pierre L'Enfant）1791 年规划的基础上加以改造和扩大而形成的。而提出重新进行规划这一想法的是参议员詹姆斯·麦克米兰（James McMillan），他的规划同朗方的方案一脉相承，并将林荫大道的规模进一步扩大，种植高大行道树，在大道的尽头建造林肯纪念堂，另外还建设了大量纪念性的广场、绿地和市民中心等公共景观。在 20 世纪初，芝加哥成为城市规划界的"明星"，它本身已经超出了规划设计场域的范畴，而成为政治、商业、文化运作的产物。

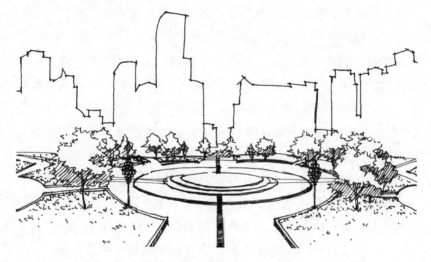

图 4 - 5　广场、草坪成为"城市名片"

Fig. 4 - 5　Squares and Lawns are regarded as "City Card"

随着历史条件的变化，今天景观场域内明星效应的出现显然是当代市场经济、消费文化蔓延的结果。在这个充满符号暗示与象征的社会场域里，标志性的诉求已经根植到了各场域统领者的潜意识之中①。与这种场域氛围相应，"明星实践"在社会舞台频频亮相，被大众媒体广泛传播而获得较高社会认可度，并成为一种在接受层面的集体认知"符号"，形成了一种推行理解和区分价值等级的方式，具有了一种"符号权力"的特征。例如，曾经以广场

---

① 王又佳、金秋野：《谈商品社会中建筑师的社会文化身份》，《建筑学报》2008 年第 6 期。

和草坪作为"城市名片"（图 4 - 5）的大连，在 20 世纪 90 年代的景观实践模式被各地纷纷效仿，是典型性"明星实践"的传播效应。"明星实践"会通过不断地模仿和使用来获得"扩大化附加价值"，成就一批时势造人的"实践明星"，他们常常被媒体、书籍、期刊广泛报道，其中包括专业范围内的专家、学者、设计师，也有专业范围外的政府官员、企业家、记者。例如，有作家就为某位曾经的"政坛明星"写过这样一段烘托其"明星行为"的文字："他在国外，经常带着相机抓拍……照建筑、照布局、照园林、照步行街、照花卉……每天多少信息输入他的大脑？规划学、设计学、建筑学、园林学，于是他的临场发挥常有神来之笔。"① 不过这也符合布尔迪厄的社会学理论，认为明星是多种社会角色的混合体，是专业与媒体的产物，是社会与行业两者共同构建起的、具有明显高层级性的社会符号。可见，"明星实践"与"实践明星"构成了双重价值效果，以实现多元主体对地位优势和资本增值的价值需求。而明星设计师更是一个备受瞩目的群体，他们常常是兼具教师、艺术家、政府顾问、策展人等多种身份，其具有个性特色的言谈以及"先锋化"的实践风格对专业领域乃至整个社会的影响都是非同凡响的。因此，明星设计师显然在景观场域内属于拥有着丰厚文化资本的统治，享有着高人一等的话语权力与竞争力。在专业及大众媒体上，对明星设计师作品和言论的介绍能够占据主要版面，明星设计师在高校的讲座也总是一票难求，他们的理念和设计风格被青年学子奉为经典；在一些重大工程的招投标或设计竞赛中，无一例外都会邀请享有国际声誉的明星设计师来参加；甚至是房地产景观项目，开发商也会不惜重金聘请明星设计师，至于这些明星设计师是否亲自操刀并不重要，重要的是他们的加盟会成为楼盘最有效的卖点。可见，明星设计师不仅要具备足够的专业能力，还需要通过增加曝光率来吸引社会关注，从而拥有更多的话语权。

综上，不管是专业的，还是非专业的"实践明星"已经成为今天中国景观市场中特殊的一环，已经远非景观实践主体这么简单，而是与市场经济的许多产品一样更多地表现为商品品牌的表象属性，并通过大众媒介的操控获得场域价值和认同，最终让专业知识抽象化为品牌效应成为大众消费的对象。

---

① 陈祖芬：《世界上什么事最开心》，中国社会科学出版社 1997 年版，第 98 页。

第四节　表象化实践一：中国"城市美化运动"

改革开放以来，随着城市化进程的加快，中国的城市景观建设也进入高速发展期，许多城市展开以"城市美化"为主要目标的建设活动，尤其在20世纪90年代，"广场热""景观大道热""草坪热"等"美化"实践席卷南北。进入21世纪，面对中国"城市美化运动"带来的各种问题，学术界曾做过多方面的总结和批评，尤其对强调规则、几何、古典、唯美的表象化实践做法反响强烈。最终，这股"美化"热潮随着国家相关限制条例的制定而逐渐走向衰落①。

一、西方"城市美化运动"来到中国

如同现代城市规划和现代建筑起源于西方一样，悄然登上中国城市发展舞台的"城市美化运动"也是不折不扣的"舶来品"。西方国家的"城市美化运动"根源可以从欧洲文艺复兴时期的理想城市开始追溯到19世纪末的巴洛克城市设计。巴洛克作为一种新的城市模式，强调规则的几何形式美，通常以标志物及其空间位置控制城市结构和形象，其古典、严谨的艺术风格体现了统治阶级对社会秩序的绝对要求和享乐生活的发现、向往，成为他们附庸风雅的工具②。随后，巴洛克城市模式传到美国。

19世纪末20世纪初的美国城市面貌陈旧落后，单调乏味，缺乏艺术感染力。此外，政府腐败、环境污染、人口剧增等社会弊病也纷纷暴露。上流社会和中产阶级出于自身安全和经济利益的考虑，也正在谋求解决这些问题的办法③。于是，这场源于欧洲巴洛克城市模式的以改进城市基础设施和美化城市面貌为目的的改革运动如火如荼地在美国各地开展起来，并且获得了一个响亮的名称——"城市美化运动"。

1893年芝加哥世界博览会（图4-6）被公认是"城市美化运动"的直接

---

① 林墨飞、唐建：《对中国"城市美化运动"的再反思》，《城市规划》2012年第10期。

② 林墨飞、霍丹：Seeking the Humanities in the Nature—The Planning and Design of Fuxi park in Yangcheng，《中外建筑》2010年第9期。

③ 林墨飞、唐建：《对中国"城市美化运动"的再反思》，《城市规划》2012年第10期。

导索和前奏。"城市美化运动"的倡导者之一——丹尼尔·伯纳姆（Daniel Burnham）作为项目负责人邀请了当时全美最知名的一批规划师、景观设计师和建筑师。整个设计包括两个部分：一个巨大的自然风格的湖泊，湖中有岛；湖泊右边，一座以水池和主建筑为特征的广场——荣誉广场向东伸向密歇根湖。芝加哥世博会利用城市景观的"宏大壮美"和"纪念性"表现了美国日益强大的特征。随后，运动倡导者们又开始意识到，城市中的各个部分应该组成一个和谐的整体，需要把城市当成一个系统的整体来设计与规划，于是美国开始出现了比较科学的综合城市规划[1]。俞孔坚指出，"城市美化运动史上最为全面的规划是始于 1907 年的芝加哥城市规划，并成为城市规划的经典"，"这一规划有五个重要的组成部分：发展区域高速干道、铁路和水上运输，加强城市间的联系；发展与市中心相连的滨湖文化中心；在两岸建设市政中心；建设湖滨及沿河风景休闲区；建立公园道路，并与周围林地形成完整的系统"。[2]

图 4-6　芝加哥世界博览会景观

Fig. 4-6　Landscape in Chicago World Expo

---

[1] Lin Mofei, Chen Yan, "Enlightenments of Four Master Builders' Thoughts and Practices to Modern Landscape Design", *Applied Mechanics and Materials*, No. 5, 2012, p. 2588.

[2] 俞孔坚、吉庆萍：《国际"城市美化运动"之于中国的教训（上）——渊源、内涵与蔓延》，《中国园林》2000 年第 1 期。

　　当该运动如火如荼地开展之时，同时也暴露出一些社会、思想、观念等方面的问题，并引起社会各界的强烈批评。其中，最早且反对声音最强烈的是赫伯特·克罗利（Herbert Croly），他指责该运动仅是"一种诗意，它的吸引力和动人之处仅在于它遥远而模糊的意象"①。住房改革家本杰明·马什（Benjam Marsh）批评，"'城市美化运动'过于注重外表，公园、市民活动中心等巨大公共工程确实很有魅力，但对穷人来说，他们只能偶尔从其肮脏压抑的环境逃离出来，去欣赏那建筑的完美，去体验那遥远之地的改进所带来的美学享受"②。总体而言，这些批评的声音大致相似。批评者普遍认为，该运动过于强调表面化的美化方式，规划往往宏大、昂贵而不切实际。另外，由于社会、政治、经济等方面的原因，最终于20世纪20年代以后退出历史舞台③。

　　然而20世纪70年代以后，全球化成为当代资本主义发展的最新阶段，并且扩张到发展中国家的政治、经济、文化等多个领域。而被一批老牌资本主义国家视为秩序与权威工具的城市"形象工程"，也伴随着全球化趋势渗透在发展中国家领导阶层的规划思想中④。如戴维·哈维（David Harvey）所说的，"企业、政府、政治和知识分子领袖们全都重视一种稳定的形象，认为这是他们权威和权力魅力的一部分"⑤。

　　20世纪80年代开始，中国新一代领导集体登上历史舞台，提出了若干城市发展方针，并颁布一系列城市规划条例。改革开放让中国走向国际，让西方社会开始认识当代中国，同时也认识了西方经历过的"城市美化运动"。由于长期缺乏国际交流，加上城市管理者与专业设计人员自身的理论与专业修养都有很大的局限性，"城市美化运动"成为赞美和模仿的对象，因而也影响了城市景观风格。随着经济实力的不断增强，中国城市景观建设进入到空前发展的阶段，并体现出从粗放转向集约的特点，广场、街道、绿地、公园等

---

① Sherry Piland, "Charles Mulford Robinson: theory and practice in early Twentieth – century urban planning", P. H. Dissertation, The Florida State University, 1997, p. 46.

② William H. Wilson, *The City Beautiful Movement*, Baltimore: The Johns Hopkins University Press, 1989, p. 67.

③ 林墨飞、唐建：《经典园林景观作品赏析》，重庆大学出版社2012年版，第89页。

④ Lin Mofei, Chen Yan, "Study about the Recycled Construction Wastes for Landscape Design", *Applied Mechanics and Materials*, No. 10, 2012, pp. 2390 – 2393.

⑤ ［美］戴维·哈维：《后现代的状况——对文化变迁之缘起的探究》，商务印书馆2003年版，第357 – 362页。

方面的景观实践大有"忽如一夜春风来"的势头。在一片繁荣景象的背后也出现了许多问题，不少城市甚至走入"美化"运动的误区。

二、中国"城市美化运动"的表象化范式

(一) 城市广场

城市广场在西方人眼中被视为城市"起居室"。广场建设无疑是这次运动中最重要的"主角"，从政府领导到普通市民对此表现出前所未有的巨大热情，"大广场"的叫法一时间流传甚广。笔者理解这里的"大"，一方面是指全国广场建设规模声势浩大，热情高涨；另一方面是各地的广场尺度普遍偏大。同时，它也应和了伯纳姆的那句名言"不做小的规划"①。在当时这是一句至高无上被奉行的设计准则，以大尺度来展示集权的力量。

提到中国的"广场热"就必须从这股热潮的发生地——大连说起。1992年之后，大连市通过一系列的城市环境治理，获得了较多的城市开敞空间。至2000年，新建了40多个广场（图4-7），并改造了一大批老广场。一时间大连的广场建设模式传遍全国，许多城市的领导纷纷到大连"取经"，更有甚者远赴重洋，到国外拍回照片进行模仿。修广场似乎成为能够立竿见影地改善城市面貌的有效途径。同期，国内一些大城市修建了一批比较有影响的广场，如北京西单广场、青岛市五四广场（图4-8）、西安钟鼓楼广场、杭州吴山广场等②。

同时，一些国内学者针对"广场热"所表现的问题也提出了批评和建议。概括起来，大多集中于：盲目追求"西化"；尺度不合理；城市空间和社会结构被破坏；缺少地方特色，千篇一律；过分强调图案化和形式化；设计缺乏人性化等方面。其中，各方观点最集中也是最突出的就是广场规模贪大的问题。2001年第9期的《城市规划通讯》在一篇文章中列举比较了国内外一些著名广场的面积（表4-1）。从数据中可以看出，国外大部分著名广场基本控制在 $1hm^2$ 左右，这种尺度让人感觉比较亲切而具有场所感。反观国内一些著名广场小到几公顷，动辄几十公顷，更不乏大连星海广场这样占地 $110hm^2$，号称"亚洲最大广场"的案例。而一些中小城市甚至县级城市也不顾自身条

---

① Charles Birnbaum：*RobinKarson. Pioneers of American Landscape Design*，McGraw - Hill，2000，p. 32.

② 李倍雷、林墨飞等：《景观设计基础》，南京大学出版社2010年版，第186页。

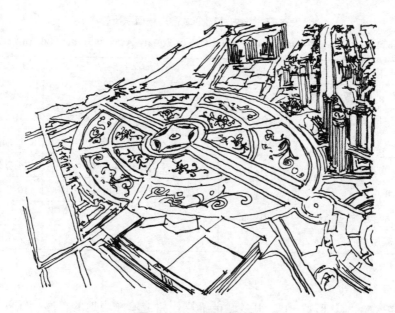

图 4 - 7 大连星海广场

Fig. 4 - 7 Dalian Xinghai Square

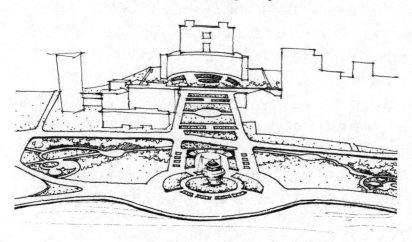

图 4 - 8 青岛五四广场

Fig. 4 - 8 Qingdao May Fourth Square

件，硬着头皮加入"大广场"的建设之列，如山东潍坊中心广场 43hm²；临沂中心广场为 24hm²；安徽滁州市人民广场 9.6hm²，内聚、安定、亲切的环境感受何从谈起？

表4-1　国内外部分城市广场面积比较

Tab. 4 -1　The Comparison of Partial Urban Square Area at Home and Abroad

广场名称	占地面积	广场名称	占地面积
纽约市中心佩雷广场	0.04 hm²	临沂中心广场	24 hm²
威尼斯圣马可广场	1.28 hm²	青岛市行政中心广场	10 hm²
巴黎协和广场	4.28 hm²	成都天府广场	9.2 hm²
莫斯科红场	5.0 hm²	江阴市市政广场	14.2 hm²
罗马市政广场	3 hm²	合肥经济技术开发区明珠广场	10.8 hm²
大连星海广场	110 hm²	太原五一广场	6.3 hm²
潍坊中心广场	43 hm²	滁州市人民广场	9.6 hm²

（二）草坪绿化

在这次"草坪热"中，很多城市不惜伐树或不顾当地的自然、气候条件，盲目模仿国外种植大面积的观赏性草坪的绿化方式，单一地用草坪取代已形成的乔、灌、草多层次的植物群落。还是以大连为例，星海广场的草坪面积占总面积的85%，空旷无比，炎炎烈日下游人根本找不到遮阴纳凉的地方；6.9hm² 的海军广场草坪面积高达4.4hm²，中心的两个大草坪内没有任何的乔木、灌木，真正成为一件艺术品供附近居民观看；大连人民广场（图4-9）的四块方形大草坪面积共计4hm²，约占广场面积的32%。有人形容这种草坪是"时装草坪"，并且质疑这种极端的绿化方式，"'时装草坪'的'三大效益'体现在哪里……不同年龄、不同爱好的人都能在这'广阔'的地方中度过美好的休闲时光吗？请不要忘了'经济、美观、适用'的设计要求……"①。1997年12月17日的《文汇报》也刊发题为《不可盲目建草坪》的文章，提出了警示。

---

① 王庆全：《"时装草坪"的思考——有感于不良的"草坪热"现象》，《中国园林》1998年第2期。

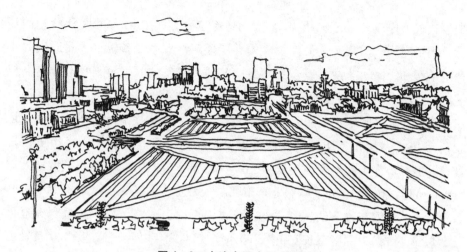

图 4-9 大连人民广场大草坪

Fig. 4-9 Dalian People's Square Lawn

实际上，虽然草坪一次性投入少、见效快，但给人们带来视觉享受的同时，也会产生高耗水量和高养护费用等问题，尤其不适合北方寒冷、缺水的城市大面积种植。

（三）景观大道

在规划发展史上，找不到关于"景观大道"的准确定义，它其实就是经过"美化"的道路景观。该叫法源于国内景观大道表现的普遍特征：采取欧式古典的几何构图，强调宏伟壮丽、宽广气派，注重道路两侧的立面装饰，很多城市将其看作"迎宾大道"和"形象窗口"①（表4-2）。

表 4-2 国内部分景观大道一览表

Tab. 4-2 List of Partial Landscape Avenue in China

景观大道名称	长度	宽度	景观大道名称	长度	宽度
上海世纪大道	5.5 km	100 m	大连东港商务区景观大道	6 km	120 m
大庆世纪大道	4.94 km	100 m	沈阳浑南大道	6.14 km	120 m
重庆冉家坝景观大道	1.8 km	80 m	上海朱家角景观大道	3 km	200 m

全长约 5.5km，宽 100m 的上海世纪大道（图 4-10）是国内景观大道的

---

① 孙钦花：《城市景观大道规划设计的前瞻性》，《徐州工程学院学报》2007 年第 10 期。

典型代表，原命名为"轴线大道"①，其定位决定了它的大尺度和壮观的场景，街道宽阔，两侧又多为大尺度的高层建筑，沿途还布置了大量时间为主题的雕塑和小品，非常具有现代气息，与浦东开发的时代背景比较吻合。但是，在世纪大道建成后陆续有人提出了设计手法生硬、景观场景单调、城市肌理遭到破坏等问题。进入 21 世纪，像建景观大道这种不折不扣的"美化运动"，无论是大都市，还是小县城，无论是新建城市，还是数千年历史的古城，许多城市都乐此不疲地追随其中。在北方城市大庆同样有一条世纪大道（图 4 - 11），也是 100m 宽②；北京市朝阳区为迎接世青赛，修建 8.7km 长的景观大道，两侧布置 7 处大型主题花坛；南京中山东路至汉中路景观大道全长 5.8km，被称为"南京长安街"；哈尔滨在 2008 年一年内修建了 20 条景观大道，其中最长的一条全长 17.466km；连历史古镇黄陵县也不能免俗地宣布将建造陕西第一的景观大道；等等。

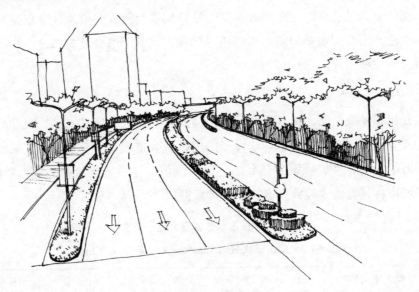

图 4 - 10　上海世纪大道

Fig. 4 - 10　Shanghai Century Avenue

---

① 陈建勋：《世纪大道 世纪情缘》，《浦东开发》1999 年第 2 期。
② 王勇、姚远、李子玉：《大庆市世纪大道景观设计构想》，《城市规划》2001 年第 3 期。

图 4 – 11　大庆世纪大道

Fig. 4 – 11　Daqing Century Avenue

（四）大树移植

一些城市将"大树移植"作为改变城市景观最直接、最有效的措施，导致生态环境遭到的严重破坏。此风从上海刮起，迅速蔓延全国。也有人把这场"移植风"称为"大树进城"或"大树出城"。

2000 年，北京市政府为了"申奥"，在与首都机场高速路相邻的京顺路上修建百米宽的绿化带，仅用几十天的功夫就让移进数量可观的大树①；同年，武汉启动"大树进城"计划，将 5000 株大树从湖南、河南等地移栽至武汉，该事件顿时成了媒体报道的热点②；2003 年有报道指出："某省会城市，移植大树的死亡率超过 70％"③；2007 年 3 月，一棵树龄长达 700 年的古树被费尽周折地移栽至重庆④；等等。一桩桩大树"进城""出城"的事件背后，暴露的是计划统筹、生态保护、职能管理、经济利益等方面的不足和短视，另外还助长了"形象工程""面子工程"的蔓延。

---

①　厉建祝：《在大树进城的背后》，《森林与人类》2001 年第 7 期。

②　罗盘：《武汉：大树上路　绿荫进程》，《人民日报》2001 年 4 月 16 日。

③　刘世荣：《警惕大树进城带来"绿色泡沫"》，《领导决策信息》2003 年第 4 期。

④　龚雪辉：《重庆"大树进城"现象调查》，《民主与法治》2000 年第 4 期。

（五）亮化工程

大连继"广场热""草坪热"带动了如火如荼的全国"城市美化运动"后，又在"让城市洋起来、亮起来"口号的指引下进行了大范围的景观亮化工程，再一次走在"美化"大军的前列。在这期间一种因为仿槐树花的形状和颜色而得名的路灯遍及整个城市的广场、街道（图 4-12）。一位到大连调研的外地城建干部曾这样形容："槐花灯是大连的市花灯，每杆灯 108 泡，如槐树花开，光花烂漫，象征着大连前景如花灿烂。"① 这是槐花灯给许多"取经者"留下的共同印象。以两个大连广场为例，人民广场周围分布着 26 个槐花灯；星海广场有 61 个槐花灯，且灯头增加为 120 个。以每个槐花灯灯头 18 瓦计算，108 个灯头加起来接近 2000 瓦，其用电量是普通路灯的几倍。火树银花般的光照效果固然美丽，但美丽背后超大的耗电量，高额的维护成本又有谁认真负责地考量过？在 20 世纪末至 21 世纪初的一段时间内，各地政府对景观亮化的追求更是达到前所未有的程度（图 4-13）。景观照明规模越来越大，照明的工程越来越多，部分城市出现相互比亮的现象。

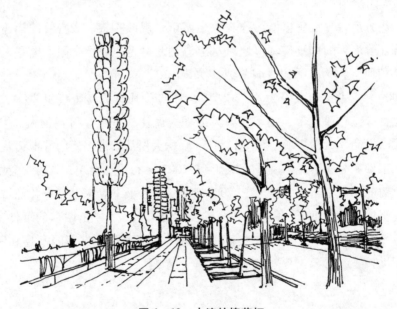

图 4-12 大连的槐花灯

Fig. 4-12 Sophora Japonica Lantern

---

① 郭道义：《大海托起了大连 大连扮靓了大海》，《规划师》2001 年第 3 期。

图 4 – 13　大连中山广场夜景照明

Fig. 4 – 13　Nightscape Lighting in Dalian in Dalian Zhongshan Square

三、中国"城市美化运动"的场域动因剖析

（一）场域内部的本体原因

同西方"城市美化运动"命运一样，中国各地的"城市美化运动"在十余年间经历了从高潮到衰落的过程。由于社会心理、思想意识和审美观念的差别，政府作为该运动的直接发起者和另一派代表——专家、学者、传媒等对该运动的评价大相径庭，尤其是后者，持批评、否定态度居多。而笔者认为，回顾这段历史，应该站在发展的、客观公允的角度进行审视、反思，它的存在一定有其必然性，如"本体论"所指出的，"存在就是本体"①。

首先，20 世纪 70 年代末至 80 年代初，中国城市人口急速膨胀，导致城市环境急剧恶化，城市开放空间、公共设施、交通设施都严重不足②。进入到

---

① 林墨飞、唐建：《对中国"城市美化运动"的再反思》，《城市规划》2012 年第 10 期。
② 俞孔坚、吉庆萍：《国际"城市美化运动"之于中国的教训（下）》，《中国园林》2000年第 2 期。

90 年代，落后的城市面貌已经阻碍了改革开放的进程，因此市容改造与美化顺应了社会发展的必然性和应然性。正如曾益海所感慨的，"'城市美化运动'一直以来胸怀使命，以改天换地的激情清洗掉历史的痕迹和时间的沧桑"①。杨宇振则将其本体原因之一归结为，"旧有城市建设的缓慢和快速城市化中对于'城市美'形态的追求在社会转型中试图用城市、建筑或者景观形态来表达和建立新时期一种有别于过去的文化特征"②（图 4 - 14）。

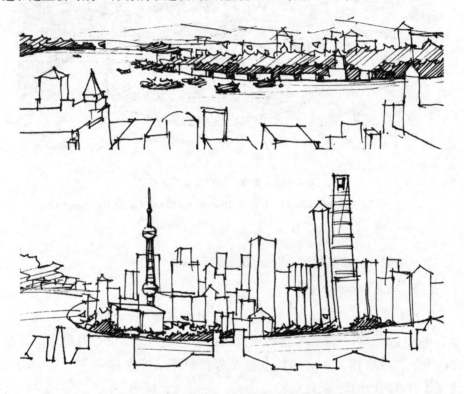

图 4 - 14　上海陆家嘴 1990 年和 2010 年城市景观发展的对比

Fig. 4 - 14　The Comparison between urban Landscape

Development of Lujiazui, Shanghai in 1990 and 2010

　　另外，还有许多在开放中成长起来的新兴城市和区域，由于本身缺少文化底蕴，所以在城市发展中将"美"放在首位，也似乎顺理成章。比

---

① 曾益海：《奢侈之城》，《中外建筑》2010 年第 2 期。

② 杨宇振：《焦饰的欢颜：全球流动空间中的中国城市美化》，《国家城市规划》2010 年第 1 期。

如，深圳"城市美化运动"不仅包括像金融区、火车站这样的中心区美化工程（图4-15），而且还涉及强化交通系统景观设计、提倡公共艺术等内容，并得到了市民的认可①。更何况"城市美化运动"可以满足提高城市社会效益的需要，还是政府表明开放姿态、树立优良形象和体现为群众办实事的有力手段。特别是"城市美化运动"实践模式创造出的空间稳定形象和统一秩序，对处于转型时期的中国社会，不失为恢复城市中失去的视觉美感和生活和谐的一剂良药。这也同西方"城市美化运动"的产生背景如出一辙（表4-3）。

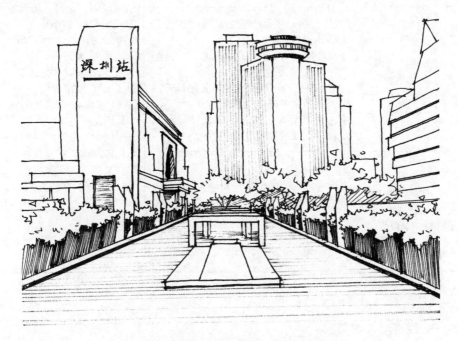

图4-15　深圳罗湖火车站景观（SWA 设计）

Fig. 4-15　Shenzhen Luohu Railway Station Landscape（SWA Design）

①　刘勇、张宇星：《深圳城市美化运动》，《世界建筑导报》1999 年第 5 期。

表 4 – 3　中西方 "城市美化运动" 的背景及表现比较

Tab. 4 – 3　The comparison of the origin and performances between China and the west

时间	相似的背景	共同表现
欧洲巴洛克城市 （16 世纪末— 19 世纪末）	① 社会：从以为宗教为中心的地方主义向国家主义过渡 ② 经济：出现商业资本主义和君主商业财力 ③ 文化：古希腊和古罗马的再发现 ④ 城市环境：中世纪遗留下来的城市环境恶化	强调规则、几何、装饰的形式美，具体包括： ① 仪式感和纪念性广场 ② 轴线式大道 ③ 纪念性和符号化建筑 ④ 展示性城市绿化 ⑤ 机械化和形式化的滨水区改造 ⑥ 其他以美化、装饰为目的的城市景观建设
美国 "城市美化运动" （1893—1903 年）	① 社会：从无政府主义向帝国主义强国过渡 ② 经济：兴起于工业化时代，其经济发展异常迅猛 ③ 文化：模仿欧洲古典文化，芝加哥世博会带来巨大影响 ④ 城市环境：城市的速成性导致基础设施落后和环境质量恶化	
中国 "城市美化运动" （20 世纪 80 年代—）	① 社会：社会主义转型期 ② 经济：改革开放带来经济实力增强 ③ 文化：重新认识西方文化 ④ 城市环境：城市化进程加快，城市环境恶化	

（二）场域外部因素的驱使

1. 经济增长的刺激

社会主义市场经济的实施，使中国以世界上少有的速度保持着经济水平的持续快速增长，各城市经济实力也大大提高。此外，由于人们生活水平的改善，逐步由解决居住问题向提高城市环境质量发展，摆脱过往兵营式住宅、方格网道路建设一统天下的格局，追求城市景观的舒适度和丰富性成为一种不可逆转的趋势。但它毕竟不是生活的必需品，而且城市建设需要大量的资金作为保障，在封建社会，园林景观也只是皇亲国戚、达官贵人和富商们的专利，对于一个地区、一个国家也是如此①。而当初西方的 "城市美化运动"

---

① 林墨飞、唐建：《对中国 "城市美化运动" 的再反思》，《城市规划》2012 年第 10 期。

也同样基于大量的资金支持，例如，芝加哥计划就是在大财团和商社支持下进行的，因此，刘滨谊提出"城市经济因素对景观园林环境建设起到引导控制作用"的论断①。同时，城市经济实力的增强也极大地刺激着政府向景观建设投入的热情（图4-16）。这种基于经济支持并服务于经济建设、权利及资本的操作模式被刘志强称为"物质性规划"。他还认为，"这是一种满足一定政治与经济目标的技术工具"②。

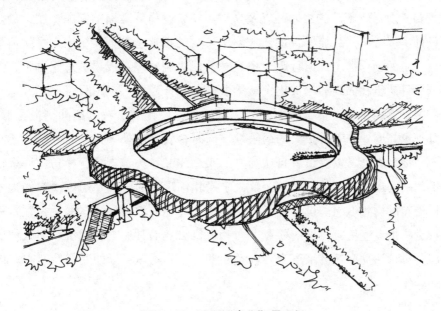

图4-16　深圳"豪华"景观桥

Fig. 4-16　"Luxury" Landscape Bridge in Shenzhen

2. 长官意志的影响

作为名副其实的政府行为，"城市美化运动"一般以政策为先导迅速付诸一系列行动，然后再总结出相应的理论以指导下一轮的政策制定，政策的制定者便是热衷于在城市建设中体现个人意志和喜好的各类官员，而作为建设成果的使用主体——广大公众却往往处于整个决策框架的最底层。外行领导内行，以行政职权凌驾于专业权威，使景观建设缺乏法治和决策民主化，势

①　刘滨谊、吴采薇：《城市经济因素对景观园林环境建设的导控作用》，《中国园林》2000年第4期。

②　刘志强：《从社会发展的角度展望中国园林规划设计的发展趋势》，《华中建筑》2011年第1期。

必会由于缺乏专业、科学、系统的思考，产生方向性失误①。因此，"城市美化运动"大多流于表面化且随意性大，在政策和行动上缺乏连续性和长远规划，造成景观面貌良莠不齐、优劣并存。②

3. 设计者的弱势地位

设计者在城市景观设计过程中本应拥有绝对程度的主导权，然而对于中国这个历来注重政治因素在各领域占主导作用的国家来说，"城市美化运动"注定要打上行政干预的烙印，以及来自经济、物质等方面的影响。城市景观的设计实践者自然只能栖身在艺术创作与"长官意志"的夹缝中。虽然他们也有一定的创作自由，但行政干预有时会成为制约设计成果的思想枷锁，大部分设计队伍在强劲的"美化大潮"中显得软弱无力，甚至推波助澜③。

另一方面，由于整个行业还处于起步期，设计人员缺乏国际交流经验，自身理论与专业修养有很大的局限性，同时也缺乏对外来作品的判断和鉴赏能力。设计者通常以决策者自认为好的某个作品作为范本进行模仿，许多情况下面对的还是从国外拍回的照片，宁愿相信现成的已遭到历史遗弃的也不愿接受新的构想设想。设计者一旦主动或被动地向权力和资本缴械，并丧失其自觉维护专业健康发展的职业使命和道德自觉而甘愿自我消沉，那么他所从事的设计活动必然会沦落为受利益驱动、放弃本体目标的通俗乃至庸俗的实践操作。

第五节 表象化实践二：时尚景观

时尚文化是当代消费社会背景下出现的一种文化样态，已经成为这个时代的普遍现象，并渗透到各个领域。20 世纪 90 年代以来，建设行业的市场化在带来景观业蓬勃发展的同时，也受到时尚文化的冲击。具体表现是在景观实践中，自觉或不自觉地把追求社会中政治或经济或文化的流行现象作为创作目标，即时尚作为外在的异己力量转过来束缚了实践活动，凌驾于景观实

---

① 林墨飞、唐建：《谈环境艺术设计专业的景观设计课程教学》，《大连理工大学学报（社科版）》2010 年第 12 期。
② 刘勇、张宇星：《深圳城市美化运动》，《世界建筑导报》1999 年第 5 期。
③ 林墨飞、唐建：《对中国"城市美化运动"的再反思》，《城市规划》2012 年第 10 期。

践的本体准则。尤其是时尚景观的表象化范式对中国景观实践产生了一定的
负面影响。

一、时尚景观的产生

20 世纪 90 年代，中国正处于从生产型社会向消费型社会的转型过程，发
达的社会生产力使物质产品日渐丰富，两次消费革命使人们的"有限"需要
趋于饱和，如何激发人们"无限"的消费"需求"，成为资本增值所面临的
主要问题。与此同时，社会大众的世界观、人生观也发生着巨大的改变，原
有的价值体系受到挑战，新的信仰和价值体系又尚未建立。而作为商业与文
化联姻产物的时尚文化，则通过各种文化传播媒介，驱使大众认同、追求它
们所倡导和引领的时尚生活，并且使大众文化与社会认同形成相应的关联，
甚至与大众文化相关的社会产品，包括建筑、景观等公共设施，也会成为富
于象征意义的能指符号，对其指向的审美、使用等功能都是某种认同的建构
（图 4 - 17）。

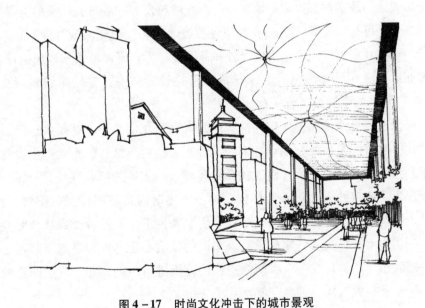

图 4 - 17　时尚文化冲击下的城市景观

Fig. 4 - 17　City Landscape Faced with theFashion Culture

另外，目前关注城市景观的人群已不局限于高校师生、设计师、评论家、
相关政府官员，还有很多非专业人士。景观，也同服饰、影视等艺术形式一

样被"时尚化"所标榜。景观如此频繁地出现在公众视野，首先是因为它既与社会日常生活的密切相关。另外还在于景观具有强烈的艺术性，且具有一定的专业性，使其似乎比一些其他种类的时尚文化更加"高深"，也正好吻合当下一部分人重视格调、强调个性化的需要。而这一部分阶层或群体往往会继续将这个他们关心的共同话题，通过一定社会组织的宣传，一定传播媒介的介入传播出去。所以，今天在报刊、广播、电视等传播媒体上，也会时常看到关于讨论城市景观的话题。这一因素，也成为景观时尚化的现实土壤和客观依据。而时尚化的结果，首先就是普及化。在这一点上，倒是同其他时尚形式如出一辙。普通人对景观有了超乎技术层面的关注和追求，公众开始把景观当作艺术品审视和思考。他们把对景观的了解作为一种艺术品位或修养，这些都会推动景观专业的普及，而这种流行还有助于公众景观审美水平的提升。这样推论，景观也正在成为一种时尚。

回顾一下中国景观实践的"时尚"表现：当政府职能部门需要通过城市形象的改变来展示社会转型期的成果之时，大型市民广场、行政广场的建设，历史风貌区的改造便如火如荼地展开；在环境与发展问题日益严重的背景下，绿色景观、可持续发展、生态节能等各种设计理念又会应时地弥漫和扩展在设计领域，并在短时间内成为设计者和开发商、大众媒体所频繁使用的词汇；等等面对此情此景，绵延不绝、五花八门的景观样态，自然而然地便会将"景观"同"时尚"联系在一起。

可以说，无论是社会思想的进步还是大众文化的变革，都是由于社会的变动，引起人们参与社会活动的需要、理想、动机、情感、态度产生变化的结果。当一种普遍的、流行性的社会趋向被认识主体加以认同并评价时，往往就产生了特定的人文思想和倾向，这也正是时尚形成和传播的重要条件。因此，所谓时尚景观指的是在某种社会历史条件下，设计者受到社会时尚的影响，创造出符合某些特定的阶层、集团的社会心理、人文观点及其理论意识形态的作品，并且在一段时间向更广的范围进行传播，并形成共同追求的趋势，使景观成为社会时尚现象的附属。

二、时尚景观的表象化范式

（一）政治时尚景观

所谓政治时尚景观，指的是受到政治因素或行政管理因素中流行现象的影响，使景观实践演变成行政领导或政治决策的操纵工具，设计者被动地去贯彻或者主动地去迎合政治或行政意志。

可以见到，政治时尚景观的表现上至国家下至地方。以天安门广场的节日花坛为例（表4-4），据统计："1986年首次在天安门广场摆花……此后每年国庆天安门广场都花团锦簇，用花量达到二十余万盆（株）"①。每年的天安门广场摆花会有一个主题，且都具有明显的政治含义。20世纪80年代处于改革开放初期，常以五角星图案或政治口号做模纹花坛，后来的主题则多表现祖国改革开放所取得的丰硕成果以及突出某年重要政治、历史事件。如2001年为庆祝北京申奥成功，以"万众一心"为主题表达全国人民对北京成功举办奥运盛会充满信心；2004年，神舟五号发射成功，花坛由缀花日晷、神舟五号及发射塔、高科技符号等组成，体现我国在科技领域所取得的伟大成就；2009年，为了迎接中华人民共和国成立60周年，"普天同庆"巨型花篮花坛格外引人注目；等等。花坛作为具有绿化、美化功能的城市景观，其布局、造型本应该与功能、美学、环境因素有关，但却被赋予了政治含义；另外，造景本该考虑的气候、温度、光照、湿度等影响植物生长的因素，也会为了政治需要而与自然规律背道而驰。

表4-4　天安门广场国庆花坛（2000-2011）一览表

Tab. 4-4　List of the National Day Flower Bed in Tiananmen Square（2000—2011）

时间（年）	花坛主题	照片
2000	"万一众心" "奔向未来" "企盼奥运" "锦秀山河"	

---

① 王显红、彭光勇：《试论首都大型节日花坛的发展及展望》，《中国园林》2002年第6期。

时间 （年）	花坛主题	照片
2001	"申奥成功" "欣欣向荣"	
2002	"万众一心" "走向未来" "共创明天" "光辉历程" "锦绣中华"	
2003	"众志成城共铸中华辉煌，与时俱进谱写绚丽篇章"	
2004	"神州腾飞继往开来中华更辉煌""巍巍宝塔大河奔流江山多锦绣"	
2005	"同一个世界，同一个梦想""海纳百川万众一心共圆奥运梦"	

续表

时间 （年）	花坛主题	照片
2006	"落实科学发展观，构建社会主义和谐社会"	
2007	"同一个世界同一个梦想喜迎奥运盛会""同一个家园同一个愿望共谱和谐篇章"	
2008	"改革开放共谱和谐篇章""万象更新祖国前程更辉煌"	
2009	"普天同庆""繁荣昌盛"	
2010	"花开盛世""绿色呼唤"	
2011	"祝福祖国繁荣富强、欣欣向荣"	

　　具代表性的是与一些政治数字密切相关的大连星海广场（图4－18）：广场内圆直径199.9米，寓意1999年是大连建市100周年；矗立广场中央的全国最大的汉白玉华表，高19.97米，直径1.997米，纪念这是一个香港回归的工程；等等。无论从空间尺度、绿化方式以及人性化使用方面，该广场都存在不少问题，尽管当时很多专业人士也并不认同它，但碍于方案提倡者的行政地位，多数人还是选择了迎合的态度，以至于"大广场"模式迅速从大连蔓延至全国。在有关部门推出一系列"暂停令"之后，许多学者才开始纷纷指出行政手段、长官意志对这次景观建设热潮的负面影响。

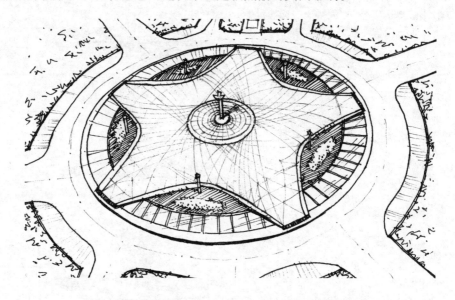

图4－18　星海广场在形式上做到了传达政治隐喻的效果

Fig. 4 - 18　Xihai Square realizes the Effect of Conveying Political Metaphor in Form

（二）欧陆时尚景观

　　所谓欧陆时尚景观，或称欧陆风格景观，就是以西方古典园林为蓝本的景观设计模式，其实就是由政府、开发商及设计师们共同创生的一个名词。这一风格首先在20世纪80年代流行于香港，之后逐步流传到内地。此时正值内地改革开放之初和香港投资内地的热潮，"欧陆风格"在内地发现了更大的市场，也更受欢迎。尤其在经济相对发达的沿海城市，特别是那些历史上出现过外国租界的城市，"欧陆风格"颇受青睐。有学者指出，"它并不是受当代欧洲建筑思潮的外部影响而引发的，而是在中国内部，为了'内需'，而

'自力更生'演义出的一股艺术风潮"①。

起初，欧陆风格景观多见于各地受西方"城市美化运动"影响的城市景观建设，由繁复图案组成的广场铺装、带有"山花""拱券""檐线"等符号的柱廊、层级跌落的欧式喷泉、大量的模纹花坛以及古典的景观小品，统统被认为是欧陆风格。即使许多景观作品在构图尺度、造型元素、材料运用等方面缺乏深入细致的推敲研究，显得粗制滥造，但还是会满足许多外行领导和市民的"欧陆口味"。一时间，欧陆风格的景观模式从一些代表城市向全国各地波及，形成了一股势不可当的设计潮流。同时，随着内地城市住宅商品化的改革，房地产市场日趋红火，计划经济体制下公共住宅的外环境模式显然已不适合购房人的要求，而被欧式古典式样"包装"的建筑和景观，以其"高贵""豪华"的表象恰合时宜地迎合了这些人对改善居住质量的需求。而精明的开发商们也紧紧围绕这个噱头，大肆渲染，争相效仿。设计师们也只好无奈地按照开发商的意图去不停地复制、模仿。有人指出，如果说欧风城市景观是政客利用景观表象做政治宣传的话，那么，欧风楼盘景观则是开发商利用景观表象在做商业宣传。国内类似地产项目"克隆""抄袭"的做法比比皆是——英伦风格、地中海风格、法兰西风格、西班牙风格、德意志风格不胜枚举（图4-19），甚至连楼盘名称也往往冠以令人啼笑皆非的"洋名"。

近年来，随着"城市美化热"的盛期已过，欧陆风格的城市公共景观也渐渐退出公众视野。然而在大量的地产景观项目中，它依然被认为是某种身份的标榜和时尚的象征，热度有增无减，甚至还影响到其他类型的城市景观设计。有学者预言："欧陆风格决不会就此消失，它一定会在中国大地上继续蔓延。"②

（三）图形时尚景观

所谓图形时尚景观，指的是设计者或是忽视了艺术设计关于"形式服务于功能"的根本原则，或是出于通过某种图形迎合设计"主题"的需要，往往醉心于对平面布局进行大量的图形、图案编织，使景观变成了脱离空间观念的表象装饰（图4-20，图4-21）。

---

① 方元：《"欧陆风格"的媚俗建筑》，《建筑学报》2002年第2期。
② 张晓光：《条条大路通罗马——关于欧陆风格的思索》，《中外房地产导报》2000年第13期。

图 4 – 19 欧风遍吹的地产景观

Fig. 4 – 19 European – style – prevailing Real Estate Landscape

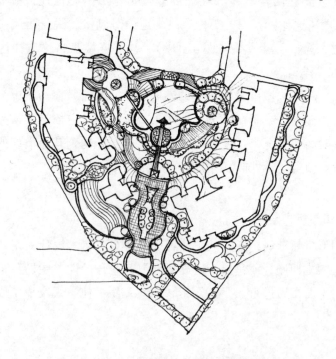

图 4 – 20 以小提琴为主题的景观平面

Fig. 4 – 20 Landscape Plane Figure with Violin as the Theme

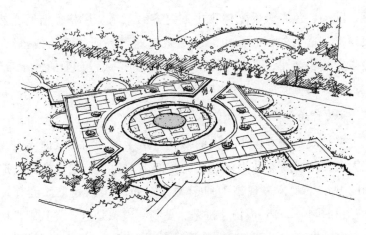

图 4 - 21 图案化的城市绿化

Fig. 4 - 21 Patterning Urban Afforestation

　　图形时尚景观最主要的特点是设计者混淆了空间与平面的上下级包含关系，过度依靠平面图形来完成对景观序列的组织，而景观设计包含的竖向变化、场所体验与时空转化等其他复杂属性则是单纯的艺术化的平面构成所不能解决的。其实，图形化景观并不是当代中国景观中才出现的现象，中国传统园林就非常提倡曲线构图，以表现流畅、含蓄、深邃、自然之美，但这是建立在强大的人文思想作为基础的前提下产生的，比如，南北朝时期的"曲水流觞"。然而在物质、技术高度发达的今天，单纯利用或复杂、或抽象、或古典、或现代的各种图形，只会使景观显得无力、单调、造作。有学者认为"视觉文化"出现于人类文明的诞生之日，在 20 世纪末随着人类进入消费社会的到来而真正发展起来。也许正是这样一个读图时代的到来，人们更习惯将观念中的物质世界转化为形象化，为图形时尚景观提供了"生存土壤"，也就像刘滨谊所说的，"景观设计必须依托于形态展现给观者，设计者正是借助'形态'，表达出设计的主旨和创意"[1]。

　　另外，进入 21 世纪以来，大批境外设计公司的涌入也是促使图形化景观迅速在内地景观设计界泛滥的重要因素。林潇在《贝尔高林现象》中认为贝尔高林在内地有着很高市场占有率的原因之一是："美国现代派的风格，专业的水体处理手法"，其中文中有这样的叙述："水体的线条都是由圆滑的曲线

---

① 刘滨谊、刘谯：《景观形态之理性建构思维》，《中国园林》2010 年第 4 期。

组成""总的来说给人感觉是清新和高贵,华而不俗。"① 可见,图形时尚景观以线型、动势、色彩等因素体现主题内容的意境、风格、情调亦然形成了一种固定模式。精明的出版商也纷纷出版境外事务所的手绘或电脑作品集。各种优美多变的装饰性、图案化图形一时间成为广大设计师的"拿手铜",竞相效仿,是一股不可低视的设计方法。

(四)布景时尚景观

布景本来是戏剧与电影中基本的视觉营造手段,而布景时尚景观,可以理解为在大众文化或商业和娱乐利益的驱使下,为了特定目的而营造的一种特定氛围的城市景观,表现出类似于舞台空间的场景效果,也有人称之为"人造景观"(图4-22)。模仿、拼贴、复制、虚拟是这一类景观常用的实践手段。目前中国城市中具有布景化特质的景观实践可归纳为以下几类。

图4-22　重庆三峡广场

Fig. 4-22　Chongqing Three Gorges Square

第一类是主题公园式景观(图4-23),它最初是伴随着美国的"波普文化"运动出现在20世纪50年代,以迪斯尼主题乐园为代表的一种布景模式。

---

① 林潇:《贝尔高林现象》,《中国园林》2003年第10期。

a）北京欢乐谷

b）成都欢乐谷

图 4 – 23　主题公园式景观

Fig. 4 – 23　Theme Park – like Landscape

　　20 世纪 80 年代后期，该模式传入中国，深圳"锦绣中华""中华民俗村""世界之窗"的轰动效应和短期收回投资的神话，引发了全国各地一轮又一轮的主题公园建设热潮。为了迎合旅游需要或满足消费者的猎奇心理，以获得经济利益，各种形式的主题公园纷纷出现，覆盖民族风情、历史名著、地域文化、名人故里等内容。朱建达有这样的统计和描述："曹雪芹笔下的《红楼梦》大观园在华东就一下子冒出了 7 座，吴承恩笔下的《西游记》游乐宫全国竟有近 40 座，各类民族文化村、宫等主题公园更是数不胜数；无锡、武汉、河北、成都、山东等地投资开发了'水泊梁山';继深圳之后,广州、杭州、长沙、上海等地也投资建设'世界之窗'"①。进入 21 世纪,一些性质雷同还仅仅停留在"近商""重利"层面的主题公园,由于追求的是一种暂时性的刺激效果②,已远远满足不了旅游业的新发展和大众文化精神要求,各种"宫""村"纷纷倒闭。而同时,主题公园又呈现出新一轮发展的趋势,主题更加宽泛、种类越来越多,包括了游乐园、农业观光园、开放式动物园、影视城、欢乐谷等③。但不变的依然是戏剧化的景观渲染,看似昂贵、实则廉价的建造场面,包罗万象的场景以及在多样的布景题材下营造的"奇幻""欢乐""震撼"的环境气氛。

另一类是仿造式布景,指的是将中外历史文化中出现过的古典建筑、园林形式和风格作为模仿对象而建造的某一区域,包括街巷、居住区等。从诸如"唐风一条街""明清一条街""异国风情街"的流行,到各地的泛"新天地"模式,都是以街巷作为"舞台"的布景方式。仅大连一地,就有"俄罗斯风情街""日本风情街"和"华宫"古文化一条街(图 4 - 24),但热闹了没几年,很快便遭遇到了"严冬"④。到 21 世纪初,随着中国城市化的高速推进,出现了更大规模的仿造活动,甚至将整个城市新区都要建成完整的欧洲古典城镇风格,其中最为典型的例子是上海的"一城九镇"。2001 年初,上海市政府提出构筑特大型国际经济中心城市城镇体系的构想,并将重点放在体现异国风情的"一城九镇"的建设上:松江镇建成英国风格的新城;浦江镇以意大利式建筑为特色,结合美国城镇风格;安亭新镇则被确立为德式风格⑤。这种"拿来主义"式的彻底仿造,完全破坏了城市文脉,扰乱了城市景观原有的均衡和协调,因而在"一城九镇"的计划进行过半的时候,那些各种风情小镇仍然无人问津。

---

① 朱建达:《人造景观建设"当醒"》,《中国园林》1999 年第 2 期。

② 周向频、杨漩:《布景化的城市园林——略评上海近年城市公共绿地建设》,《城市规划汇刊》2004 年第 3 期。

③ 周向频:《中国当代城市景观的"迪斯尼化"现象及其文化解读》,《建筑学报》2009 年第 6 期。

④ 朴峰:《大连华宫改造困局:经营状况不佳但拆了不甘心》,《半岛晨报》2011 年 1 月 11 日。

⑤ 卢山:《中国制造的德式小镇——安亭新镇》,《新建筑》2005 年第 4 期。

a）俄罗斯风情街

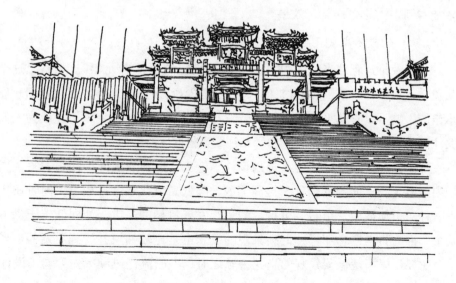

b）华宫

c）日本风情街

图 4-24　仅大连一地的仿造式景观

Fig. 4-24　Imitated Landscapes in Dalian

还有一类布景表现是泛滥于"城市美化运动"时期的大批"形象工程""面子工程"。笔直宽阔的"景观大道"、几何形式的"大广场"、地标式雕塑或喷泉充斥着城市重要地段，其巨大体量和符号性的表达，都是以城市这个"大舞台"为背景的布景安排，市民则只有像观众一样置身于"舞台"之外，才能看到整体的"舞美"效果。

（五）低碳时尚景观

从普及推广程度来说，2009 年无疑是中国的"低碳元年"。低碳，这个从英文"low carbon"直译过来的词汇，在哥本哈根世界气候大会和中国政府承诺的影响下，它几乎超越了"和谐"与"科学发展"等字眼迅速成为人们关注的中心，并成为被时尚了的所有领域竞相追逐的目标。

低碳景观，可以理解为在规划设计、施工建造和景观维护使用的整个周期内，减少石化能源的消耗，提高能效，降低二氧化碳的排放量，同时还代表一种对更加健康、节约、可持续的景观发展目标的追求。如同低碳毕竟不是个严谨的科学概念那样，低碳景观的概念也是比较抽象并受到质疑的。当整个业界还搞清楚低碳景观的来龙去脉之时，一股流行风潮率先席卷了设计实践领域。凡是和节能减排沾边的，统统打上"低碳"的标签，低碳仿佛成为行业中的"共识"或不成文的规定。而在现实中，针对大多数景观设计师来说，低碳也许只是设计文本中一个时尚华丽的形容词，因为他们还无法在繁忙的设计工作中冷静而系统地思考低碳的可行性。即使在设计中有了一点点萌芽，也被紧迫的设计周期、有限的建造成本或最大化的商业利益挤压了生存空间。而对于一些著名设计单位和设计师来说，他们也乐此不疲地把"低碳"当作作品的一种有效包装手段。例如，俞孔坚在《大脚美学与低碳设计》一文中解读了他的几个低碳景观案例（图 4 – 25）："解开自然之大脚、与洪水为友的低碳防洪——浙江永宁江案例""从低碳走向负碳，都市农业的丰产景观——沈阳建筑大学校园""最少的人为干预、最低的碳排放，获得最大的城市化效果——秦皇岛汤河红飘带"[1]。在这里，且不说这些低碳案例是不是真正的"低碳"，但是从这些作品中仍然可以发现一些服务于视觉冲击的设计和技术手段，如超长尺度的"红飘带"、巨大体量的钢铁构筑物等。一面是"低碳"理念，一面却是技术、材料的过度消耗，不免让人质疑"低碳"是否成为"看起来很美"的追求目标……如此一来，也许最终会使城市景观在"审美物化"中彻底丧失景观自省的可能性[2]。

明星设计师尚不能正确对待"低碳"之于中国景观实践应有的正确态度，更不要过多地期望基层设计者的主动探索能力，因此当前低碳陷入被利用、被歪曲、被涂抹的现状也不足为奇，进而造成大量伪"低碳景观"的泛滥。比如，在某庭院景观改造中，设计师进行了垃圾的循环回收利用，使用了LED 照明方式，该设计就被称为"低碳风景园林营造的一次尝试"[3]。在某滨水景观设计说明中，设计者写道："景观小品材料在规划中应考虑'减量化、资源化、循环化'的循环利用模式，重视节约、替代、优化、修复等关键理念，小品尽量选用生态型材料，如设置木质架构的花架、条凳。"[4] 显然，一些在景观设计中本该遵守的原则和做法被极大地口号化了，此类"伪命题"作品只是一味地在社会普遍关注的"低碳"舆论中去表象化地附和罢了。

① 俞孔坚：《大脚美学与低碳设计》，《园林》2010 年第 10 期。
② 王中、杨玲：《看起来很美——当代中国城市空间景观泛视觉化的理性批判》，《新建筑》2010 年第 1 期。
③ 毕小山：《低碳风景园林营造的一次尝试——中国科学院生态环境研究中心环境改造》，《现代园林》2011 年第 6 期。
④ 刘锋、陈琼琳、唐贤巩：《基于低碳理念的潇湘南大道滨水景观概念规划》，《湖南农业大学学报（自然科学版）》2010 年第 12 期。

a）沈阳建筑大学景观

b）汤河"红飘带"

图 4 – 25　俞孔坚的低碳景观实践

Fig. 4 – 25　Yu Kongjian's Low Carbon Landscape Practice

三、时尚景观的场域动因剖析

（一）消费社会的认同需要

从传统生产型社会向消费型社会转型过程中，中国社会文化的一个重要标志是时尚文化的勃兴。时尚文化是社会条件与文化嫁接的产物，它通过各种传播媒介，以及多元化形式传达着所谓"上流社会"的生活目标和方式，驱使大众追求、认可它们所倡导和引领的时尚生活状态。这种通过地位、身份、层次、品位等特征来确立与他人关系的社会联系，就形成了消费社会特有的认同需要。美国学者道格拉斯·凯尔纳（Douglas Kellner）指出："时尚为建构认同性提供了榜样和材料。"[①] 时尚文化一方面意味着相同阶层的认同、联合，但也意味着较低阶层为了得到认同而追逐、模仿在较高社会阶层中流行过的风格、特征，循环往复间不同阶层、群体之间的界限便会不断地被突破。而时尚文化最先影响的较高社会阶层，则会为了维护自身界限不被较低阶层破坏，就会追求新的时尚目标，从而获得与社会大众的差异性，也就发展为周而复始的形象追逐游戏。可见，时尚文化完全的是人们在建构社会认同过程中对同一性和差异性的各自需要，它不是为了实际需求的满足，而是追求那些不断被制造出来、被刺激起来的欲望，是消费社会建构认同的一种重要手段和一种象征符码。因此，时尚化或者大众化思潮以此为切入点，进入了刚刚蓬勃发展起来的景观领域。在这样的社会背景下，景观价值取向也自然跟随时尚文化的变化而不断发展演变，所以才会出现以政治时尚、欧陆时尚、低碳时尚等作为主流社会重要的价值取向，并引导中国景观实践追求的现象。

与此同时，景观行业的市场化对满足消费社会的认同需要也起到了推动作用。特别是近年来，景观建设行业摆脱了原来计划经济时期依赖政府建设体制，逐渐转型为市场经济下的生产部门。市场化的转变过程具有一定的积极意义，它能让设计者在市场经济中丰富设计经验，在创作中及时地、多方面地满足使用者的生活需求。而其负面效果也显而易见，市场化的过程产生了各种独立自主的市场主体（以项目主管部门、开发商、投资者等为代表），

[①]　［美］道格拉斯·凯尔纳：《媒体文化：介于现代与后现代之间的文化研究、认同性与政治》，丁宁译，商务印书馆 2004 年版，第 164 页。

各种市场主体拥有了更多的话语权，他们也产生了表达个性、寻求认同的冲动和需求。所以，这些市场主体往往希望整个设计过程是消费化的运作方式，以顺应自身及大众时尚文化的消费过程。而大多数设计者们也会秉着"服务至上"的态度，把维系职业理想和秉持道德自觉的外在和内在的束缚自我卸载，以消费化方式面对整个创作过程，那么追随社会的时尚取向，迎合领导或者业主的口味，就顺理成章了。专业设计也就变成了为满足不同认同需求的一种无心操作，设计者在情感麻木的状态下恣意制造各种时尚文化的需求品，拼贴、复制、组合习惯性地成为吸引大众眼球的普遍手段。这些往往带有过多的功利性做法，甚至让景观实践脱离实际、迷失方向、陷入通俗乃至庸俗。

（二）表象符号成为时尚标签

20世纪中期的后现代主义及其理论在实践层面上使城市、建筑、景观等物质存在成为一种可供多重解读的表意符号，或者说它们天生就具有符号象征和教化的功能，是表达价值观的一种有力的方式和手段。目前中国景观的泛时尚化更为突出的原因就是对表象符号的盲目追随。杨宇振在《符号的盛宴：全球化时代的建筑图像生产与批判——后2010上海世博会记》一文中有这样一段话："上海世博会是全球性的节日庆典、符号的盛宴和图像的狂欢（图4-26）。图像的视觉直观和大众媒介化使得对于空间的体验、感知和想象依赖于图像建立的符号解释模式……图像符号意义的传播媒介成为在全球化境况中塑造特异性、创造地方性认同的手段。"[1] 也有学者提出，"当前就是一个消费时代，一个流行符号被大量制造、消费的时代"[2]，而符号的象征功能则是景观时尚化的另一个重要诱因。

① 杨宇振、文隽逸：《符号的盛宴：全球化时代的建筑图像生产与批判——后2010上海世博会记》，《新建筑》2011年第1期。
② 王又佳：《我国当前建筑语境中的流行现象的思考》，《建筑学报》2005年第1期。

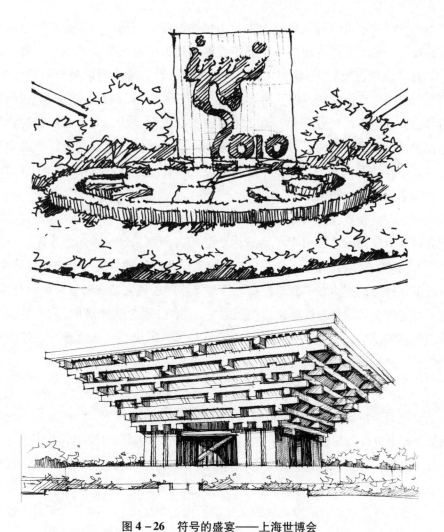

图 4 - 26 符号的盛宴——上海世博会

Fig. 4 - 26 Shanghai World Expo, the Grand Banquet for Symbols

尤其是现代化的交通和通信克服了距离带来的迟缓，使流行符号爆炸式
的制造、繁衍。于是过量的符号泯灭了符号之间的差异，众多的个性消解了
个性本身。消费时代的城市为各类型景观提供了这样一个平台，即无差别的
空间、众多的可能的形式。作为消费与审美对象的景观因此发生了深刻的变
化，"内部与外部的分离，结构与表皮的分离，功能与形式的分离，美学与价
值的分离"①。非物质化的要素越来越取代过去常规的物质手段，即时的、新

---

① 车飞：《激变的城市——大都市的流行研究报告》，《设计新潮》2002 年第 2 期。

鲜的、流行的才符合开发商、业主及市民的愿望。当前，许多景观项目从策划、设计、施工到宣传推销，整套环节更像是一个庞大的流水线，"批量生产"且"质优价廉"。市场主体为了商业利润，着力推进着时尚更新的频率，使城市景观像流行时装一样不断推陈出新，且触及一切人群生活的物质领域。而社会大众生活在符号泛滥、意义相对匮乏的消费时代，对外来事物的惊异与钦羡，远多于清醒的思考和理智的鉴别，所以他们自然会把看待景观像看待时装一样：不在乎它的价格、品质，更看中的是它是否贴着时尚的标签，用时尚来标榜品位和实力。

当时尚的标签成为景观准入的评价标准时，难免让一些从业者投其所好把做景观当成做时装，可以不问景观作品的文脉联系、城市经济水平、自然条件等问题，只求在符号上标新立异，吸引消费者眼球。虽然他们整合符号、处理形式样态的能力在不断地提高，但却找不到意义去填充随处可见的符号，也不可能像生产符号那样迅速地生产意义。正如王受之所批评的，"大陆设计师们热衷的是形式，而不是形式后面的责任感、历史感、文化感……如此急功近利，并且情况是如此普遍"。

（三）专业导向的偏离

自奥姆斯特德时代开始，以美国为发源地，古典造园家开始向着适应现代发展的景观设计师的要求转变，他们统领着从项目策划到组织设计及施工建造的整个过程，并引领着整个专业导向。随着工业时代经济的发展和分工的细化，策划、规划、经济及各专业设计人员参与到景观实践的各流程。这种职能的分解，也使得景观从业者的专业视野和知识结构走向狭隘，所关心的领域也逐步退缩到以创作追求为最后堡垒的"场域游戏"中。他们不仅要考虑技术、材料等因素条件，还要受制于权力、资本等非专业因素。其最终结果必然是"场域游戏"的胜利者把控了设计的话语权，专业导向严重偏离（图4-27）。

这种现象对发展还不健全的中国景观行业而言，情况尤为明显。由于各级城市对景观建设的重视使整个行业出现空前的繁荣与兴盛。然而由于行业准入制度与执业制度管理的滞后，对职业景观设计师的认定与注册也不完善，就造成了景观行业准入门槛相对较低，专业性要求不强的情况。尤其随着计算机制图的普及，景观设计师对于职业仅存的形式创造的垄断职能也遭受前所未有的质疑和挑战，脱离技术进步的景观表象瞬间便会被他人复制，从而造成许多低水平的设计师甚至许多非专业出身的也转行参与蚕食庞大的设计

图 4 – 27　材料、技术在景观设计中的过度使用

Fig. 4 – 27　The Overuse of Material and Technology in Landscape Design

市场。其直接后果是专业化设计水准与业余水平之间的界限日渐模糊，使两方不可避免地陷入低水平的恶性竞争，也导致了大量低水平设计作品的出现。

　　如此一来，景观从业者就更进一步地失去了自己的专业地位，为了获得市场份额，唯管理者或业主意见是从，主动向时尚思想缴械就成为多数人的必然选择。即使是先锋设计师，在这样的氛围下，也很难坚守自己的职业理想和道德准则。一旦在精神上缺少了对社会的强烈责任感及崇高使命感，先锋设计师在不经意间成为某种形式、成为某种时尚的原始传播者与推动者，他们还会凭借自己在业界的强势地位，尽其所能地制造、传播，使景观时尚合情、合理、合法化，换来的则是自己持续增长的设计份额和大笔的设计费。在先锋设计师的影响下，整个业界又会卷入对新一轮时尚的追随。而当这种时尚景观充斥整个设计市场时，其实也预示了它的终结。因为当社会大众对该时尚形式的需求趋于饱和甚至流于俗套时，它就不能再以其新颖性、时代感等引起人们的追求欲望。贝尔高林景观设计模式在国内景观界的兴衰就是一个很好的说明。因此，偏离的专业导向对景观时尚化的负面影响不能小觑。

第六节　存在本体的表象化畸变

根据前文对"城市美化运动"与时尚景观的实践范式及场域背景下的动因分析，不能否认在这些景观实践的影响下，也的确出现了一批多元化具有时代性特征、令人耳目一新的景观作品。虽然两者在实践背景、方式、方法等方面存在很大差异，但是其中许多表象化实践特征都非常相似，尤其对社会价值观念体系造成了冲击，也极大地影响了景观的价值体系和设计创作的发展方向。如"城市美化运动"中所出现的功利主义、短期行为，照搬西方园林形式的欧陆时尚，还有近年不断炒作的各种时尚风格，其实都蕴藏着强烈而深刻的畸变危机。这种畸变严重羁绊着景观本体的存在与发展，发人深省。

一、城市景观的特色湮灭

虽然中国古代的城市建设曾有过辉煌的成就，但还从未真正意义地产生过西方城市传统意义上的服务于普通大众的开放空间。诸如广场之类的空间类型在城市发展脉络中的缺位使得中国当代景观实践面临缺少范例的前提，因此西方景观模式的各项内容则成为不言而喻的导引"榜样"，而它们也恰恰是广大群众在计划经济时代所匮乏的。

随着经济场域的带动，各城市间的竞争也日益激烈，尤其表现在城市面貌方面。伴随着"城市美化运动""时尚景观"等景观场域的实践表现在中国大行其道，许多城市的地域特色、历史特色、民族特色逐渐被弃之如敝屣，取而代之是样式雷同的广场、草坪、建筑、雕塑等城市景观①。而在"急于

---

① 林墨飞、唐建：《对中国"城市美化运动"的再反思》，《城市规划》2012 年第 10 期。

求新""盲目崇洋"思想的指引下，发达些的城市照搬西方流行模式，许多后崛起的城市又盲目照搬发达城市的做法。在抄来抄去间，本身存在极大缺陷的"表象化景观"被克隆的其实就是外面那件华丽外衣罢了，与纪念性、形式感相伴随的简单、刻板、僵硬、图形化的空间意向成为这一类景观实践的普遍问题（图 4-28）。其结果是不仅步了别人后尘，还丢失了本土文化，并给景观场域带来"千景一面"的消极影响。2005 年第 23 期《时代潮》，总结了广大网友总结的"城市风格九大雷同"，城市广场位居第二。

a）南京"威尼斯水城"

b）大连"东方水城"

图 4-28　以威尼斯水城为模仿对象的建设项目"遍地开花"

Fig. 4-28　"Blossom Everywhere", a Construction Project Imitating Venice

毫无疑问，设计实践的相互模仿，容易造成从功能到形式千篇一律，会使作为城市开放空间核心的各类景观空间个性趋同。当景观特色被包裹于"美化""时尚"的表象当中，使用者对景观个性的认知便会变得模糊，对环境体验的兴趣也会因此降低。同时，理论领域围绕由"表象化实践"引发的"千城一面""景观个性缺失"等话题，展开了对当下中国景观建设的思考和讨论。

2003 年亚太区景观建筑设计论坛在广州举行。原建设部总规划师陈为邦在论坛上指出："由于我国城市发展太快，建设量太大，法制不健全，且景观建设尚属起步阶段，准备不足，发展当中出现了一系列的问题……有"千城一面"之势……城市形象盲目追求"高大洋"……盲目攀比，贪大求洋，脱离实际……造成"政绩工程"和"形象工程"的泛滥。"① 2009 年 7 月 23 日，在"《中国城市发展史》首发式暨中国城市史与现代城市建设论坛"上，傅崇兰等与会专家就中国城市发展的一般规律和特殊个性达成共识，对城市的社会本质及其文化内涵进行了探讨，并且强烈呼吁，"中国城市建设切勿千城一面"②。2011 年 3 月 6 日《中国青年报》在《非洋不取千城一面》一文中，报道了香港建筑师潘祖尧对中国城市建设提出的担忧③。

二、自然资源的浪费和破坏

在布迪厄的场域理论中，还阐述了场域和资源的关系。他认为两者是相依共存的，实践者使用资源的策略决定实践者在场域中所处的位置，反之场域离开资源的承载，场域这种网络结构也就没有意义。布迪厄还分析了自然资源、经济资源以及文化资源等，很显然，景观场域的物质载体主要是自然资源，包括土地、绿地、河流等。中国作为一个发展中大国，在加快改革开放、快速推进经济发展的过程中，也面临着自然资源危机的挑战。特别是"城市美化运动"和时尚景观的诸多实践，产生的一个严重后果就是对自然资源的浪费和破坏（图 4 - 29）。

---

① 董建：《城市景观亟待走出"千城一面"》，《城市规划通讯》2003 年第 22 期。
② 佘可：《专家呼吁：中国城市建设切勿千城一面》，《出版参考》2009 年第 22 期。
③ 叶铁桥：《非洋不取 千城一面》，《中国青年报》2011 年 3 月 6 日。

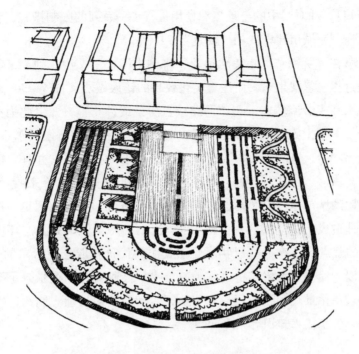

图 4 - 29　占地面积巨大的天津某广场
Fig. 4 - 29　A Square in Tianjin covering too large area

　　以"城市美化运动"为例，土地资源严重浪费的问题就格外突出。其中，作为美化标签的"宽马路""大广场""大草坪"有一个共同点：求大贪阔，仿佛不"大"就打不出城市的品牌效应，不"大"就突出不了领导的政绩。特别是在当前城市用地十分紧张的情况下，这些大尺度的"美化"成果势必与其他同样需要城市用地的功能如居住、商业教育等产生竞争，使城市的整体有机性受损。并且还会严重影响城市集约化用地，浪费有限的建设资金，加重财政负担。甚至有些地方还要大量征用耕地，导致全国耕地面积急剧减少。① 2004 年 2 月 16 日，建设部、发改委、国土资源部、财政部联合发出《关于清理和控制城市建设中脱离实际的宽马路、大广场建设的通知》，明确规定："各地城市一律暂停批准红线宽度超过 80 米（含 80 米）城市道路项目和超过 2hm²（含 2hm²）的游憩集会广场项目。"② "暂停令"出台不久，国务院又于 2005 年 7 月 6 日下发了《国务院关于做好建设节约型社会近期重点

---

　　①　林墨飞、唐建：《对中国"城市美化运动"的再反思》，《城市规划》2012 年第 10 期。
　　②　胡凌：《世纪公园景观桥梁设计》，《城市道桥与防洪》2004 年第 3 期。

工作的通知》，并对其中的土地资源使用进行了一系列的限制措施，警告要防止地方政府利用城市建设变相"圈地"。

俞孔坚在《警惕"城市美化运动"来到中国》一文中，列举某些城市在河道治理过程中忽视生态，而注重美化效果的错误做法（图4-30），如"把水系、污水甚或清流填去，用作马路或盖房子或种花草，并以此为美；将明渠变成暗渠，其上筑马路或搞建筑和'美化'工程；片面强调水系的防洪、泄洪和排污功能，将水系截弯取直后以钢筋水泥护衬……"，并且质疑"这些遗憾，也是许多发达国家曾经有过，而且正以昂贵的代价来挽回和弥补的……中国的城市建设为何要走这条老路？"① 香港学者彭珂珊更是针对因人为破坏加速造成土壤侵蚀等一系列问题，提出"水土流失是生态环境恶化的祸根"② 的观点。还有一些以牺牲自然资源为代价获取景观形象的"美化"行为，如以草代树、大树移植进城、追求"灯火通明"的夜景效果等，折射出来的是表象化景观实践的倡导者与执行者们受错误政绩观制约，生态意识淡薄、缺乏生态技术知识等诸多问题。

a）治理前

---

① 俞孔坚、吉庆萍：《警惕"城市美化运动"来到中国》，《城市开发》2001年第12期。
② 彭珂珊：《水土流失是生态环境恶化的祸根》，《中国环境管理干部学院学报》2000年第12期。

b）治理后

图 4 – 30　"中国式"河道景观治理模式

Fig. 4 – 30　"Chinese" Riverway Landscape Governance Model

　　随着自然资源危机的日益严重，陆续有研究者提出在景观建设中注重自然资源保护的思路与对策。在 2004 年苏州亚欧林业国际研讨会上，与会专家对"大树进城"这类自然资源遭到破坏的现象表示了深切忧虑，指出有些城市置自然规律于不顾盲目移栽大树，正在给城市和农村带来生态风险。会上中国生态学会副理事长宋永昌建议："建设生态城市要尊重自然规律，要考虑本地生态结构。"徐传运在《"树路之争"与城市生态环境建设》中则提出，"要改变大多数城市'先建设、后环保'的发展模式……转变以城市经济效益为先，不顾城市生态效益或后城市生态效益的发展思想"①。在这一时期的许多刊物上，也多有此类的文章出现。景观场域内外的人们纷纷透过各种"美化""时尚"现象总结着深刻教训。

三、景观存在与人本精神相背离

　　人本精神是人类自古以来就存在的价值理念，欧洲文艺复兴与近代启蒙运动所倡导的人文主义更是将这一理念升华为一种时代思潮和理论，并逐渐渗透到人类社会的各个领域，景观领域也不例外。

---

　　①　徐传运：《"树路之争"与城市生态环境建设》，《安阳师范学院学报》2005 年第 4 期。

　　景观存在，如果不与人的行为发生关系，则没有任何实际的意义，因为它只是一种功能的载体。同样，人的行为如果没有空间环境做背景也不可能产生。景观与行为的结合构成了供人使用的场所，以适应人们各种不同行为，只有这样的空间才具有真正的现实意义。相反，如果一个城市或一个居住区的景观建设不是从人的使用角度出发，缺乏对的人行为和心理考虑，缺乏对社会功能的本质思考，那就意味着它更多地沦为政治场域或经济场域的"美化"工具，违背了为人而设的宗旨。

　　此外，笔者理解在景观本体中体现人本精神，其中核心——"人"主要是指具体景观场域的直接使用者，如当地市民、居住区业主等，因为这类人群活动能力的高低才是该景观使用效率的最基本因素，只有以这类人群构成景观参与的主体，广场、花园、绿地等物质性空间才具有场所的意义。而"以大为美、以繁复的几何图案为美、以灯火通明为美"的各种表象化手段的产生只不过是为了创造一种观赏型的景观，其使用主体多是游客、访客，而真实生活在各景观场域中形形色色的普通使用者却沦为十足的旁观者。这种本末倒置的做法只能让景观成为城市里华而不实的"道具"（图4-31）。

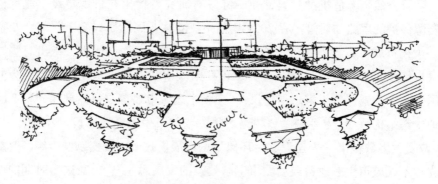

图4-31　空荡无人的广场景观
Fig. 4-31　Vacant Square Landscape

　　细数前文提及的表象化景观的范式表现，均会导致城市中人本精神的丧失。俞孔坚曾站在专业角度讽刺过缺乏人文关怀的广场设计，"广场以大为美，以不准上人的大草坪为美……以大理石和抛光花岗岩铺地为美，全然不考虑人的需要、人的安全……白天烈日之下是一块连蚂蚁都不敢光顾的'热锅'，夜晚则是华灯下的一片死寂"①。这段话道出了当时中国表象化景观实践的本质："以美为本"而非"以人为本"。白雅文同样以广场为例进行批评，"尺度巨大的'人民广场''城市广场'等，大多只是'政绩工程'和'形象工程'的代言品，且由于缺乏对市民的亲和力而逐渐让人们丧失兴趣……这种大尺度的公共空间可达性差且缺乏参与性，形成了某种意义上的'绿色荒漠'"②。潘祖尧针对那些"以全国甚至全世界最高、最大、最贵为目标，不惜劳民伤财的'暴发户'景观"，提出自己的思考："这类的工程要根据各个城市的需求而定，不能以'人有我有'的精神来拍板，应'以人为本'的出发点去制定发展的目标。"③

四、本体意义被形式语言消解

黑格尔认为，"艺术即绝对理念的表现，而美的理念决定了自己的形象，即内容决定形式"④。同样，马可·维特鲁威（Marcus Vitruvius Pollio）也提出了"适用、坚固、美观"的经典论断，形式要如实地反映其功能的观点已成为西方传统建筑、城市设计等学科的基本评价模式，一直延续至今。然而20世纪90年代以来，表象化实践模式确定的中国景观在形式主义上的新特征则抛开了形式与内容相统一的基本前提，而热衷于制造"脱离内容的纯粹形式"⑤，景观意义被表面化的形式语言所消解。

首先，传统意义上的园林或景观形式，会受到一定的社会条件、文化因素、技术条件、地域条件的影响和制约，因此其形式的存在应该体现时代性、地域性和文化性等深层含义。然而，随着生产力和技术的发展，弱化了这些因素对景观的约束，让各种形式以布景的方式出现在同一时空中成为可能，同时也完全割裂了形式产生的背景和意义，也与使用者的真实需要无关，从而消除了形式的意义维度。其结果是，时尚的景观形式层出不穷，从材料到手法，从平面图形到空间造型都可以成为形式化的景观元素，然而在各种纷繁的表象形式背后则往往失去了深层次的本体意义。

---

① 俞孔坚、吉庆萍：《警惕"城市美化运动"来到中国》，《城市开发》2001年第12期。
② 白雅文：《人本主义的回归：新时代中国城市公共空间的演变》，《北京规划建设》2010年第3期。
③ 潘祖尧：《两会期间关于城市建设及建筑创作的思考》，《建筑学报》2002年第6期。
④ 朱立元：《西方美学名著提要》，江西人民出版社2000年版，第75页。
⑤ 汪江华：《当代中国建筑创作中的形式主义倾向》，《室内设计》2009年第6期。

其次，由于美化和时尚的广泛渗透力和影响力，消费的对象开始由物质转向符号之时，视觉化的外观逐渐替代了内容成为商品的重点，因为外在形式的更新是最快的，在当今媒体时代也最容易传播，而且外在的模仿也是最容易、成本最低的，因此在表象化的形式逻辑中为了更快地制造差异和消除差异，与商品具有同样属性的景观，让外在形象削平了形式的意义深度，似乎合乎情理。让形式与空间控制了创作主体，景观实践中普遍出现严重的本末倒置现象，其严重后果，便是当今的景观实践满是模仿，毫无意义、失去表现力和情感冲击力的僵死形式。

另外，在政绩、经济利益等目的的驱动力影响下，许多实践目标定位于既多快好省又争夺人眼球，用复杂、烦琐的效果使人惊叹，以展现资本和权力的力量，这助推了景观本体意义被形式语言消解（图4－32）。有人指出，"在中国，那些关心名誉、地位、享受胜过一切的人最关心形式主义"①。言外之意，表象化景观的大行其道，应该在于表象化实践效果使领导者与从业者看不清景观的内在本质规律，仅关注其表面的视觉元素，造成景观本体属性还没得到表现便过多地追求形式，并在程式化的模仿泥沼中越陷越深。

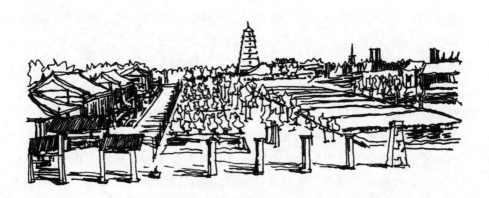

图4－32 大雁塔沦为喷泉广场的背景

Fig. 4－32 The Wild Goose Pagoda as the Background of Fountain Square

---

① 张勃：《当前北京建筑新的形式主义流行病》，《新建筑》1998年第3期。

五、景观的社会价值被曲解

景观同建筑一样都是物质性的，作为"凝固的历史"本应该表达一种经久传世的永恒价值，并作为一种公认的参考系存在并流传后世，如那些古今中外著名的园林景观。然而在充满激烈竞争的社会场域中，景观的意义被不断变化、求新求奇的特性所取代。一旦某种景观模式被广泛接受，也就失去了它存在的价值，所以如西美尔（Simmel）所说："一方面，时尚给我们的社会增添了实质性内容，另一方面，这一内容又必然是易逝的和不断变化的，它们只是用来填充空间和时间上的真空而已。"① 所以，当景观成为快速流通的"消费品"，通过不断的样式变化，以标新立异诠释个性（图4-33），以差异建构认同，其传承价值性就会大大降低，存在的社会基础和社会意义也就不复存在。而设计者作为景观实践的构想者与执行者，如果也被五光十色的时尚潮流所蒙蔽，让跟风模仿取代了独立创作，随声附和代替了社会责任感，其主体意识也会自然而然地在无意间逐渐削弱。这一切必然导致本应充满创意的艺术形式失去鲜明个性，时空差异也会被无度繁殖的时尚符号削平深度。

另外，景观还应该具有一种规范社会价值的引导作用，这也是衡量、评价其作品价值的尺度。然而在时尚华丽的景观表象遮蔽下，公众却在不断丧失着对这种非人性的、反人文精神的文化现象和社会现实的判断、批判的意识和能力。当前，社会大众作为各类景观的使用者，多数情况下还是在被动接受着政府或开发商们提供的设计成果，公众还无法真正参与景观创作或评价过程，面对大批重复与抄袭的形式符号，也唯有置之不顾和选择被动的刺激。所以，当某种景观风格流行于世，公众很可能尚处于无意义的景观环境却毫不自知。加之倡导者及媒体的竭力宣传和推动，一段时间后，反而迷失了自己的根本目标，并开始安于现状，泰然处之。如果，该风格又恰好能满足地位、身份、层次、品味等特征，那么，这批人很快便会成为该景观风格的拥趸。长此以往，景观便会成为压抑情感和生活的樊篱，"无能为力、无意义、无规范、孤立、自我异化、淡漠无情和桀骜不驯"的感觉也将充斥公众内心。另外，公众的麻木反应和欣然接受反过来又会影响和鼓励着设计者对

① 苟志效、陈创生：《从符号的观点看——一种关于社会文化现象的符号学阐释》，广东人民出版社2003年版，第222页。

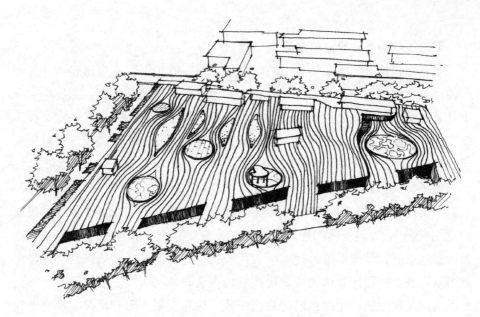

图 4-33　个性化的表现形式

Fig. 4-33　Personalized Pattern of Manifestation

表象景观形式的敏感性，而丧失对创作体验的自觉。这种畸变让设计者与公众的创造性思维同时窒息，被动的沿用与主动的抄袭，使景观完全丧失自身的生命与活力。

　　中国景观的实践导向在面对流行、时尚或庸俗文化时的无所适从，尤其是各种表象化实践的风气，都蕴藏着价值观的深刻危机，同时反映出的本体形式与内容彼此分离的实践立场，更是景观实践缺乏主导理论的低迷状态的体现。

第五章

重新发轫：迈入反思性实践的中国景观

　　"反思性实践这一概念是对传统实践的认识论的另一选择。它导致了业主与职业人士的合同，研究与实践的伙伴关系以及职业组织学习系统的新观念。我要指出的是，它还引导我们对职业人士在指定公共政策中的作用及他们在整体社会中的地位持与过去不同的想法。反思性实践的概念既类似又不同于激进批判，导致对职业专长的非神秘化。它使我们认识到不论是对职业人士或反职业人士（counterprofessional），专门知识都必须嵌入到带着人文价值和利益烙印的评价框架内。它还使我们认识到：技术专长的范围受到不确定性、不稳定性、单一性和矛盾性等的限制。当以研究为基础的理论和技术无法应用时，职业人士也不能合法地声称自己为专家，而只能妥善地为反思性的行动（reflect – in – action）做好准备。①"

——唐纳德·A. 舍恩（Donald A Schon）

《反映的实践者——专业工作者如何在行动中思考》，2006 年

　　前文从社会学角度，刻画、剖析了中国景观的实践惯习和场域，对中国景观的思想演进历程和设计实践现状进行了反思与批判。站在一个客观的立场，由表及里、去伪存真地审视这段发展历程，是为了通过找到景观现象后面潜藏的问题与规律，更好地为中国景观实践寻求出路。而反思是为了摒弃糟粕与不合理的、继承精华与合理的部分，继续展开实践。

　　进入 21 世纪以来的十余年，随着时代更迭和学科专业领域的发展，以及景观价值转向的变化，中国景观更加注重批判反思的实践过程，逐渐走出一

---

① ［美］唐纳德·A. 舍恩：《反映的实践者——专业工作者如何在行动中思考》，夏林清译，教育科学出版社 2007 年版，第 291 页。

条从畏葸摸索到蓬勃成长的发展之路。

第一节 再反思：中国景观的悖论和困厄

一、巨变中的"冷思考"

17 世纪，明代人计成著《园冶》，以书面教说的形式延续了中国园林千年营造传统；19 世纪，美国人奥姆斯特德开拓了现代 LA 学科，奠定了现代景观学科教育体系。而中国景观的发展虽然短暂，却恰逢一个融合、蜕变的关键历史节点。用"巨变"来形容中国过去 30 余年间的景观变迁虽然带有修辞上的夸张，但仍然难以表达这一过程对中国物质空间造成的深远影响①。

这种巨变主要来自中国城市的快速发展。在这方面，章俊华举了一个很简单的例子，"新中国的 10 年大庆，北京建了 10 大建筑，但 50 年大庆，北京却建了多处大型绿地、绿道……而 60 年大庆，再也听不到几大建筑之说，取而代之的是郊野公园和城市公园的大量出现"②。人们在各种媒体上也经常会看到一组组令人振奋的统计数字勾勒着旧空间消解与演替、新城市空间的积聚，以及城市空间格局变化的宏伟"图景"，这反映出中国城市面貌和绿色效应实现了快速的量变，以膨胀的姿态渗透到人们的日常生活中。在 2006 年"改变与演变：城市的再生与发展"学术论坛上，吴良镛先生发表了题为"城市的再生与人居环境的构筑"主题演讲，指出："21 世纪影响世界的重要事件之一是中国的城市化。"③ 而中国城市化反映在城市景观方面，不可回避的就是"城市美化运动"和时尚景观的此起彼伏，人们看到因此而出现的宏伟、超尺度的城市景观建设，"大广场""大草坪"等创造着这个时代富有中国特色的政治时尚景观。然而，随着国家于 2004 年对宽马路、大广场建设的叫停，而另一种"美化运动"伴随奥运、亚运、大运、世博、园博、花博等大型的国际会展事件（图 5 - 1，图 5 - 2），成为近年来中国景观建设的重要引

---

① 孔祥伟：《论过去十年中的中国当代景观设计探索》，《景观设计学》2008 年第 2 期。
② 章俊华：《大发展中的"冷思考"》，《中国园林》2011 年第 2 期。
③ 张婷：《"改变与演变：城市的再生与发展"论坛》，《中国园林》2006 年第 12 期。

擎①。在城市化进程舞台上还有一个"主角"不容忽视——居住区景观，这
也是普通公众接触最密切的景观类型。城市化进程使大量人口涌入城市，它

图 5－1　西安世园会期间的市容美化

Fig. 5－1　Embellishment of City Portrait duringXián Expo

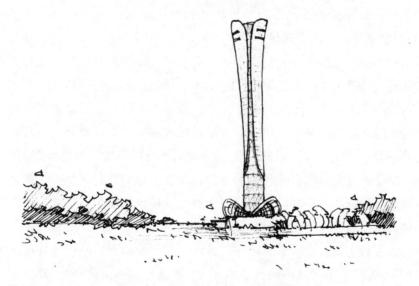

图 5－2　填海而建的锦州世园会景观

Fig. 5－2　Jinzhou Expo Landscape in theMarine Reclamation Land

---

①　周榕：《城市化进程的事件性拷问》，《时代建筑》2011 年第 4 期。

极大地刺激了房地产业的发展。而房地产开发中的重要环节，房产交易则更要求效率，居住环境的景观视觉效果是促成产品交易的良药，寻找瞬时视觉震撼和展示性成为大批开发商不变的追求。可以说，超城市化进程的中国速度，促生了时效性强、见效快的中国式景观。如俞孔坚所言："所有这一切，都发生在过去的十年中，中国大地景观的巨变，五千年未尝有过"①。

在这样一个机遇与挑战并存的历史时期，中国的景观实践如何褪去"虚伪"和"空洞"的假象，还原景观作为"生存艺术"的本来面目？景观学科和行业的建设和发展怎样把握机遇，应对挑战？如何形成具有中国特色的景观理论体系？一系列的设问时刻提醒着中国景观的实践者们要警醒平民式的欢腾和集体主义式的自信背后所隐含的危机，应该多一些"冷思考"，并在反思实践中找寻可能的应对策略与方法。

二、表象繁荣与科学发展的悖论

正如居伊·德波在《景观社会》开篇所言，"在现代生产条件盛行的社会，所有的生活都将自身展现为巨大的景观的积聚"②，尤其是作为城市的基础设施和日常生活设施的景观建设的积聚周期达到顶点的时候，就呈现出"巨变"的状态。然而，现代景观一个多世纪以来从蹒跚学步到茁壮成长历史进程，在中国，却被压缩至短短的30余年。规模庞大的景观实践成果未经积累和沉淀，几乎是在一夜之间浮现出来的，这种现象本质其实就是一个悖论。

对于一个学科专业来说，科学发展的第一要义就是创新发展，但是通过前文分析的诸多反思结果，很大程度地反映出在繁荣的表象背后，却是在急功近利的状态中，对传统园林文化的伪继承以及对国外景观思潮的假吸收。例如，由于难以在当代多元化需求与传统园林情趣间找到平衡点，加之缺乏对传统造园理论和方法的深入专研，而僵化低技地复制仿古形式，反而导致继承惯习的形成逐渐异化为阻碍当代景观创新发展的桎梏；还有许多景观项目的投资方和实践者受制于有限的理论修养与专业知识，面对国外传统园林的"美丽表象"，忽视其理论背景和深度，不顾本国本土的环境与功能要求，随心所欲地拼凑局部和变换符号，在平面构图的"美化运动"中自得其乐；还有不少实践者面对国外各种流行思潮，读图为先，将景观当作一种时尚文

---

① 俞孔坚：《景观十年：求索心路与践行历程》，《景观设计学》2008 年第 2 期。
② 刘悦笛：《景观社会中的"阿凡达悖论"》，《现代传播》2010 年第 4 期。

化的产物，多以混搭的形式和错位的主题拼贴出现，以至于出现了一批形式怪异，与基址环境和地方文脉毫无关系景观，如吴良镛先生所批评的，"最短缺的资源负担了最大的建设量；最优越的发展机遇催生了最尖锐的文化矛盾"①。中国景观其实已然成为物化了的价值、审美和憧憬之物，景观面貌呈现的丰富抑或混乱，正好描写了这个时代的多元和矛盾②。中国景观及实践者们也为此而一直背负着"抄袭模仿"的恶名——这既是中国景观界，亦是中国景观批评界的真实状态，同时反映出本土创造力的严重匮乏（图 5 – 3）。如叶如棠所指出的："对当前创作状况的总体评价，我持不太乐观的甚至是忧虑的态度。如果说的危言耸听的话，看似日新月异，琳琅满目，实则东拼西凑、内涵贫乏……市场是混乱的，竞争是无序的，心弦是紧绷的，思想是迷茫的，探索是乏力的，文化是苍白的。"③

图 5 – 3　奥地利小镇与中国"复制品"的比较

Fig. 5 – 3　The Comparison between Austrian Town and Chinese Replica

另外，景观无疑是社会形态的反映，是审美观、价值观和整体意识形态在土地上的投影，对这样一门与自然环境密不可分的学科专业而言，科学发展的另一项基本要求要满足全面可持续发展，依靠景观实践的策略与方法促进人与自然的和谐，实现和资源、环境相协调。然而，景观巨变也势必因为资源的索取而导致大量自然空间体系的破裂，同时也包含着工业生产和人们

---

① 吴良镛：《最尖锐的矛盾与最优越的机遇——中国建筑发展寄语》，《中国工程科学》2004 年第 2 期。

② 庞伟：《土地逃离土地——商品化、城市化和景观设计》，《景观设计学》2008 年第 2 期。

③ 叶如棠：《规范市场 优化环境 振奋精神 迎接未来——2000 年 10 月 28 日在深圳创作国际研讨会上的演讲》，《建筑学报》2001 年第 1 期。

生活所形成的对环境的污染。面对城市景观格局与过程的巨变，尤其在近年间频繁爆发的各类自然灾害面前，从政府决策者到普通民众也开始在认识、领悟、觉醒、反思与自然的相处之道。贾庆林在《切实抓好生态文明建设的若干重大工程》中强调："目前，我国生态安全形势十分严峻，全国水土流失面积达 356 万 km^2，占国土面积的 1/3 以上；全国有荒漠化土地面积 39.54 亿亩，影响到 4 亿人口的生产生活……生态问题确实已经成为影响我国经济社会发展的严重问题。"① 隐藏在物质堆砌背后的更严重的危机是生态性的缺失和可持续的忧患，这无疑又是这一悖论下的子命题。

三、中国景观的现实困厄

尽管中国景观行业的发展势头非常迅猛，思想与设计领域的实践成果也比较明显，但机遇总是伴随着危机，"巨变"的春风中也潜隐着矛盾和困厄。在实践中正视现实困厄，及时反思，既是未雨绸缪之举，也是为下一阶段更好地实践和寻找景观本体价值取向的必经之途。

（一）传统园林情结的束缚

尽管对于传统园林文化的思考与辨析或许千人千样，但是不可否认的是以私家园林与皇家园林为代表的传统中国园林的博大精深，以及在世界园林发展史上独树一帜。正是这样的传统，造就了时至今日景观实践仍会被当作是在传统和时代张力下探求文化时空联结的又一种努力，贯通着每位从业者心境的，依然是时代精神和传统文化的两难抉择。

可以说，这个行业中的每个人都曾经或是还怀揣着传统园林情结，甚至背负着沉重的文化包袱。正是这种保守的传统情结，使景观实践被继承惯习所束缚，经常迷恋于传统符号、形式的追求，把寻找所谓的"民族风格、地方特色"认定为当下中国景观的价值追求，却使本应思考的景观本体层面的问题长期受到忽视。不要忘记，中国封建社会走向灭亡的原因之一就是因循守旧、故步自封，而传统园林的根本历史局限性也恰恰如此。传统园林是在农耕时代的经验哲学、经验科学的基础上发展起来的，重视的是艺术，是为上层阶级服务的②。而在高速发展的当代中国社会，景观实践的服务对象从个

---

① 贾庆林：《切实抓好生态文明建设的若干重大工程》，《求是》2011 年第 4 期。
② 尹书倩：《试论景观规划设计在我国的发展趋向》，《长沙民政职业技术学院学报》2003 年第 6 期。

别人变为广大的人民群众，实践领域也已经大大拓展，不同属性的景观类型要满足不同环境条件及各种功能需求，传统园林那套在小空间"一步一景"或是大区域内"集锦成景"范式已不能以不变应万变了。此外，屡受批判的传统园林的审美体系也与当代大众审美相背驰。所以，抛弃传统园林的历史局限，把握传统造园观念的当代启示，寻求民族文化延续基础上的根本性突破，对发展中的中国景观尤为关键。另外，传统园林文化异彩与时代景观格局纵横交错，赶超世界先进水平的努力与文化反思相互交织，它们集合构成了目前中国景观实践的一大特征，所以应该通过主动的交流、沟通和融合，吸取西方当代景观发展的成功经验，努力改造和充实自我，才可能重新探索传统园林创作的历史机遇。

（二）西方强势文化的冲击

而今，盛行的全球化、城市化和信息化浪潮是一个以西方世界价值观为主体的"话语"领域，而以西方景观话语为主的思想和实践也正统领世界景观的发展潮流。这一现象对中国景观带来的最大影响就是各种类型的景观项目纷至沓来，西方景观设计思想和作品也被纷纷介绍到中国，巨大的市场诱惑力一下子将中国推到了世界景观舞台的前沿。于是，国内传统园林与新兴景观还在为行业名称和规范等话题进行争议时，立刻被强势涌入的西方景观文化所湮没。

在西方强势文化、新技术以及新思想的强大冲击下，本国传统只好让位于西方的现代文明。各种景观设计思想得以直接进入中国并开始盛行，传统园林赖以生存和发展的物质与文化基础发生了根本性变化，已无力吐故纳新①。而"外来和尚好念经"的思维定式让许多重要项目轻松地被国外设计单位拿走，不知不觉中使中国俨然变成了西方各种设计思潮的试验场。而本土景观实践者在中国景观走向全球设计市场中心的同时，却不断地被边缘化，同时也让他们在各种设计风格中迷失方向，最终造就的是一种以西方话语为标准的尴尬状况。

由于中国景观理论研究的缺乏，立足本土的理论体系尚未形成，势必也要沿袭西方的理论框架。但是，形而上学地使用国外的景观理论势必造成实践活动沦为缺乏内涵的模仿，进而导致适应当下中国特点的景观理论失去良

① 张蕾：《对我国传统园林认同危机的再思考》，《中国园林》2006年第9期。

好的实践根基。况且很多人在没有潜心研究西方现代景观产生的根源、没有吸收其研究问题的方法的前提下，尚未消化吸收西方景观的理论精华，只好以功利主义的视角，拼凑使用着各式景观符号和形式语言。这实际是一种对西方理论的伪吸收，无益于在本体层面上建立和发展适合自身的景观理论框架。

（三）实践主体自由的丧失

中国景观的实践者们一直以来背负着极其复杂的思想包袱，实践主体的自由度也因此受到极强的束缚，可谓"外患内忧"。"外患"是指中国景观自20世纪80年代开始接触现代及后现代景观思潮，西方蓬勃发展的景观理论和缤纷夺目的设计实践摆在中国景观学界面前，几千年的古文明所延续下来的传统园林自豪感被迅速击溃，沦为了自卑感。当一批批西方设计师站在了中国景观舞台的聚光灯下，而中国设计师却一边在补习着西方各种思想的同时，一边奴性地模仿那些西方设计主流的创作，致使本土景观生存的土壤日渐贫瘠，景观创作呈现出一片集体失语的景象。而"内忧"则更多地反映着景观实践者的自身现状。不能否认，在中国景观领域大规模思想观念和实践方法进行革新，传统园林文化积极寻求转型之际，不乏在景观创作中追求深刻内涵，呼唤人文价值，秉承良好职业操守的一批优秀设计师，更不乏一些具有强烈的民族责任感，自觉担负文化使命，关心本土景观发展走向等宏大主题的精英们。但是在消费场域以及图像文化"一统江山"的巨大背景下，更多的实践者从第一位的主动的创造者沦为了被动的模仿者。他们一方面受制于对设计项目拥有生杀予夺大权的管理层和业主，以满足一般业主缺乏艺术素养的需求和接受水平为设计标准；同时还要顾及大众化的接受水平，盲目追逐流行和时尚的设计风格，取悦大众文化需求。当然经济利益也是制约他们的重要因素，因此表现在满足于获得设计任务，完成设计产值，缺乏在更深层次提高职业自觉性。

长此以往，种种制约让身处夹缝中的大批景观实践者处于被动地位，既对外来景观文化缺少深刻理解，又对本土文化优势和景观资源抱着漠视和拒绝的态度，失去自我认同，失去职业操守，失去创作情感的体验，失去社会责任感，也就意味实践者的主体地位的丧失。这种深植于当代社会文化内部焦虑的存在，以及实践主体自由的丧失，造成当前一方面是景观建设的欣欣向荣，另一方面却是实践水平不高的尴尬局面。

（四）本土创造力匮乏

通过批判的反思和理性总结，中国景观实践面临创造力匮乏的困厄有以下几方面原因。首要原因来自社会大环境。由于众所周知的原因，西方文化已经深刻地影响和改变了中国大众的生活模式和思维模式，尽管一直在呼吁要抑制西方文化的渗透和侵入，但至今已成为无法回避的文化环境。其次，仅就目前景观行业而言，无论是规模、数量、质量、技术还是创作思想，与西方国家还有较大距离，尤其是思想观念上的落差更是显而易见。因此，要缩短距离，适应发展，就要面对现实。对设计师而言，"'模仿'就成为必由之路，也是必然的选择"[1]。再次，特别是在"在现代商业文化与拜金主义的影响下，当代人的价值系统遭到了虚无主义的侵袭，许多应有的人文价值与人文理想在萎缩，对真善美的追求在消解"[2]。这种急功近利、利益先行的社会普遍心态，也造就了本土创作领域抄袭、模仿盛行的借口。

而其中一个主要原因则出自实践者本身。尽管上一代实践者知识视野相对封闭，但至少是在传统园林的熏陶和洗礼中成长起来，许多人的文化修为比较深厚，因此虽然在设计语言上难免效法传统范式，但在作品内容和风格上还保持着较强的原创性。而年轻一代的实践者们正好处于中国高速发展期，城市建设项目如雨后春笋。面对应接不暇的设计项目，任务量大工期短，中不中标往往成为评判设计成功与否的重要标准。因为只有"中标"才能给个人和集体带来可观的效益。因此，借助于各种来源渠道，复制、抄袭、模仿、拼贴就成为顺势而为的选择，总之，一切手段都服务于目的。加之信息载体与通道的多样化，给肆意模仿带来更多的素材。当然，技术上的模仿是简单而容易的，立竿见影的，但思想上的模仿就不可能一蹴而就了，那将是一个漫长而艰难的历程。

如果将模仿抄袭逐渐发展成一种惯习，那么与之相反的创造力就会愈发枯竭，直至彻底丧失。在如此状态下产生的作品好比一种机械复制的产物，只会在精神上走向空洞，内容上乏善可陈。对一个有着悠久园林传统的泱泱大国来说，是尴尬，也是一种讽刺，更是对民族自尊的鞭挞。

---

[1]　苗业：《如何看待建筑创作中的"抄袭""模仿"问题》，《南方建筑》1999年第4期。
[2]　徐千里：《创造与评价的人文尺度——中国当代建筑文化分析与批判》，中国建筑工业出版社2004年版，第134页。

第二节　困厄自赎：以反思性为基本原则的实践超越

在布迪厄的理论体系中，"实践"概念是其寻求主观论与客观论的联结点。"从实践中来，到实践中去"，布迪厄自始至终从"实践"这一中介因素出发来发展他的社会学理论，这是他能够超越各种虚假的二元对立的关键所在①。而舍恩批判地继承了布迪厄等其他反思性社会学家的成果，把反思性作为社会学的实践基本原则，在理论研究和实验调查中予以决定性的贯彻②，使"反思性实践"成为社会学理论建构的常用词。他的贡献是开创性的，尤其对中国景观实践具有启发意义。

但是同社会学这样传统的基础性学科相比，中国景观学科还处于"蹒跚学步"的过程。综上看来，社会科学的发展道路是经历了否定之否定的，可以预想景观学也必将沿袭这一发展脉络。因此，景观学可以仿效社会学期冀的以反思性原则来设定景观实践的目标和基本方法，在科学建构的客观对象中寻找"景观本体"可能的场域条件。根据反思性原则进行景观实践，并不是要否定客观性。相反，"反思性通过对那种纯思辨的、武断地逃脱了建构客观对象的实践的认知主体的特权提出设问，赋予客观性以充分、彻底的一般性"。反思性的景观实践，就是要科学地构建景观本体的客观性——特别是通过把景观本体置于社会场域中的某个具体位置，来获得对所有约束因素的明确意识和清晰把握。反思性原则之于景观实践的重要意义，不仅是由于中国景观研究对象本身的结构和性质的特殊性所决定，还由于从事景观实践的实践者本身是一定文化和历史条件下的产物，不可避免会把自身的内在精神文化因素加以外在化和客观化，既决定着实践成果，又影响自身及周围群体的实践方式和取向。而以反思性为基本原则的景观实践，要求实践者保持自身的警觉，不受主观臆断的干扰，在对景观实践过程进行反思的同时，对自身的意识也进行反思，并通过"中介环节"——实践，进行不断的循环反思。

那么，反思性实践想要解决的问题，可能并不止"在那些以某种方式逃

---

① 邓锁：《实践中超越——析布迪厄反思社会学理论》，《青年研究》2000 年第 1 期。

② 闫黎：《论布迪厄社会学理论的反思性》，《学习与探索》2000 年第 1 期。

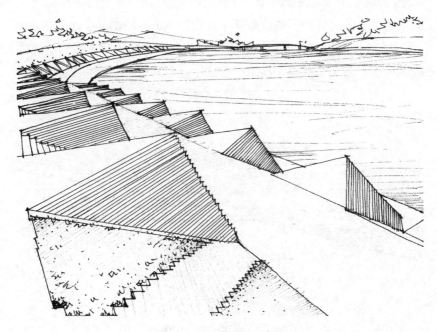

图 5 – 4　义乌江大坝景观

Fig. 5 – 4　Yiwu River Dam Landscape

避了普世文明优化冲击的文化间隙中获得繁荣"①，本书认为关键是基于本体的实践目标的转移。中国景观实践会比前一阶段更加关注实践对象——人与景观的内在联系，以及人对景观的体验、感受等生理状态（图 5 – 4）；更加注重人与自然、社会、文化和科技的互动关系；更加注重人与自然、社会的共处，通过景观实践成果促进人与人以及人与自然之间的协调、和谐共生，以求得人类社会和自然界的可持续发展（图 5 – 5）；也更加关切实践者与实践对象的各种因素的对话、交流和沟通。近年来整个景观业界，无论是思想领域对景观本体的重新认识和探讨，还是比以往更加注重景观与人、自然、社会、文化、技术等互动关系的设计领域，都说明景观实践关注的中心正从"结果"走向"过程"，也就是正从一个单一的"目标"转向充满人的活动和事件以及相应的社会环境和自然环境相互作用的"过程"②，也就是更加重视

① 姚准：《景观空间演变的文化解释》，东南大学 2003 年博士学位论文，第 94 页。
② 杨瑛：《走向反思建筑设计学——建筑设计知识批判与重建》，重庆大学 2013 年博士学位论文，第 157 页。

"在实践中反思，在反思中再实践"的过程，这种反思性实践过程提供了一种在实践中再创造的可能性。如詹姆斯·瓦恩斯（James Wines）《建筑的宣言》中所说："每个结论都可以是质疑自身的问题，每个模式的证据都是能将人引入歧途的假象，每个强行建立秩序的尝试都会引发更高级别的无序。"①

图 5 - 5　苏州生物纳米科技园
Fig. 5 - 5　Bio Nanotechnology Park inSuzhou

一门实践型学科，如果不能通过持久创新保持自身的发展活力并适应时代要求，就注定会走向衰亡，发展中的中国景观实践也不能例外。社会学理论的实践方法论和贯彻其中的反思性原则，为中国景观实践提供的是一种崭新视角。在繁荣发展的时代潮流中稍事停留，反思往昔、自省自问、寻找价值，这既是当下中国景观实践困厄的自赎之道，也是创新发展之途。

---

① ［美］詹克斯·克罗普夫：《当代建筑的理论和宣言》，周玉鹏、雄一、张鹏译，中国建筑工业出版社 2005 年版，第 192 页。

第三节　价值回归：立基本体的反思性思想实践

一、景观本体取向的转变

在中国景观实践的发展历程中，始终涌动着一组围绕景观本体既不张扬但却无法回避的认同问题——景观是什么？景观学科是什么？什么是好的景观，优秀的景观评价标准是什么？对这一问题的设问和回答，多年来其实从未停止。言其不张扬，一方面，关心它的群体主要局限在从业者之间；另一方面，它很难以作品的形式直接表现出来。言其无法回避，它紧密结合于各种景观实践中，在形而上的层面直接影响形而下的景观创作，也正是它的变化才引导着各种景观实践的纷纷出场。

进入 21 世纪，伴随实践反思的不断深入，关于景观本体的思考又逐渐成为景观学界关心的热点，既而引起对景观学科内涵和发展方向的审思和瞻望。首先是在新的时代背景下，关于景观本质的再次探讨。国内几个重要的园林期刊刊登了大量针对这一话题的文章。以《中国园林》为例，就有孙筱祥的《风景园林（Landscape Architecture）从造园术、造园艺术、风景造园——到风景园林、地球表层规划》（2002/04），林广思的《景观词义的演变与辨析》（2006/06、07），杨滨章的《关于 Landscape Architecture 一词的演变与翻译》（2006/09），黄昕珮的《论"景观"的本质——从概念分裂到内涵统一》（2009/04），朱建宁的《论 Landscape 的词义演变与 Landscape Architecture 的行业特征》（2009/06）等多篇。一些接近性的认知和判断，逐渐有别于发展初期形而上层面的理解，使景观的概念具有了真正的本体论意义。例如，黄昕珮认为："'景观'的本质内涵在于'生命主体与其承载客体（主客体）互动的客观呈现'；'landscape'在融合了多方含义的同时其美学意味逐步弱化。"① 留法学者安建国对景观给出了这样的定义："以土地为依托，以时间为脉络，以自然自我管理为特征，以使用者的体验为论证依据的现代科学，

① 黄昕珮：《论"景观"的本质——从概念分裂到内涵统一》，《中国园林》2009 年第 4 期。

它构建着一切生命的和谐共存关系。①"朱建宁则将景观概念具体分解成自然学科、空间利用、社会科学、历史文化四个层面的含义。

在对景观的评论上，也普遍改变了单一方法评价的片面性，超越了形式层面的认识，而直指景观本体价值。陈宇在《景观评价方法研究》从客观景物和主观感知角度对景观评价方法进行研究，分析了六种主要评价模式的理论假设、心理学背景、具体方法、优缺点以及适用范围②。黄磊以文化背景作为研究基础，从人和自然关系的角度，挖掘景观设计的本原价值③。思想实践领域开始有更多的学者在对景观进行评论时，强调环境的观点、人本的观点，从社会效益、公众参与、技术细部等各个方面关心中国景观的发展，如唐军的《从功能理性到公众参与》（2001/04）、郭美锋的《一种有效推动我国风景园林规划设计的方法——公众参与》（2004/01）、曾媛的《以景观综合评价为前提的景观生态保护规划》（2003/05）、黄建的《多种评价方法在景观评价中的综合应用》（2006/04）等。另外，技术系统和学科交叉法也被广泛地引入景观评价体系，如地理信息系统（GIS）、专家系统（ES）、美景度评价法（SBE）、心理测定法（SD）、层次分析法（AHP）等，体现出景观本体的科学性和综合性。

与此同时，景观教育界的关注焦点开始出现了明显的转变，"回归本体，重新认识景观的基本问题"成为中国景观主流的共同话语。尤其是2003年4月北京大学成立景观设计学研究院，诞生了中国首个景观设计学研究院，俞孔坚担任院长。在2006年5月的国际景观设计师协会（IFLA）东区会议和10月的美国景观设计师年会暨第43届国际景观设计师大会上发表了题为《当代中国景观设计学的定位思考：谈"生存的艺术"》的报告。他指出，中国景观学科的定位首先是哲学和价值观取向的问题，并分析了面临生存危机的严重性，然后从批判和学习的角度分析不同时期东西方哲学思想和传统文化对学科的影响，思考当代伦理价值、艺术美学的回归趋势以及在此基础上当代中

---

① 安建国、方晓灵：《法国景观设计思想与教育："景观设计表达"课程实践》，高等教育出版社2012年版，第5页。
② 陈宇：《景观评价方法研究》，《室内设计与装修》2005年第3期。
③ 黄磊、刘佳：《景观的触觉——拥抱自然的景观设计》，《2012中国城市规划年会论文集》2012年第10期。

国景观设计学定位和定位后的学科建设要求。① 这次报告引起了国内外业界人士的极大关注，因为这毕竟是当代中国园林界或景观界向世界舞台迈出的第一步，展现了向世界 LA 接轨的决心和态度，正如俞孔坚在结束语中所说，"中国的问题正在成为世界的问题，解决好中国的问题，在某种意义上讲就是解决了世界的问题，因此，中国的景观设计学也必将是世界的景观设计学"。2010 年 5 月，北京大学又将建筑学与景观学进行机构和学科的整合，成立建筑与景观设计学院，使学科发展更为健全。另外从 2003 年起，每年一届的由该学院主办的"景观教育大会暨中国景观设计师大会"为学术界和景观行业提供了交流平台，促进了学科发展。

而以"建筑老八校"为代表的一批高校也先后更名或成立了"景观学系"。这一类高校的景观教育与教学能够很好地依托建筑、规划等传统优势学科平台，注重"学科融贯，知行兼举"的培养原则，以现代景观学的专业教育思想和教学构架培养高素质的景观人才，可以说，为中国景观教育的综合、全面发展注入了新动力。例如，同济大学的景观学可以追溯至 20 世纪 50 年代，历经多次学科专业的更迭变化，于 2006 年正式更名为"景观学系"，以中国首届景观学本科专业学生入学，独立的景观规划设计专业硕士点、博士点成立为标志，同济大学景观学科开始了新的历程（表 5 - 1）。再以东南大学为例，"景观学系"成立于 2004 年，2007 年招收景观学专业本科生，与建筑系、城市规划系并行设置，共同构成东南大学人居环境规划设计学科三位一体的学科架构。该专业逐渐形成了建立于建筑学、城市规划、生态学、植物学和美学基础上的兼有科学性和艺术性的复合性学科群；教学与实践涉及景观资源保护、景观规划设计、景观历史与理论研究诸领域，尤其在历史文化景观资源保护与再生的实践方面优势较为突出。

一系列景观本体取向的转变，说明在思想实践的学术领域，逐步摆脱意识形态的桎梏，统治性的话语不再是宣言式地谈论景观本质问题，而是转向以冷静理性的态度展开对中国景观本体价值的研究，拓展了当前社会场域背景下对景观本体的全面认识。

---

① 李博：《当代中国景观设计学的定位思考：谈"生存的艺术"》，《城市环境设计》2007 年第 3 期。

表 5-1　同济大学景观学系十年（2006-2015）课程设置规划

Tab. 5-1　Ten-year（2006-2015）Curriculum Planning for Department of Landscape Design in Tongji University

三大领域		本科生景观学专业理论课	本科生课程设计	本科生实践与实习	硕士生课程（景观规划设计专业）	硕士生课程（风景园林硕士专业）	博士生课程（景观规划设计专业）
景观学与景观规划设计	景观与资源	景观资源学 景观生态学 园林植物应用 景观文化与美学			遗产保护与发展 历史城市旅游规划方法 传统文化 环境伦理 管理学	旅憩与旅游规划学 传统文化学 管理学	遗产景观
	规划与设计	景观学原理 中外园林史 城市绿地规划原理 风景区规划原理 风景游憩学	建筑设计原理 城市规划原理 广场设计 公园与生态设计 居住区规划 风景点与旅游中心规划设计 风景与旅游区总体规划 种植设计	景观园林认识实习 景观环境测绘 景观规划设计实践 毕业设计	景观学 人类聚居环境学 景观旅游规划设计 中外景观比较 风景游憩学 旅游规划方法论	景观学理论与方法 人类聚居环境学 景观规划设计 中外园林比较	景观理论与方法 人类聚居环境学与城乡规划 景观旅游规划设计
	技术与管理	遥感技术与GIS概论 计算机辅助设计 景观管理政策与法规 景观工程与技术			遥感与GIS原理与应用 景观生态规划理论方法 植物生态学	景观生态学 地理信息系统原理及应用	景观生态与应用 城市景观管理

二、摆脱学科名称的纷争困扰

目前中国经济的发展和城市化进程的加快，园林景观事业也迎来了前所未有的发展机遇，但是关于行业和学科名称的问题始终未曾平息。从20世纪80年代初开始的"园林"与"造园"之争，到20世纪90年代中期"风景园林"与"景观设计"围绕对"Landscape Architecture"中文译名展开的争论，可谓"旷日持久"。一时间，出现了世界少有的"一学两名，平行发展"的局面。2011 年 3 月 8 日，国务院学位委员会、教育部公布《学位授予和人才培养学科目录（2011 年）》，一级学科从 89 个增加至 110 个。"风景园林"和"城乡规划学"均成为一级学科，与"建筑学"一起，三者共同构成了完善的人类聚居环境规划设计学科体系。这一重要事件，对统一学科名称，规范学科领域，整合人才队伍，形成行业共识等有重要作用，对我国未来人才培养和事业的发展起到积极的推动作用①。

随着"风景园林"一级学科的设立，国内 20 多年来关于学科名称的思考和多种译名的争论总算画上了一个相对圆满的句号②，学术界也终于可以摆脱名称的纷争困扰，围绕学科内涵做一些脚踏实地的研究工作了。但是学科发展毕竟要以教学、科研和实践单位为载体。多年来，国内许多高校还是以"景观设计""景观规划设计"，甚至是"景观建筑"等作为院系或专业名称，而叫这类名称的本土或境外设计单位也不会因为学科名称的变化轻易地"易帜换旗"，另外伴随着中国城市建设的迅猛发展，"景观设计"的群众基础早已根深蒂固，所以若在较短时间内让"风景园林"一统江山，恐怕很难实现。因此本书认为，可以在"风景园林"大的学科背景下，维持现状，不论取名如何，只要互相尊重和认同是在为同一项事业而努力，就是伙伴，而不是对手。如朱建宁在谈到名称之争时所提出的，"挂什么头并不重要，重要的是卖什么肉，过分纠缠于行业名称问题并不利于行业的持续发展"③。有这么多人为同一个学科、为同一个目标在努力毕竟是好事。既然名字不必争论了，那么就可以将研究重心转移到真正急需探讨的问题上，即在当代中国特定的时间和空间背景下，对应于国际 LA 学科，本学科的学科背景、目标、内涵、实践范围等。在此基础上，发扬中华民族优秀的传统，与时俱进地满足现代社会需要，最大限度发挥学科的综合功能，完善具有中国特色的学科体系④。在这样一个新的历史机遇面前，胡玎的话可能道出了每个从业者的心声——"期待大家将目光集中到学科的实质内容上来，'园林景观是一家，同舟共济

---

① 张启翔：《关于风景园林一级学科建设的思考》，《中国园林》2011 年第 5 期。
② 刘滨谊：《风景园林学科发展坐标系初探》，《中国园林》2011 年第 6 期。
③ 朱建宁、周剑平：《论 Landscape 的词义演变与 Landscape Architecture 的行业特征》，《中国园林》2009 年第 6 期。
④ 刘晓明：《从国际视野看我国风景园林一级学科的发展》，《风景园林》2011 年第 2 期。

谋发展'将是本学科的主旋律"①。

三、从"学者"到"反思性实践者"

21 世纪以来，景观实践的社会环境更加宽松，体制化对实践者的影响在很大程度上也削弱了，从而为先锋力量的崛起创造了条件。更多人不再是依赖现存的理论研究与技术去采取行动②，而是去主动理解复杂的场域条件、发现问题并解决问题，即在"实践中再反思"，完成着从"学者"到"反思性实践者"的身份转型。从应然角度来看，这些人有着明确的研究方向，并且其研究多以景观设计实践为起点和终点；从实然角度来看，他们拥有丰富的实践性操作经验，在行动研究、实践反思上，他们与专业研究者相比具有天然的优势。

由于受篇幅所限，本书只从众多的"反思性实践者"中择取了三位，他们的实践思想和方式虽然不尽相同，但都在用明确而激昂的景观语言创造出一批"个性鲜明"的设计作品，反思并体验着中国现阶段的景观实践进程。

（一）王澍："反学院化"的批判实践

解读王澍，不仅是因为他的观点超出常理范围，还有他所抱持的那种彻底的怀疑精神与敢于实践的勇气③。

首先，王澍的职业角色就是矛盾的，他既是一名体制内高校学者，然而又在实践历程里扮演着不折不扣的反体制化业余设计师角色（其工作室命名为"业余建筑工作室"）。毋宁说，大多数学院派宁愿采用科学的方法——或是演绎的，或是归纳的，作为从事设计实践的标准范式，"逻辑严谨、内涵丰富"。王澍却直截了当地拒斥这种范式，保持着反学院的立场。而且，他认为自己"不光是反学院"，甚至是"反所谓的建筑学的建筑师"，他将自己对学科的质疑转化为"真正的真实生活当中的工作方式的自我改造和生活方式的改造"④。他往往刻意强调自己的业余身份，他认为业余增加了创作的可能

---

① 胡玎：《一学两名：园林和景观》，《园林》2005 年第 10 期。
② 王艳玲、荀顺明：《教师成为"反思性实践者"：北美教师教育界的争议与启示》，《外国中小学教育》2011 年第 4 期。
③ 姜梅：《意义性的建筑解构——解读王澍的〈那一天〉及"中国美术学院象山新校园"》，《新建筑》2007 年第 6 期。
④ 李东、黄居正等：《"反学院"的建筑师——他的自称、他称和对话》，《建筑师》2006 年第 4 期。

性，能够使其在实践中卸去由于种种外在因素所加负在创作之上的重量，强调自由——比准则有更高的价值。因此，这种业余的、无拘束的实践态度让王澍在二室一厅的自宅中做着造园"游戏"，"就是一种想象的替换，即在一种特定的结构意义上将园林所表达的异质的文化制度嵌入当下的境况，从而重组我们赖以生存的制度的意义"①。

其次，王澍会将不同的线索集中在实践中构成独特的混合体，既流露着对传统文人园林的眷恋，也体现出深受现代主义专业教育影响的实践观念。他的作品充分表达着一种互动关系，即如何在今天的创作实践中再现中国传统观念和语言的诉求。一如王澍另一个典型"园林方法"的实践——中国美术学院象山校园（图5-6）：以自然山水结构的疏密去融合当代大学校园的布局；通过重复书写和片段性拼贴等设计手段，模糊校园建筑与地形的关系，呈现步移景异的状态；创造一系列有诗意的小场所，来表达校园这个特定环境的"场所精神"和"精神意向"②。通过象山校园，表现出王澍对权力化影响下中国传统教育和体制模式的反对，同时表现出反学院化的批判精神（表5-2）。

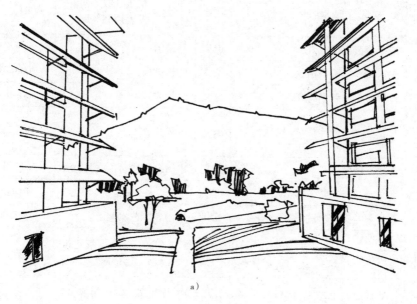

a）

---

① 王澍：《设计的开始》，中国建筑工业出版社2002年版，第32页。
② 徐璐：《造园与育人——访中国美院象山新校区设计师王澍》，《公共艺术》2011年第6期。

b)

图 5 - 6　中国美术学院象山校区

Fig. 5 - 6　China Academy of Art Xiangshan Campus

表 5 - 2　王澍的反思性实践成果

Tab. 5 - 2　Wang Shu's Achievements of Reflective Practice

实践类别	成果名称	性质	出版社或发表期刊	时间
理论实践成果	造园与造人	论文	建筑师	2007 年
	中国美术学院象山校区	论文	建筑学报	2008 年
	自然形态的叙事与几何	论文	时代建筑	2009 年
	我们需要一种重新进入自然的哲学	论文	世界建筑	2012 年
	回想方塔园	论文	中国公园协会论文集	2012 年
设计实践成果	成果名称	地点	获奖	时间
	苏州大学文正学院图书馆	苏州	中国建筑艺术奖	2003 年
	五散房项目	宁波	HOLCIM 豪瑞可持续建筑大奖赛荣誉奖	2005 年
	中国美院象山校区	杭州	中国建筑艺术年鉴学术奖	2005 年
	宁波美术馆	宁波	中国建筑工程鲁班奖	2005 年
	世博会宁波滕头案例馆	上海		2008 年

（二）朱建宁："立足自我"的地域性实践

朱建宁属于学院气质最浓的一位"反思性实践者"（图5-7，表5-3）。在南京林业大学完成本科学业后，于1986年—1990年就读于法国凡尔赛国立高等风景园林学院，获景观设计学博士学位。毕业后在法国著名的 A. 谢梅道夫（A. Chemetoff）的景观设计事务所（Bureau des Paysages），任项目负责人。1995年回国工作，现任北京林业大学教授、博士生导师，并担任有关部门的专家顾问，杂志编委。凭借自身对西方园林史扎实的研究基础，朱建宁长期从事西方园林历史与理论的教学与科研工作，出版发表《西方园林》《户外的厅堂——意大利传统园林艺术》《永久的光荣——法国传统园林艺术》《情感的自然——英国传统园林艺术》等论著，并翻译和引进了大量的译著和期刊论文，介绍国际园林景观的前沿性课题，开阔了当代中国景观的理论视野。在教学与著作中，他重视理论与历史结合，强调以史带论，论从史出，使园林景观史的研究更具有目的性。

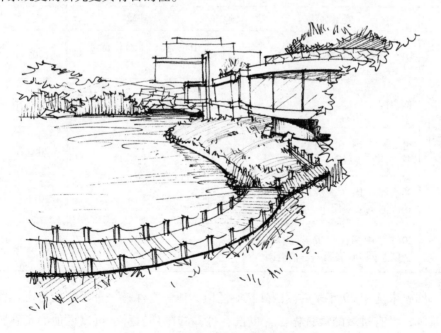

图5-7　日照银河公园景观规划设计

Fig. 5-7　Landscape Design of Yinhe Park, Rizhao

表5-3　朱建宁的反思性实践成果

Tab. 5-3　Zhu Jianning's Achievements of Reflective Practice

实践类别	成果名称	性质	出版社或发表期刊	时间
理论实践成果	中国古典园林的现代意义	论文	中国园林	2005 年
	采石场上的记忆	论文	中国园林	2007 年
	做一个神圣的风景园林师	论文	中国园林	2008 年
	西方园林史：19 世纪之前	著作	中国林业出版社	2008 年
	促进人与自然和谐发展的节约型园林	论文	中国公园协会论文集	2009 年
	中国园林文化艺术典型特征	论文	风景园林	2010 年
	展现地域自然景观特征的风景园林文化	论文	中国园林	2011 年
设计实践成果	成果名称	地点	获奖	时间
	山东日照银河公园改建设计	日照	山东省园林绿化优质工程金奖	2005 年
	网湿园	厦门	第六届中国国际园林花卉博览会创意奖	2007 年
	第七届中国（济南）国际园林花卉博览会展园	济南		2009 年
	第八届中国（重庆）国际园林花卉博览会展园	重庆		2011 年
	2013 年中国锦州世界园林博览会创意园 D6 展园——清涟园	锦州		2013 年

　　回顾朱建宁 20 年来的国内外从业经历，他一直保持一种平和的心态体验着景观，没有过多的激进做法，也没有过多的激烈言辞，可以说他的实践脚步是平实而稳健的。尽管，在法国的留学、工作使朱建宁对西方现代景观设计的思想脉络有了更系统、深刻的认识，但是在回国后他却能够始终坚持理性的态度，看待和处理传统园林和现代景观的关系，甚至在他的创作理念里很难明显地找到西方现代主义的影子。在他的逻辑思辨中，没有什么是中国

的，也没有什么是西方的，只有一个概念，那就是"立足自我"的景观根本——地域性。朱建宁带领他的设计团队从一开始就表现出对景观地域性的关注：从城市及风景名胜区规划到水系及河道整治，从公园、广场设计再到人居环境设计，甚至是大大小小的各种园林展览，都体现着景观的地域内涵，而摒弃掉了所有的修饰语。他还关注景观作为城市的一部分，是如何将自身与城市的文脉相连接的，同时表现出景观设计对人的关注，并认为人是景观活动的主体，从事设计首先是以人为前提的，应关注人的各种活动。引用朱建宁的话说就是："只有从自身的资源条件出发，充分发掘地域文化内涵，并以巧妙的手法加以表现，才能营造出富有地域特征的园林景观"①。

可贵的是，朱建宁还扎实地关注中国景观实践领域几乎所有的事物，有对学科发展建设问题的辨析与思考，也有对"大建广场""大树移植"等不良实践倾向的反思与批评，甚至还有对景观设计师的职业精神的理论研究等，在这些方面均做出了理论和实际贡献。

（三）朱育帆：诗意与诗艺的景观转置

朱育帆近年在业内可谓"风生水起"，目前任教于清华大学建筑学院景观系，接连获得国际专业设计奖项，同时还指导学生多次获得国际设计竞赛奖项。朱育帆一直认为，设计景观最主要的是修养，读画与读景相似，关键在于能够读出其背后的真意，并将其恰当呈现出来。因此，在他的实践历程中，一直实验和探索新文人园林的一种设计方式，这种园林类型在继承传统文人园儒雅风格的基础上，可以适应城市新的生活方式，同时具备现代、简约和质朴的时代气质②。对景观文化价值的挖掘似乎已成为朱育帆潜意识般的实践原则，也是他能够获得国内外业界认可的主要原因（表5-4）。

朱育帆景观思想的发展可以分为两个阶段，这与他学习、工作环境的变化密切相关。前期是1997年博士毕业前在北京林业大学风景园林系的学习研究阶段，而后期则是1998年进入清华博士后流动站并留校任教，至创立工作室开始从事实际工程创作阶段。前一阶段，主要接受中国古典园林教育思想，并受到孟兆祯等老一辈园林教育家的栽培，加之自幼打下的绘画和书法功底

① 朱建宁、马会岭：《立足自我、因地制宜，营造地域性园林景观》，《风景园林》2004年第55期。

② 朱育帆：《与谁同坐？——北京金融街北顺城街13号四合院改造实验性设计案例解析》，《中国园林》2005年第8期。

对其深谙传统园林文化之精髓产生了很深的影响，并逐渐在对传统园林的偏爱中流露出文人意识，开始形成自己对景观语义的思维方法。进入清华后朱育帆开始全面接触城市与建筑领域，接触西方景观园林文化，在打开眼界的同时，使其增加了一份自省的心态，自觉地将不同背景的知识兼收并蓄地结合起来在专业层面进行思考。①

表 5－4　朱育帆的反思性实践成果
Tab. 5－4　Zhu Yufan's Achievements of Reflective Practice

实践 类别	成果名称	性质	出版社或 发表期刊	时间
理论 实践 成果	与谁同坐？——北京金融街北顺城街13号四合院改造实验性设计案例解析	论文	中国园林	2005 年
	文化传承与"三置论"——尊重传统面向未来的风景园林设计方法论	论文	中国园林	2007 年
	关于北宋皇家苑囿艮岳研究中若干问题的探讨	论文	中国园林	2007 年
	新诗意山居——"香山81号院"（半山枫林二期）外环境设计	论文	中国园林	2007 年
	北京金融街北顺城街13号院改造	论文	华中建筑	2009 年
	为了那片青杨——青海原子城国家级爱国主义教育示范基地纪念园景观设计解读	论文	中国园林	2011 年
	成果名称	地点	获奖	时间
设计 实践 成果	北京金融街北顺城街13号四合院	北京		2002 年
	清华大学核能技术研究院	北京		2002 年
	香山81号院	北京	ASLA 住区奖	2008 年
	青海原子城国家级爱国主义教育示范基地纪念园	青海		2009 年
	矿坑花园	上海	ASLA 综合设计类荣誉奖	2012 年

① 冯纾苨、周政旭：《本土景观的自然式表达——清华大学朱育帆教授访谈》，《城市环境设计》2008 年第 4 期。

朱育帆的设计实践融入了非传统的景观或建筑学科的思维方式，除了景观本体，更多地表现出了对传统或当代文化价值的挖掘，一如他个人认为比较成功的两个项目：北京金融街四合院改造以"与谁同坐"的意境为景观设计切入点，梳理空间，采用建筑的思维整合功能空间，嵌入设计语汇；清华大学核能技术研究院的景观改造，借鉴西方古典园林美学的原则与规律，完成了建筑、环境等场地属性与景观设计的有机融合，产生了精神领域的共鸣（图 5 – 8）。

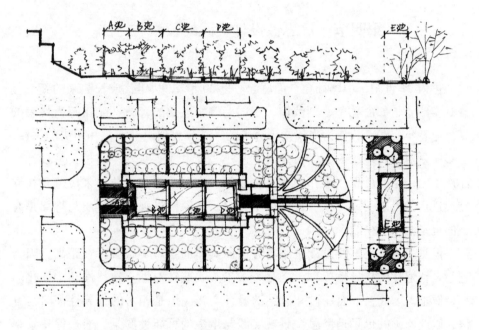

图 5 – 8　清华大学核能与新能源技术研究院中心区景观设计
Fig. 5 – 8 Landscape Design in the Centre of INET of Tsinghua University

2007 年，朱育帆提出了三置论（并置、转置和介置）的设计方法，"基于历史原真性，并置指的是场地原有文化与新文化之间的并存，也是独立性与整体性的并存；转置强调的是在原有文化基础上通过转化和发展形成新的文化，一般通过转换、强化原有设计秩序改变设计逻辑；而介置则是以新文化为主体，借助原有文化形成新生。"① 可以说，三置论是朱育帆思想实践的升华，它具有批判、理性和思辨的特征，是个体对社会环境压力的反馈，是一种融入了主体特征的反思意识，为传统在当代的转型提供了新的思路。

尽管上述三人的实践思想和设计作品具有强烈的个性特征，所采取的策略也各不相同，却存在潜意识般的共性：着眼于中国景观实践，以反思意识探索景观的本真价值，即反思性实践。虽然只是崭露头角，但是其力量之强大，其影响之深远，足以让整个实践领域翘首企盼并给予极大的关注。

第四节　反思性设计实践的策略与方法

进入 21 世纪，中国社会全面崛起。以 20 世纪 90 年代成长起来的新一代景观实践者，如俞孔坚、刘滨谊、王向荣等，以及朱育帆、庞伟等为代表的新世纪青年实践者，作为当代知识分子的一部分表现出对文化和历史的关注，更多的是对景观现状的反思，并促使这些"反思性实践者"通过大量设计作品产生出一定的反思性操作原则、多途径的实践策略与方法，来规范和指导持续进行的景观实践。在一定程度上，对研究探讨景观自身本质与规律是有益的也是必不可少的。

但是，这些反思性设计策略与方法同具体的景观实践会存在距离，因为它们是普遍性的指导性原理，满足不了景观实践针对性、独特性和个性化的综合要求。因此，下面探讨和总结的设计实践应该是相对的指导性策略与方法，以此勾画的也只是反思性景观实践与重建的可能性图景。通过保持景观实践潜在的批判力与反思力，在重建中促进学科建设与发展。

一、本体价值的深度挖掘

中国景观实践的初期，围绕"景观是什么""如何评价景观"这两个关于景观哲学层面的问题的思考，明显存在着本体思考让位于价值取向，学术思考让位于政治取向的特点。而进入 21 世纪，关于"本"（景观的内在本质）与"体"（景观的外在表象）的二元思维逐渐让位于多元思维，尤其注重挖

---

① 朱育帆：《文化传承与"三置论"——尊重传统面向未来的风景园林设计方法论》，《中国园林》2007 年第 11 期。

第五章　重新发轫：迈入反思性实践的中国景观 ｜ 227

掘"本"中更深层次的价值，如文化概念的移植、人本特性的表述、社会问题的解决等①。在这种清醒的认识下，景观实践的客观与主观因素更加统一，"本"与"体"才结合得更加紧密。但同时说明，处于综合场域中的景观本体价值就在于这种不同的语境之中，对景观本体价值的深度挖掘逐渐汇成一种共识。

加拿大 WAA 事务所于 2000 年设计的徐家汇公园是国内此方面探索较早的案例（图 5 - 9）。由于该地块原为大中华橡胶厂，设计者不但保留了基地内的烟囱，反而将其增高 11m，还设计了照明效果，成为延续历史文脉的标志。国内土人景观也是从该时期通过一系列产业遗址研究和保护实践，挖掘景观在文脉复兴上的内在价值。坚持贯彻着一个理念——"设计首先意味着保留历史与时间的积淀；然后才是修饰和改造；最后才是创造新的语言和形式"②，从 2001 年建成的广东中山粤中造船的改造利用厂（岐江公园），到沈阳冶炼厂旧址设计、苏州太和面粉厂改造设计、北京燕山煤气用具厂旧址设计再到 2010 年上海世博会后滩公园设计（图 5 - 10）。这些设计有一个共同特征：场地内遗存下来的废弃设施，包括厂房、水塔、烟囱及各种机器等，经过翻新直接纳入新的景观秩序中，以建立一种直观的文脉联系，为城市景观赋予了社会文化载体的作用。

2002 年，作为奥运景观工程重要组成部分的北京元大都城垣遗址公园举行了国际招投标活动，后由檀馨女士主持设计实施。设计者认为，"尊重历史、保护遗址的同时，也要满足和尊重现实文化生活的需要……要适合中国现代的文化观念和历史观念"③。因此，首先通过修复坍塌城体，拆除违章建筑，去掉杂树等措施保护了土城遗址，强化土城的形象；然后从历史文脉中发掘精华，以雕塑、壁画、"城台"遗址等形象语言，表现了元大都的繁荣昌盛和对当时世界的影响。这些以土城及元文化为主题的设计语言，将元大都城垣遗址景观的潜在价值挖掘出来，并加以强化渲染，达到激发爱国热情和民族自尊、自豪感的目的。

如果考察朱育帆近年来完成的三件作品，尽管本体意义上是景观结合建

---

① 陈望衡：《论环境美的本体——景观的生成》，《学术月刊》2006 年第 8 期。
② 俞孔坚、庞伟：《理解设计：中山岐江公园工业旧址再利用》，《建筑学报》2002 年第 8 期。
③ 檀馨：《元土城遗址公园的设计》，《中国园林》2003 年第 11 期。

图 5－9　徐家汇公园保留了基地内的烟囱

Fig. 5－9　Xujiahui Park reserves the Chimneys in the Base

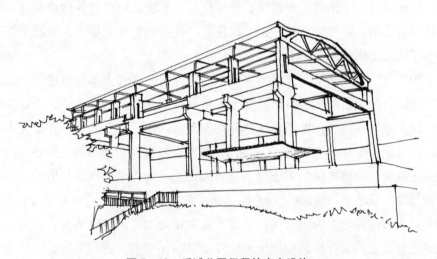

图 5－10　后滩公园保留的废弃设施

Fig. 5－10　Obsolete Facility Reserved in Backshore Park

筑及环境的优秀实践，但设计师更注重的是探索本体之外的情感创造、场所精神或者地区风格等。"香山 81 号院"（图 5－11）将景观的情感价值阐释得更加准确。该设计以北京山区村落质朴粗犷的景观风格为蓝本，大量运用了乡土材料，再通过竹林、"一潭天""引泉间"等节点的融合，塑造出该住区特有的强烈整体风格，同时还成功地通过非传统园林的设计方式传递出中国山居的传统精神，并升华为"诗意山居"的价值导向①。该设计获得了 2008 年 ASLA 住宅类荣誉奖。在被命名为"永恒·轴线"的清华大学核能与新技术研究院的设计中，朱育帆以"一切改造行为应基于对轴向空间本质认知"的设计思路，展示出文脉的某种延续性和延展性，同时强调了对场地属性的探知对景观设计所产生的深远影响②。青海原子城国家级爱国主义教育基地的实践过程则体现了在高海拔恶劣的特殊生境下景观设计的变通途径，探索了属于中国地域性和当代纪念性景观的设计模式及其可能的拓展之道③。

图 5－11　香山 81 号院

Fig. 5－11　No. 81, Fragrant Hill

由王向荣完成的中关村软件园中心花园是一个现代办公景观。项目着手设计时，基址上原来的农田、植物和农居已被彻底清理，周围的建筑还没有建造，地块成为没有任何信息的空场。场地文脉的缺乏迫使设计者从花园所

① 朱育帆、姚玉君：《新诗意山居——"香山 81 号院"（半山枫林二期）外环境设计》，《中国园林》2007 年第 8 期。
② 朱育帆、姚玉君：《永恒·轴线——清华大学核能与新技术研究院中心区环境改造》，《中国园林》2007 年第 2 期。
③ 朱育帆、姚玉君：《为了那片青杨（上）——青海原子城国家级爱国主义教育示范基地纪念园景观设计解读》，《中国园林》2011 年第 9 期。

在环境的性质、功能和使用者的要求来获取景观重塑的灵感。最终，设计者根据 IT 企业园的特点，采用"线条交织"的设计语言代表网络产业的形象特点，并特别在园中营造一块内湖容纳软件园内部的再生水、收集雨水，并为园区内植物的灌溉提供水源。同时，花园雨水也可以直接回补湖水、地下水，减轻市政管网的负担。建成的花园展现了艺术、企业精神、使用功能与生态效应的统一。

何镜堂先生在其大量的校园规划中，尤为强调景观文化中人的主体性，景观内在蕴含的精神意义。他认为校园作为一个充满生活意义、拥有丰富文化内涵的场所，它体现人在空间的主体地位，使人从中感受到认同和归属感，满足精神的需求。他的设计强调人与景观场所的互动联系，如华南理工大学新校区在水景、绿化与建筑物之间安排了一系列适于步行和交往广场空间，注重开放与半开放的结合，两个层次的步行区域相区别又紧密联系，提供两种不同的场所[1]；华南师范大学南海学院和武汉大学文科院，依据尺度人性化、步行优先等原则建构了多层次的交往景观及校园教学中心区的公共空间，创造适合学科间交流、融合的群体空间[2]；江南大学的规划强调地域文化在校园中的延续，保留传统水系并加以改造，整体构架沿中央曲水流觞步行带进行布局，教学组团通过"水街"的形式相互咬合、渗透，使不同区域的使用者均能获得较好的水乡景观[3]。

在何镜堂先生的另一类设计实践——纪念性景观中，则更加明确地表达出深切的人文关怀。完成于 2007 年的南京大屠杀纪念馆扩建工程（图 5 - 12），前半段的设计色调灰暗，没有种植，没有任何生命的象征，让人沉浸其中，肃然起敬；后半段和平公园里有树木，有绿化，有池水，有"和平女神"主题雕塑，凸显出对未来的希望。经过两种对比，让人们顿生珍惜幸福、期盼和平之感，有效地提升和弘扬了纪念主题[4]。

---

① 何镜堂、郑少鹏、郭卫宏：《建筑·空间·场所——华南理工大学新校区院系楼群解读》，《新建筑》2007 年第 1 期。
② 何镜堂、王扬、窦建奇：《当代大学校园人文环境塑造研究》，《南方建筑》2008 年第 3 期。
③ 向科：《大学校园规划的"复杂性"设计导向及策略分析》，《新建筑》2009 年第 5 期。
④ 李海潮：《两观三性——建筑设计大师何镜堂的建筑观》，《美与时代》2010 年第 7 期。

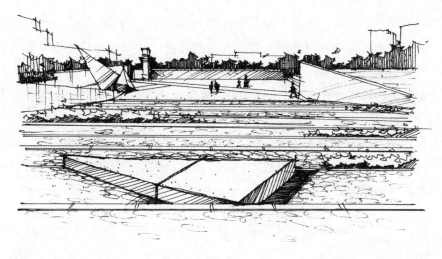

a）纪念广场景观

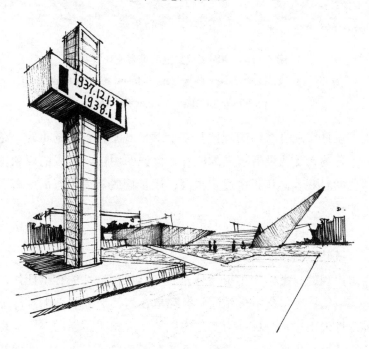

b）广场雕塑

图 5 – 12　南京大屠杀纪念馆扩建工程

Fig. 5 – 12　Extension Project of Nanjing Massacre Memorial

同属这方面实践方法的是 2008 年 "5·12" 地震后，《风景园林》杂志发起 "地震纪念景观概念设计国际竞赛"。纵观 120 份方案，评审主席孟兆祯先生的评价是："总的理法是中国文学所谓的'比兴'，以物喻意。"① 而"象征"恰恰是为了人造景观的形象引起人们的联想，达到某种精神意义为的目的。例如，本次竞赛的一等奖（图5－13）获得者认为，"'纪念景观'不仅是纪念过去的建造方式，还是一种面对未来的疗愈过程"，设计者用地震废弃材料作为材料，希望参观者从中回想过去，并通过与自然要素（阳光、水、泥土等）的互动来治愈心中伤痛，找到面对未来的勇气。② 可以看出，虽然只是概念性设计，但无论实践初衷，还是表达方式都符合挖掘景观精神价值的根本目的和意义。

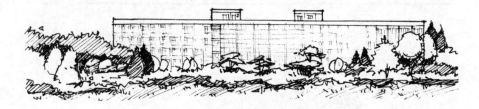

图5－13　中国工程院庭院景观设计方案

Fig. 5－13　The Landscape Designing Scheme for the Courtyard
of Chinese Academy of Engineering

以上的设计实践是在新的理性基础上对景观本体价值的重建，尽管还不能形成一个普遍接受的没有疑义的诠释，但说明中国景观界的观念正是在这种不断深化的景观本体认识中逐步提高，逐步摆脱意识形态的束缚，趋近于真实的本原意义。

二、传统转型的理性创新

近年来出现的一批源于传统园林，而又具有创造性的转型佳作，尽管规模、形式、策略、手法都不尽相同，但都是在当代历史语境中对传统园林思想和精神理性地引申、发挥，为实现传统转型做出了不懈的努力与探索，也将中国传统园林文化带入一个重视创新变革的阶段。现将代表性创新实践的策略和方法归纳如下。

---

① 孟兆祯：《生命的赞颂 设计的心力》，《风景园林》2008年第4期。
② 方菀莉、吕欣侃：《抚平创伤》，《风景园林》2008年第4期。

（一）隐喻与象征

隐喻可以是直接的"引经据典"，根据设计者自身的文化修养及喜好，选择某个传统片段，让人一望即生联想。直接隐喻的做法很常见，它能表达明确直观的意义。由孟兆祯先生主持设计的中国工程院庭院（图 5-13），虽然是一个现代化的办公环境，但自然曲折的布局方式、高低起伏的地形、假山水景的布置以及景名的题记都是对"中国特色和北京风格"一目了然的隐喻借用①。另外还有用形式暗示内容的隐喻，俞孔坚的咸阳中华广场就是这种手法。这是俞孔坚回国后不久的一个作品，广场西端成方圆交替的下沉式空间是对中国古代城池形象进行了向下翻转，广场中心的铺装采用草石相间的九宫格形式，四角各为 3m×3m 树阵构成"九五之尊"的寓意；东部广场卵石清流突出了秦始皇东征的主题；东西广场之间的下沉甬道，隐喻始于秦朝的驰道；缓坡草地上的几道断墙则是对古城墙的暗示。②

作为孟兆祯先生的弟子，朱育帆在北京金融街四合院的改造实践也是运用此类方法比较成功的案例。根据甲方要求将清代的一个道教寺院做了部分改动，使其成为具有一定文化层次的特殊群体举办"沙龙"的场所。基于深厚的传统园林专业背景以及独到的审美观点，让设计者产生了通过"清风""明月""我"隐喻"现代沙龙"内涵的设计切入点，和拙政园内的"与谁同坐轩"有着异曲同工之妙。作为改造项目，朱育帆试图从多方面方面解决现状存在的问题。他首先将中庭做下沉处理，通过建筑设计手法形成回廊空间，从而加强庭院的围合性和内向性。另外，利用照壁植入折线型引导空间，以传承传统空间的含蓄精神。对于空间细部的创意，朱育帆也有独到见解。例如，中庭用碎石铺地，并采用白色水盘、黑色大理石落水及横着的石块三个重要元素；用竹林中做背景，突出具有镜面功能的黑色大理石落水，落水伴着潺潺之音顺势流到了砂石地上；明月之夜水盘倒映着月亮，意境深远，耐人品寻（图 5-14）。这些巧妙安排都暗合了设计主题，体现了设计者在继承的基础上发展了中国传统特色而有所创造。日本景观大师佐佐木叶二对该设计给予了较高评价："这是在认清中国传统空间模式精髓的基础上，活用近现

---

① 孟兆祯、陈云文、李昕：《继往开来与时俱进——中国工程院庭院园林设计》，《风景园林》2007 年第 6 期。

② 俞孔坚：《咸阳中华广场释注》，《规划师》2001 年第 1 期。

代空间、创造并将其发展的强烈意识的表现。"①

图 5 - 14　金融街四合院景观改造

Fig. 5 - 14　Renovation of the Quadrangle Courtyard in Financial Street

（二）抽象与简化

这种实践方法，对于早期在中国接受启蒙教育，而后在西方接受高等教育，并长期在那里生活、工作的贝聿铭先生来说，自然比其他中国设计师具有得天独厚的优势。在设计完成香山饭店之后，贝聿铭先生一直没有在中国大陆进行设计工作，而从 1995 年开始，他前后历时十余年又陆续完成了北京中国银行大厦（图 5 - 15）和苏州博物馆新馆（图 5 - 16）两件作品。北京中国银行大厦的景观设计，主要集中在中厅部分，他设计的思路是要让建筑物

---

① ［日］佐佐木叶二、高杰：《中国新星——新象征主义之庭》，章俊华译，《中国园林》
2005 年第 8 期。

拥有一个大花园：4.5m深的水池、7组特别从云南运来的岩石、圆形月洞门、一道15m高的毛竹构成的天然屏障……寥寥数笔"创造了充满象征意义的开放空间和连接过去、现在与未来的桥梁"①。在随后苏州博物馆新馆的设计中，贝先生特别强调"做到'苏州味'和创新之间的平衡，在'苏而新，中而新'方面下功夫"②。新馆最大的特色是由假山、水、竹林、小桥等传统园林元素组成的现代风格的庭院景观。庭院中的水面属于静态的，体现出现代、典雅的风格，建筑环列四周，从而形成一种向心、内聚的格局。与传统假山处理不同的是，新馆的假山处理完全是现代的抽象手法。贝先生认为古人对石头的审美观与几何图案式、简洁的庭院风格相矛盾；另外，古人在运用太湖石造景的造诣已登峰造极，很难超越。所以，他取意于中国山水画的意境，另辟蹊径创造了"以壁为纸，以石为绘"的表现方式，呈现出清晰的轮廓和剪影的效果。庭院的种植，采用单株或小组群的种植方式，形成一株一景的视觉效果，简化了单纯模仿自然的大面积丛植。

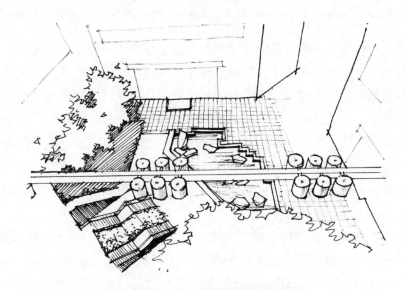

图 5 – 15　北京中国银行景观设计

Fig. 5 – 15　**Landscape Design for Bank ofChina in Beijing**

---

①　贝氏建筑事务所：《中国银行总行大厦》，《建筑学报》2002 年第 6 期。

②　［德］盖罗·冯·波姆：《贝聿铭谈贝聿铭》，林兵译，文汇出版社 2004 年版，第 15 页。

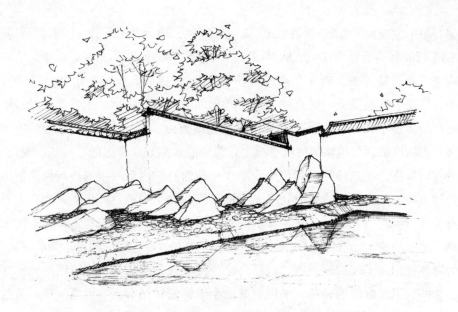

图 5 – 16 苏州博物馆新馆的假山设计另辟蹊径

Fig. 5 – 16 Rockery Design for the New Suzhou Museum is a Brand New Example

以上两件作品传达的是传统融于现代的思想和手法，即对传统风格进行抽象提炼，形成具有象征性的符号，通过使用几何化的方法简化传统园林中烦琐的装饰效果，不仅可以产生对传统的联想，又使景观风格更加简洁，富有时代特征，从而达到所谓"新中式"景观的特点。彭一刚先生认为苏州博物馆新馆的设计是"中而新"探索的榜样，他指出："贝先生毕竟是世界级大师，在耄耋之年还能拿出如此光彩夺目的作品，怎能不令人折服！……苏州博物馆深深地融入了中国的文化传统，特别是江南园林清秀典雅的格调。就这一点而言，它是胜过了香山饭店。"①

作为 2010 年上海世博会重要组成部分——"中国园"的设计者，陈跃中把这次面向国际设计舞台的重要创作当作"当代中式"景观设计的一次尝试——"从中国古典园林精华和大自然中抽象出可以应用到现代景观设计中的简洁语言符号，创作出属于当代的中式景观（图 5 – 17）……包括以传统中国叠石手法结合现代设计元素，塑造出硬景观与软景观；把传统烦琐的水

---

① 彭一刚：《彭一刚文集》，华中科技大学出版社 2010 年版，第 81 页。

体景观用现代的简洁艺术语言进行抽象、提炼……"①。

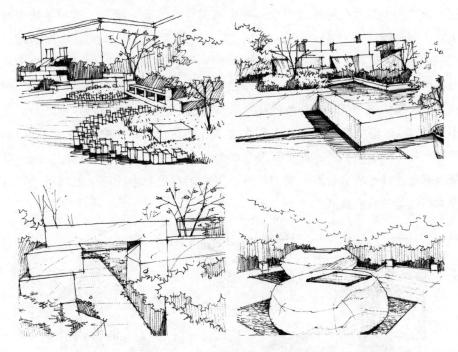

图 5 - 17　"当代中式"的景观实践——上海世博会"中国园"

Fig. 5 - 17　"Contemporary Chinese" Landscape Practice,
China Garden in Shanghai Expo

（三）解构与重组

这里所指的解构与重组同流行于 20 世纪后期的西方"解构主义"无关，而是指对传统园林进行创新的一种方法。它首先把中国传统园林造园要素分解为互不相干的碎片或组件，再按当代景观的设计要求及审美重组，形成新的空间效果。

王向荣分别以"竹园"和"四盒园"为主题设计了两个花园，参加了2007 年厦门国际园林花卉博览会和 2011 年西安国际园艺博览会设计师展览花园。从两个设计的平面布局和空间关系上，基本看不到传统园林的"影子"，倒颇具西方后现代景观设计的特征：线形的道路关系；墙体的穿插、围合；不同标高的竖向组织；忽明忽暗的空间转换……通过"隔""透""阻"与

---

① 陈跃中：《"当代中式"景观的探索：上海世博中国园"亩中山水"设计》，《中国园林》2010 年第 5 期。

"连"的精心安排，形成自由、流动、相互贯通的空间效果。设计者希望通过这种方式使参观者在穿越过程中得到丰富的空间体验与感知。这种手法表面上同中国传统园林没有直接的联系，实质上是对传统园林空间结构的暗示（图5-18）。另外，这两个设计也各具特色："竹园"在主从空间的划分上比较明确，白粉墙、青石墙、水面、小桥、植物等景观要素的穿插、组合均服从一个主题——"被竹子环绕的花园"；"四盒园"为了体现春、夏、秋、冬不同的气氛，隐喻四季的轮回，四个盒子在构筑材料、种植、小品等方面的处理上都各有不同。通过对景观要素的解构与重组，使其在有限的空间内重新表意而获得新的生命力，它们反映出王向荣对景观本质深层面的思考，以及对当代美学的不懈追求。

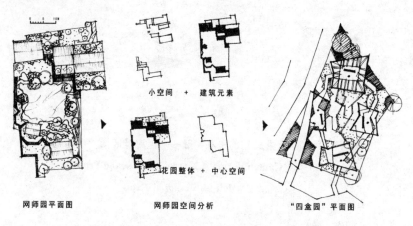

小空间 + 建筑元素

花园整体 + 中心空间

网师园平面图　　　　　网师园空间分析　　　　　"四盒园"平面图

图5-18　从网师园到"四盒园"的空间转换
Fig. 5-18 The Space Conversion from Wangshi Garden to Sihe Garden

而另一个项目——曲水园边园（图5-19）则体现的是建筑师对该手法的景观解读与运用。曲水园作为上海五大著名园林之一，其边界公园是马清运带领设计团队对南侧场地环境进行的一次改造。建筑师思考问题的方式同景观设计师相比会有所区别，因此他选择的解构对象首先是其最熟悉的廊、厅、墙、桥、踏步、坡道等建筑要素。然后，从空间关系入手，归纳成所谓的"四合结构"，赋予绕场地的四条道路以不同功能①。而事先解构、归类的要素则成为联系这四条道路的纽带。在对解构要素进行重组时，设计者没有直接"拿来回锅"，而是又利用一些当代技术和手段在传统的基础上进行"创

---

① 马达思班、马清运：《曲水园边园》，《世界建筑》2004年第12期。

新加工"。比如，在景廊体系的一个重要折角节点上，马清运安排了一个角亭。它是用混凝土板折叠而成的双重结构，其形式虽源于传统，但在这里却呈现为一种崭新的当代状态。有人评价这个项目："建筑师通过对历史的解读，将传统形式创造性转变成当前语境下的形式语言……现代与传统进入一种共生的状态。①"

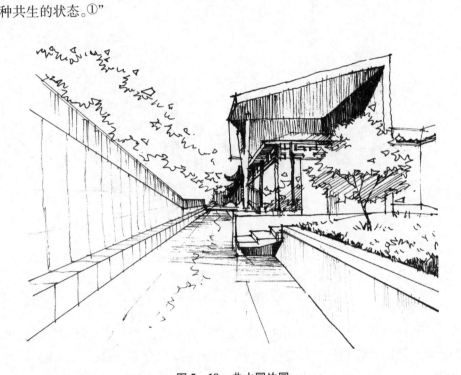

图 5 – 19 曲水园边园

Fig. 5 – 19 Edge Park forQushui Garden

（四）提炼与衍化

这种创新方法，是在探寻景观审美需求、空间布局、材料运用和文化诉求的基础上，提炼中国传统园林文化、要素组成、造园手法，融入当代设计语言、创作理念与手法，进而通过抽取、提炼、衍化、转变的方式，涵盖传统园林精髓，最终营造出具有中国传统氛围和色彩的当代景观。在此类实践活动中，居住区景观成为一个主要设计类型。进入 21 世纪，在"欧风"依然

① 张飞、李晓峰、杨璐：《传统的现代状态——四个案例的解读》，《新建筑》2007 年第 1 期。

占据主导的房地产市场中，重新出现了一股"中国传统势力"，与 20 世纪 80 年代至 90 年代出现的此类设计实践，如菊儿胡同、桐芳巷等相比，从设计思路到实践手法都有许多超越的地方，万科"第五园"便是其中的代表（图 5 - 20）。

图 5 - 20　万科"第五园"
Fig. 5 - 20　"The Fifth Garden" of Vanke

万科"第五园"的设计团队充分探究地方属性、提炼传统精粹、吸纳民居要素，并以此为契机，在建筑、规划、景观等综合专业的技术、构造、材料等方面进行深入分析和研究，最终得到以当代中式建筑和景观语言探索传统人文生活精神和态度的设计思路。设计者认为充满生机活力和生活情趣的传统聚落形态——村落所特有的空间意向和转换方式依然可以通过手法转化加以运用：整个区域进行组团式分区，形成了组团空间的自然过渡，同时通过村口—中心绿地—街巷—公共院落—私人庭院的空间过渡，在强调私密性和领域感的同时也为邻里之间提供了充分的交流场所。在景观小品的处理上也有一些衍化之处，传统意义上的马墙、挑檐、小窗等构造手法被一系列与当代生活不背离的设计细节所取代。另外，设计者巧妙地借助水面，与住宅融会贯通，成为中式庭院风格的延伸，使其失去传统的形体而不失传统之韵。作为 2007 年美国城市土地协会卓越奖亚太区的入围方案，评委会给"第五园"的评语是——"它抛弃一贯的西式住宅开发风格，用现代观点演绎中国本土文化"。

　　由张永和担纲总体设计、房木生进行景观设计的"运河上的院子"（图5－21），则是该手法在北方运用较为成功的案例。它同样在空间序列上做足了文章。由运河—岸上—院子构成的序列关系，是一种从大尺度到小尺度，从自然空间逐渐过渡到人文空间的递进，层层深化，互为补充。这个空间序列不同于西方现代景观的边界清晰，而是更多地体现了中国传统园林中的含蓄和模糊性，表现出设计者对传统造园观念更深层次的理解。设计者还提取老北京城市肌理很重要的组成——胡同进行衍化，成为串联各院落空间的交通组织纽带，给人以曲折蜿蜒的流动感和神秘感，也重建了中国院落文明的"街巷体系"。这个空间序列的最后一个层次——私家庭院，又分为前院，侧院，后院三大部分。从远门，进入门房、影壁，再进入庭院、室内，曲折多变的步行流线，层层递进，起到情绪渲染的作用，也体现了儒家思想所强调的"礼仪"文化。这种空间安排是对四合院空间进行衍化的结果。

图5－21　"运河上的院子"

Fig. 5－21　"Courtyard above the Canal"

三、地域特色的内在追求

当代中国景观地域性探索从"表象"走向"内在"的自觉追求，是自 21 世纪以来不同于 20 世纪 90 年代的明显特征，也是由大量反思性实践积累得出的成果。一方面，在园林景观及建筑领域一些老一辈知名学者的引领下，具有中国特色的原创性地域设计思想逐渐形成，如吴良镛先生提出的基于面向地区实际需要出发的"广义建筑学"理论；齐康先生提出的观点——"地域性总是不断适应社会政治、科技、经济、文化的变化而转换和更新，反映地区的种种特点和特色"①；何镜堂先生的"两观三性"理论等。另一方面，后来实践者沿着老一辈学者的足迹继续探索，在反思中努力寻求适合中国国情的地域性景观之路，1995 年之后，发表于景观园林及建筑规划类主要学刊上的这方面文章超过百余篇，对当代地域性自身及涉及的相关问题的阐述已经比较全面。

崔恺在自己的设计生涯里，一直将这样的创作理念渗透在建筑及景观作品中。2006 年竣工的凉山火把广场（图 5 - 22）是为满足火把节活动以及市民日常休闲活动要求而设计的。崔恺在设计中强调地域文化和艺术氛围的融合，整个广场景观围绕"永恒之火"主题雕塑展开：天空中流动的星云与地面按照星宿的关系布置的太阳能地灯遥相呼应；用红砂岩和青石交错铺装的地面，来表现火的涌动与天体的运转；铺装放射线指向当地冬至、夏至时太阳的出升方位……设计者通过艺术化象征手段将彝族文化中对天地、日月、星辰、火焰等的崇拜表现出来，创造出特有的地域文化氛围②。崔恺在 2008 年设计的北京奥林匹克公园中心区下沉庭院（3 号院）（图 5 - 23），以"礼乐文化"这一能够充分体现中国传统文化的元素作为景观主题，将礼乐仪式中"钟""磬""鼓""箫"等景观构成元素，结合下沉花园中已有的室外扶梯、楼梯等交通空间，分别形成了"鼓墙""钟磬塔""排箫""琴幕"。同时在铺装上，利用体现"琴弦"意象的黄铜格栅，将各景观点串联整合，进而实现下沉花园内"礼乐"主题的连续性及整体感。希望通过这种设计方式传

---

① 邓颀：《谈当代中国地域建筑的发展——以何镜堂与齐康的地域建筑作品为例》，《中外建筑》2010 年第 9 期。

② 何咏梅、崔恺：《凉山民族文化艺术中心暨火把广场》，《建筑学报》2008 年第 7 期。

达中国人内在的本质与个体修养①。该设计通过对传统元素的转化利用产生出
完全不同的解析和意境，显示出内容丰富、寓意深远的特点。

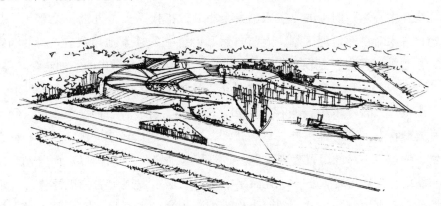

图 5 – 22　凉山火把广场

Fig. 5 – 22　Liangshan Torch Square

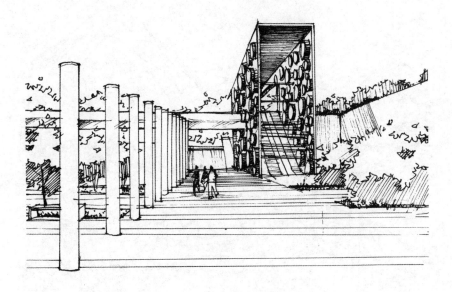

图 5 – 23　奥林匹克公园 3 号院

Fig. 5 – 23　No. 3 Yard, Olympic Park

完成于 2010 年的上海世博会中国馆地区馆屋顶花园"新九洲清晏"景

---

① 崔恺：《中国传统元素景观设计：奥林匹克公园中心区下沉庭院（三号院）》，《建筑创
作》2007 年第 9 期。

观，是在何镜堂先生指导下完成的一件贯彻这一思想理念的作品。众所周知始建于雍正年间的"九洲清晏"是圆明园四十景中规模最大的主要景区，利用环绕在中心湖面周围的一主八辅九个小岛，指代禹贡"九洲"之疆土，其中蕴含古人对自然地理区划、人与自然和谐统一的朴素地域观。"新九洲清晏"景观被解释为"是在当代全球化语境下对传统智慧做出的一种诠释"。其中"九洲"不再以具象的地域方位划分，而是以抽象的地理与气候条件划分，涵盖了世界人居环境中普遍存在的田、泽、渔、脊、林、甸、壑、漠、雍等九种典型状态。除"雍"外，每一"洲"均以微地形环绕周边，在中心依靠植物、铺地、小品的配置表现主题。"洲"与"洲"之间则以水面分割，以步道联络。"新九洲清晏"一方面是中国馆"城市发展中的中华智慧"展示主题的重要组成部分，另一方面也作为内涵丰富的景观展品，提示了对人类面临的共同问题进行审视和思考①（图5-24）。

a）圆明园"九洲清晏"

① 张利：《中国馆屋顶花园"新九洲清晏"》，《风景园林》2010年第3期。

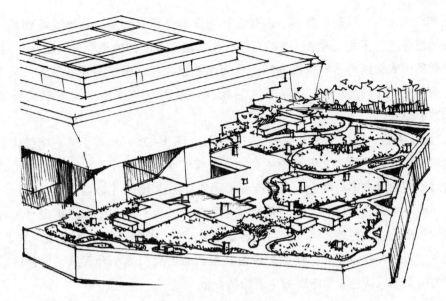

b）新"九洲清晏"

图 5 - 24　不同历史时期的"九洲清晏"景观

Fig. 5 - 24　Kyushu Ching Feast Landscape in Different Historical Period

　　这种地域性实践倾向也被延续在其他类型的景观实践中，如居住区景观、商业景观等。程泰宁先生在杭州"金都华府"居住小区设计中指出，"墙门、天井、粉墙黛瓦已成为杭州的历史记忆……'杭州的房子'已不可能也不应该再重复传统形式了"，因此采用"一庭五院一中心"的景观布局，创造出起、承、转、合的传统空间秩序，与江南传统"庭院深深深几许"的基本形态存在明显的传承关系但又结合了现代居住区休憩活动的需要，实现了形象—意象—气质的升华①。在景观形式上，也不是简单拼贴形式的"符号"或"标签"，而是针对使用者的生理及心理体验结合现代技术和设计方法，借鉴江南民居的地域特征，形成脱胎于传统地方形式的实践结果。

　　北京前门大街景观改造采用的是地域符号元素与新的休闲生活方式共同融合的实践模式。设计者认为一味地仿古只能被人们再次指认为"假古董"。对需要保留的老建筑，在保存原有风貌的基础上修缮；新建建筑则直接吸收周围古建筑的色彩、形制，进行模仿；在历史花园段，利用拆除后的建筑基

---

　　① 程泰宁、王大鹏：《杭州的房子——"金都华府"居住小区设计散记》，《建筑学报》2007 年第 11 期。

址和胡同街巷的肌理立意构思，有选择地保留一部分建筑的基础或者砌筑较好的墙体进行多元化改造，有的基址改作水池，有的种植花草形成屋基花园，变化的形式构成丰富的景观内涵；地面铺装吸收北京民居的外墙色彩，采用毛面灰色花岗岩铺装，分隔带铺装稍深，形成有韵律感、节奏感的地面铺装①。

EDSA 设计的南昆山十字水生态度假村（图 5 - 25）坐落于广东南昆山自然保护区。设计师者在保护原生树木、土壤、水系的前提下，结合中国传统造园原理和风水堪舆理论，利用废弃果园依势而建 70 间生态客房。该设计注重环境与建筑的和谐共生，建筑形式采用架空，保护地表生态，更提升了自然和景观价值。另外，还汲取当地客家建筑元素，如夯土墙、瓦屋顶、竹子，同时融入西方度假理念，将生态旅游和度假旅游有机地结合起来，使该区域成为一个地域特色非常浓厚的生态旅游典范。

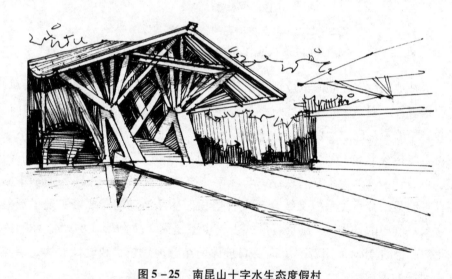

图 5 - 25　南昆山十字水生态度假村

Fig. 5 - 25　Crosswaters Ecolodge and Spa in Nankun Mountain

朱建宁认为，"一个优秀的园林作品，应该从场地中'土生土长'出来，体现场地的原有特性并使其作为整体区域的场地'片段'而存在"，这一愿望通过厦门园博会设计师 8 号展园——"网湿园"（图 5 - 26）得以实现。场地

———————

① 韩炳越、崔杰、赵之枫：《盛世天街——北京前门大街环境规划设计》，《中国园林》2006 年第 4 期。

所在区域是纵横有机的鱼塘，朱建宁的设计主要围绕"网""湿""园"三个要素展开，芦荡、塘埂、渔网、小船、木桩等均被利用成为人们认识地域特征的要素。另外借鉴"鱼塘"的原理，引申出"水网""路网""荫网"的布局，同时考虑到空间层次和尺度变化，又增加了水生植物和棕网构成"屏障"，进一步烘托了景观氛围。整个展园反映了场地原有特征、自然元素以及原有居民的生活方式，又融入了对参观者体验和识别方式的理解，最重要的还在于设计者对当代当地的自然、文化、技术资源的积极回应态度，并依此设计出适应地域特征且具有表现力的形式。

图 5 − 26　"网湿园"

Fig. 5 − 26　"Net Wet Garden"

四、生态探索的求真务实

目前，中国的生态事业已全面展开，中国景观界普遍意识到科学层面的生态学更应成为景观实践的基础（表5-5），生态学可以真实地反映景观各要素的生态关系及肌理，从而间接地为景观实践提供指导原则。反之，景观设计可以通过技术方法和艺术手段来实现当代生态观，并在实践中检验其科学性和合理性。2011年，西安世园会特别规划了"创意园"展区，邀请了包括北京大学在内的国内外十所著名高校，以多样化的主题，诠释了用景观设计的技术手段解决生态问题的若干种途径（表5-6）。这种将生态科学与景观设计相结合的实践态度和方式有效地杜绝了伪生态景观的盛行，"为建设良性生态系统而扎扎实实工作"①；为未来多样化的生态景观探索趋向起到了一定的启示作用。

表5-5　《全国生态环境建设规划》（1998）摘要

Tab. 5-5　**Abstract of *National Ecological Environment Construction*（1998）**

阶段	时间（年）	主要目标和具体指标
近期	1998—2010	坚决控制住人为因素产生新的水土流失，努力遏制荒漠化的发展。生态环境特别恶劣的黄河、长江中上游水土流失重点地区以及严重荒漠化地区的治理初见成效。改善趋向于动植物栖息环境，自然保护区占国土面积达到8%，在生态环境重点区域建立预防监测和保护体系
中期	2011—2030	力争使全国生态环境明显改观。全国森林覆盖率达到24%以上，各类自然保护区面积占国土面积达到12%；旱作节水农业和生态农业技术得到普遍运用，新增人工草地、改良草地8000万公顷，重点治理区的生态环境开始走上良性循环的轨道
远期	2031—2050	全国建立起基本适应可持续发展的良性生态系统。森林覆盖率达到并稳定在26%以上，林种、树种结构合理。全国生态环境有很大改观

周干峙先生在《对生态城市的几点认识》中提出，城市生态一般有三大类型：即生态保护、生态修复和生态重塑②，但周先生并没有做出具体解释。

---

① 熊金铭：《生态的泛滥》，《中国园林》2003年第10期。
② 周干峙：《对生态城市的几点认识》，《中国园林》2008年第4期。

本书认为这三种生态实践类型存在一定的递进关系，"保护"是基础，"修复"是提高，"重塑"是目的。但同时，三者间也相互联系、相互渗透，划分标准也相对模糊，只是看具体实践在哪方面突出罢了。

表 5 - 6　2011 年西安世园会创意园生态景观设计作品一览表

Tab. 5 - 6　List of the Ecological Landscape Design Works in Creative Park, Xián International Horticultural Exposition in 2011

名称	设计单位	生态设计策略	照片
强化的河畔	建筑联盟学院（英国伦敦）	利用地处水边优势和特点，探讨水陆交界的生态处理手法，以固液体轮流交替转化的过渡地带进行表现。以混凝土、木材为基础设施，浮桥、陆地和水生植物创造出的水景模糊了湖区与庭院边界	
生态平台	哥伦比亚大学（美国纽约）	利用在制定的设计范围内诸多不确定的因素所带来的变化而进行设计。通过构建一个淡水平台，创造多维的生态系统湿地，利用植物的季相变化、水位的升降展现出不同的景观效果	
生态节气	逢甲大学（台湾台中）	利用日晷的概念来定义西安的时序周期形态，利用高密度等间距的绿植柱所产生阴影的角度和长度来创造出一个持续变换的微气候生态环境	

续表

名称	设计单位	生态设计策略	照片
编织自然	北京大学（中国北京）	利用一层编织的薄网将人与自然划分成两个层面，薄网上层属于人的活动空间，下层安置照明系统，植物穿梭其间从而形成互动。薄网的设计减少了人对生态环境的一种破坏，创造了共生的和谐	
天空之城	南加州大学（美国洛杉矶）	诠释了人对生态环境美好憧憬的理念。日光中庭、反射花园、云雾园，分别反映出人与天空的基本关系：直接感知、间接反射、畅想遨游，让游客迷失在天空之中，感受其中意蕴、思考人与自然的关系	
芬香花园	多伦多大学（加拿大多伦多）	利用植物的香味营造出具有嗅觉、视觉、触觉的庭院，设计者通过独特的香味柱所散出来的香气吸引游客	

另外，根据近年来国内景观设计作品在国际竞赛的获奖情况，围绕生态问题进行设计占据了较大的比例，并且也主要集中于这三种探索类型，例如土人景观、王向荣、朱育帆在 ASLA 的多项获奖作品（表5-7）。因此，根据周干峙先生的提法，现将近十年中国生态景观的实践探索总结如下。

表 5 – 7　ASLA 中国获奖作品的生态策略

Tab. 5 – 7　Ecological Strategy of ASLA Chinese Award – winning Works

作品名称	奖项名称	获奖时间	生态策略摘要
台州"反规划"	ASLA 规划荣誉奖	2005 年	①运用"反规划"途径，进行不建设区域的规划，以保障大地生命系统的安全和健康；②应用景观安全格局理论和方法，建立生态基础设施，满足生态防洪、生物保护、乡土遗产保护等综合功能需要
黄岩永宁公园	ASLA 设计荣誉奖	2006 年	①保护和恢复河流的自然形态，停止河道渠化工程；②构建内河湿地系统，对流域的防洪、滞洪起到积极作用；③大量应用乡土物种进行河堤防护，形成多样化的生境系统
厦门国际园林花卉博览会园博园	ASLA 分析与规划类荣誉奖	2007 年	①采用群岛结构，将各功能区分布在不同岛屿上，利于防洪、排洪，同时增加了滨水空间；②将原有鱼塘一部分转变为池塘和湖面，一部分在水抽干后通过有限的地形改造变成下凹的展览空间，不仅延续了文脉，又节约了建造费用
天津桥园公园	ASLA 综合荣誉奖	2010 年	①应用生态恢复和再生理论及方法，通过竖向设计创造深浅不一的坑塘，形成与不同水位和盐碱度条件相适应的植物群落；②引入乡土植，形成低维护投入的城市生态基础设施，为城市提供了多种生态服务，包括雨洪利用、乡土物种的保护等
秦皇岛海滨景观带	ASLA 设计荣誉奖	2010 年	①将滨海木栈道作为生态修复策略，采用玻璃纤维基础，保护海岸线免受海风、海浪的侵蚀；②建造了湿地博物馆，受潮间带水坑景观启发，建筑周围建成了泡泡来收集雨水，从而让湿地植物和动物群落得以生长
上海世博后滩湿地公园	ASLA 设计杰出奖	2010 年	①在自然基底上对原沿江水泥护岸和码头进行生态化改造，恢复自然植被，并运用梯田营造和灌溉技术解决高差和满足蓄水净化之功效；②建立了一个可以复制的水系统生态净化模式，利用人工湿地进行污水净化，满足世博公园的大量用水需要

续表

作品名称	奖项名称	获奖时间	生态策略摘要
矿坑花园	ASLA 设计荣誉奖	2012 年	①通过重塑土地形式和增加植被建立一个新的生态群落； ②在安全考虑的前提下，采用减法的不干预的策略恢复岩体自然状态，并辅以瀑布、栈道、水帘洞等设计内容
群力国家城市湿地公园	ASLA 设计杰出奖	2012 年	①利用中部区域作为自然演替区，通过土方平衡技术，创造一系列水坑和土丘，形成自然与城市间的过滤和体验界面； ②收集城市雨洪，使其经过沉淀和过滤后进入核心区的自然湿地，营造出具有多种生态服务的城市生态基础设施

（一）生态保护设计

"生态保护设计"是对生态系统进行保护，使之免遭破坏，使生态功能得以正常发挥的设计手段，它要求设计要最小限度地破坏当地环境，尽量少地对周围景观产生负面影响。

2005 年，俞孔坚综合景观设计学、景观生态学、城市规划等理论，提出了"生态基础设施"与"反规划"思想，并以浙江台州为研究平台从宏观、中观和微观三个层面对区域基础设施的保护和建设理论与方法进行了探索。其中，微观层面的永宁公园（图 5 - 27）设计是一个关于河流生态保护与重建的案例。方案采取了一系列设计策略，如保护和恢复河流的自然形态，停止河道渠化工程；营建内河湿地，形成生态化的旱涝调节系统；保留乡土植物群落，并大量应用于河堤的防护工程等。永宁公园使永宁江水岸保持了自然形态，沿岸湿地系统得到了恢复和完善，对流域的防洪、滞洪起到积极作用，另外，通过对生态基础设施关键地段的设计，改善和促进自然系统的生态服务功能，同时让城市居民充分享受到这些服务①。该研究获 2005 年 ASLA 规划荣誉奖。

---

① 俞孔坚、刘玉杰、刘东云：《河流再生设计——浙江黄岩永宁公园生态设计》，《中国园林》2005 年第 5 期。

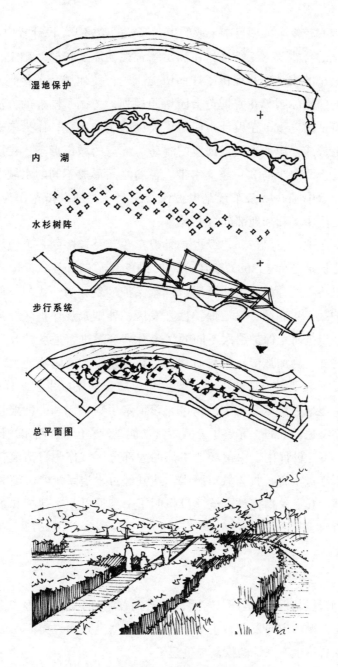

湿地保护

内　湖

水杉树阵

步行系统

总平面图

图 5 - 27　永宁公园的景观建构过程

Fig. 5 - 27　Landscape Constructive Process of Yongning Park

林箐在《地域特征与景观形式》一文中，介绍了北京多义景观事务所在一些环境因素较复杂的项目中采取的生态保护的策略①。设计者均通过仔细分析场地环境的自然及人工特征，在满足综合性功能要求的基础上，对现存环境采取了最小的改动，并保留了这些历史肌理，使地域特征得到延续。2007年完成的厦门国际园林花卉博览会园博园规划，遵循了同样的方法。出于对环境生态特征的尊重，在设计中保留了大量的场地肌理，作为未来园博园和城市新区的形式来源，进而依据厦门海岛与海湾的城市形态，在规划中规划了九个全岛、两个半岛和一条滨水带。各岛之间形成不同的水域空间，丰富了景观。现状中唯一一条车行路也被保留下来，并加以拓宽作为园博大道，成为连接几个主岛和陆地部分的中枢。

近年，湿地生态保护和建设也是景观实践涉及较多的一个领域。杭州西溪湿地综合保护工程于 2003 年启动，于 2005 年首期开放。设计者通过对景观空间格局特征的分析，将西溪湿地自然保护区划分为一级核心保护区、二级核心保护区、生态缓冲区、保护性开发区、外围景观保护区、旅游区等六个层次，并根据每个保护层次不同的生态合理容量进行适度的开发利用和景观处理。另外，为加强湿地的科研和科普教育功能，西溪湿地很好地利用这次机会恢复了典型湿地植物类群，按主题布局分别安排生物多样性展示区、湿地林区、湿地灌丛区、沉水植物区、珍稀水生物种区和引种繁育区，在突出西溪景观特色的同时，完善了公园游赏功能②。俞孔坚在哈尔滨群力湿地公园（图 5-28）设计中，保留场地中部的大部分区域作为自然演替区，并沿四周布置雨水进水管，收集城市雨水，使其经过水泡系统经沉淀和过滤后进入自然湿地山丘上的白桦林，该项目指明了一条通过生态保护和景观设计来解决常规市政工程所没能解决的更有效的途径。该项目获 2012 年 ASLA 综合设计杰出奖。

（二）生态修复设计

"生态修复设计"是运用技术手段使遭到破坏的生态系统逐步恢复或使生态系统向良性循环方向发展，主要指那些在自然突变和人类活动活动影响下受到破坏的自然生态系统的恢复与重建工作。

SWA 在昆明世博生态社区的景观设计中（图 5-29），森林景观的修复最

---

① 林箐、王向荣：《地域特征与景观形式》，《中国园林》2005 年第 6 期。
② 李永红、杨倩：《杭州西溪湿地植物园——基于有机更新和生态修复的设计》，《中国园林》2010 年第 7 期。

图 5 – 28　哈尔滨群力雨洪公园
Fig. 5 – 28　Qunli Rainfall Flood Park in Harbin

能体现该设计的生态性，因为它可以为社区提供高质量的空气、为居民及动植物提供高品质水源、多样化的生物种类与植被。重建森林作为设计的重要部分，其细致的实地考察和地理信息系统的应用为设计提供了令人信服的依据。

图 5 – 29　昆明世博生态社区
Fig. 5 – 29　Ecological Community in Kunming Expo

NITA 设计的 2010 年上海世博公园，是针对工业棕地进行生态恢复和工业遗产再利用的代表案例。设计团队提出尽量多的方法去修复自然平衡，认真地对活动区域进行划分与界定，让人为活动尽量少地影响这个生态系统，并在自然生态中创造多种形式的活动空间，利用环境的和谐增强人与人的沟通交流。上海世博公园的景观设计共采用了七大生态技术，包括雾喷降温技术、资源型透水路面、植物改良修复土壤、耐践踏草坪、生态绿屏、屋顶绿化以及生态水净化处理。

北京土人景观设计的上海世博后滩湿地公园也是世博园的核心绿地景观之一，位于世博公园的西端。场地原为钢铁厂和后滩船舶修理厂所在地，是污染严重的工业棕地。该设计在江滩及内河湿地的自然基底上，保留、修复和再用了原场地作为钢铁厂的遗存记忆；在狭窄的空间里，布置了一个狭长的幽谷空间，在巧妙地解决防洪问题的同时，成为具有自然净化功能的湿地系统，利用自然的自我调节和净化能力来治愈工业时代留下的污染；在内河湿地里还设计了一系列亲水栈桥和平台，形成一个具有弹性容量的步道网络并提供丰富的体验和审美空间。

朱育帆在 2010 年实施完成的松江辰山植物园的矿坑花园，表现出工程技术、生态修复、艺术效果相综合的理念。矿坑原址是百年人工采矿遗迹，为保护矿山遗迹，进行地质环境综合治理，结合辰山植物园建设，使其和谐地成为植物园景观一部分，设计者将其定位为："建造一个精致的特色花园，项目主题是修复式花园"[1]。依据矿坑围护避险、生态修复要求，结合中国古代"桃花源"隐逸思想，对现有深潭、坑体、地坪及山崖进行适当的改造，营建成瀑布、天堑、栈道、水帘洞等与自然地形密切结合的内容，深化了人对自然的体悟。利用现状山体的皱纹，深度刻化，使其具有中国山水画的形态和意境。矿坑花园由镜湖区、台地区、望花区和深潭区组成。整体设计采取最小干预原则，尽量避免人工痕迹，将场地中的后工业元素、辰山文化与植物园的特性整合为一体。其中，深潭区是整体设计的关键地段，具有很强的观赏性与游览性。在现状崖壁上开凿山瀑、水潭、山洞、水帘洞，沿深潭崖壁做栈道、一线天、临水平台等设计，使潭区竖向、水平空间呼应、互动，创造了浑然一体的山水景观（图 5-30）。矿坑花园获得业界肯定，并获得第二

① 朱育帆、孟凡玉：《矿坑花园》，《园林》2010 年第 5 期。

届中国建筑传媒奖。基中提名理由写道："在今天的快速城市化过程中，许多工业废弃用地成了头疼的问题，朱育帆用优雅的一抹步道，使其成为一个秀美的花园，为市民增添了一个令人愉悦的游乐场所。"

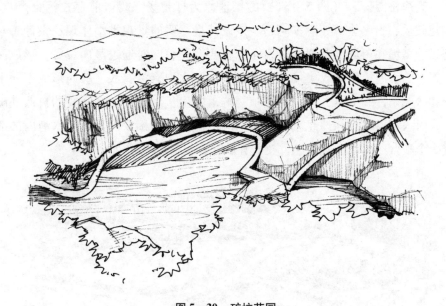

图 5 – 30　矿坑花园
Fig. 5 – 30　Quarry Garden

（三）生态重塑设计

"生态重塑设计"主要强调"重塑"的过程，它通过对特定区域的生态因子和生态关系进行科学的整理、分析、研究，引入艺术的因素，运用合理的设计手法，使生态环境得到健康发展的同时获得实用性和艺术性的全面提高。

北京土人景观的两个 ASLA 获奖项目——秦皇岛汤河滨河公园和天津桥园公园是国内开展生态重塑探索较早的优秀案例。在秦皇岛汤河滨河公园设计中，严格保护原有水域、湿地和植被；避免河道的硬化，保持原河道的自然形态，对局部塌方河岸，采用生物护堤措施；在此基础上丰富乡土物种，包括增加水生和湿生植物，形成一个乡土植被的绿色基地。另外，秦皇岛汤河滨河公园被冠以"绿荫中的红飘带"的主题，来自一条基于对生态环境最少破坏原则形成的绕过树木的红色线性景观元素，具有多种功能，如座椅、照明设施、植物标本展示廊、科普展示廊、一条指示线等。它由钢板构成，采用中国红的色彩，因地形和树木的存在而发生宽度和线型的变化。该案例将河流廊道的自然过程和居民对它的功能需求紧密地结合起来，满足了水源保护、乡土生物多样性保护、休憩、审美启智和科普教育等生态服务功能。

天津桥园公园（图 5 - 31）的场地原为打靶场，改造前存在污染严重、临建破败、土壤盐碱等诸多问题。该设计最重要的景观重塑体现在设计者对靶场的高堤和鱼塘以及树木进行了保留再利用，同时通过竖向设计，形成深浅不一的水泡，具有收集场地雨水的功能。水泡有深有浅，从而形成不同水分和盐碱条件的生境，适宜不同植物群落的生长。其次还在恢复的自然基础上，引入步道系统和休息场所。水泡间的游步道连接成网，每个水泡内部都有一个平台，深入群落内部，使人有贴近群落观赏的机会。

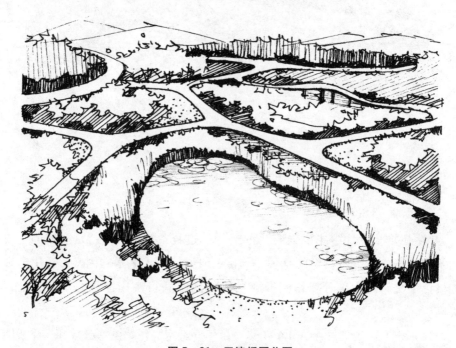

图 5 - 31　天津桥园公园

Fig. 5 - 31　Qiaoyuan Park in Tianjin

陈跃中将"水—绿—人"三位一体的生态设计理念贯穿在北京温榆河生态走廊（朝阳段）的规划设计中。同其他生态重塑的实践一样，该案例也面临现有河流环境污染严重、河流生态系统退化等一系列问题，因此在重塑过程中特别强调对于水系的处理。设计者在原有温榆河水系基础上加以整理，并重新开辟了一条和温榆河平行的新水系，在局部区域开挖新的水渠，引温榆河水进入城市内部空间，或者在节点处形成湖面，以增加人们的亲水机会，另外通过改造排水渠，使之成为防洪、排水、生物净化、娱乐等多功能的综合水系①。

五、技术手段的合理运用

通过一定的实践反思，一些人意识到在技术进步与各种思潮"泛滥"的年代，忽视技术的适宜性，盲目追求设计的"新"与"奇"，只会导致目标和效益的失衡，容易走上恶性循环。目前，在创作领域所发生的从对国外景观思潮的表面形式的追逐到对技术手段的得体运用的改变，表明主流景观实践思路在技术观念方面的变革。

其中，北京奥林匹克森林公园是中国目前的城市公园建设案例中，全面应用各种先进景观建造技术和生态环境科技的代表案例，具有科技示范意义。作为"通向自然的轴线"整体理念的重要组成部分，公园设计者将一系列重要的生态战略全面贯彻于森林公园规划设计的各个方面，包括水系堤岸、种植灌溉、声光环境、生态建筑、景观湿地、绿色垃圾处理系统、厕所污水处理系统等②。另外，为了保障地块两侧的生物系统联系、提供物种传播路径、维护生物多样性还设计了中国第一座城市内上跨高速公路的大型生态廊道。该公园还是国内第一个全面采用中水作为水系和主要景观用水补水水源的大型城市公园，$4.15hm^2$ 的湿地系统和生态水处理展示温室对进园的中水进行净化处理，使公园水系成为北京最大的再生水净化水系。此外，森林公园在以下方面采用的技术均在国内大型城市公园中属首次：应用可再生能源，对废物资源进行循环使用并形成闭合资源循环圈；实行雨水收集系统规划；综合处理、循环利用绿色废物的处理中心；实现集智能化管理、灌溉、消防、水质监测与预警系统于一身的智能化公园；实现全园污水零排放；针对特有乡土鸟类种群习性而设计雨燕塔；结合太阳能光电板的景观廊架③。这一系列的科技生态成果，很好地传达了"科技奥运"的理念。

① 陈跃中、袁松亭：《新北京的时代地标——温榆河生态走廊（朝阳段）规划设计》，《中国园林》2004 年第 9 期。
② 胡洁、吴宜夏、吕璐珊：《北京奥林匹克森林公园景观规划设计综述》，《中国园林》2006 年第 6 期。
③ 胡洁、吴宜夏、吕璐珊、刘辉：《奥林匹克森林公园景观规划设计》，《建筑学报》2008 年第 9 期。

与奥林匹克森林公园这种高技术应用不同的是，一批实践者"选择技术上的相对简易性，注重经济上的廉价可行……通过令人信服的设计哲学和充足的智慧含量，以低造价和低技术手段营造高度的艺术品质……由此探寻一条适用于经济落后但文明深厚的国家或地区的策略。"①

李晓东作为较早在国内介绍西方批判的地域主义演变和发展的学者，擅长利用真实的当地条件，通过谦逊而现代的设计语言试图寻求一种对地域的各方面条件做出的独特解答，并将这些近乎寻常的外在特征转化为能够反映现实价值观、文化和生活方式的创新形式（图 5－32）。"淼庐"是其在丽江玉龙雪山脚下设计的私人会所，毫无修饰的石材是整个庭院的重要构成部分，无论是岩石构造的院墙、鹅卵石铺就的地面，还是碎石垒砌的平台，呈现出乡土、粗犷的状态，很好地烘托出建筑与周边环境的亲近关系。值得一提的是，整个工程都是就地取材，并且基本上由当地村民完成。另外两个获得多个奖项的乡村小学设计——玉湖完小和桥上书屋，与"淼庐"相似的地方不多，但在做法上保持了一致性，都是通过对当地传统、建造技术、材料以及资源的根本理解来达到对地域性景观的创新诠释②。

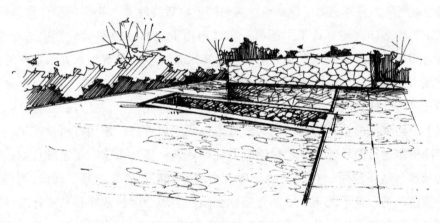

a)"淼庐"

① 唐薇、牛瑜：《"低技策略"与"面对现实"——建筑师刘家琨访谈》，《建筑师》2007年第 5 期。
② 李烨、李晓东：《李晓东：为环境把脉——桥上书屋》，《缤纷》2010 年第 4 期。

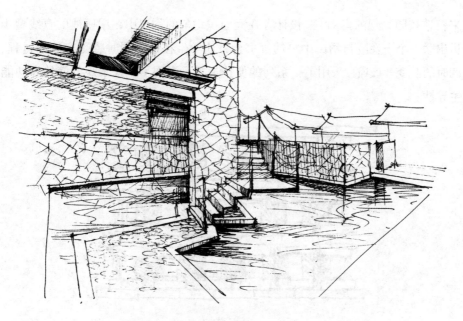

b）玉湖完小

图 5 - 32　李晓东对地域性技术手段的合理运用

Fig. 5 - 32　Li Xiaodong's Reasonable Utilization of Regional Technique

王澍设计的中国美术学院象山校园在建成后的一段时间内，备受关注，并引发评论。象山校园超越了传统的校园景观，其核心理念为回归乡土，王澍将之诗意地描述为"返乡之路"，场地原有的农地、溪流和鱼塘被小心保留。项目从一种本土人文意识出发，以扎根于土地为选材原则；以选材推论结构与构造；以"仍在当地广泛使用，对自然环境长期影响小，且正在被大规模专业设计和施工方式所抛弃"为民间手工建造材料和做法的选用标准（图 5 - 33）；以将民间做法和专业施工有效结合并能大规模推广为研究目标；以看似基本不变的简单形制适应大规模的快速建造①。同时，校园还体现着对资源与能源的思考和可持续方面的关照，利用的江南旧瓦片就是一个典型的符号。在这个项目中，超过 700 万片不同年代的旧砖瓦从浙江全省的拆房现场回收到象山新校园，重新呈现了中国手工时代的低技建造传统。

以"将稻香溶入书声"作为设计目标的沈阳建筑大学新校园稻田景观（图 5 - 34），北京土人景观完成的一个用水稻、作物和当地野草等经济元素

---

①　王澍、陆文宇：《中国美术学院象山校区》，《建筑学报》2008 年第 9 期。

来营造校园景观的案例①。设计者在大面积均匀的稻田中，用便捷的直线型步道串联一个个隐匿与稻田中央的读书台，让学生在读书同时感受自然的过程、四时的演变。该项目采用了一系列的低技途径，强调了当代景观的简约和功能主导性。

图 5 − 33　象山校区的花格墙采用民间作法

Fig. 5 − 33　Folk Practice is adopted in the Construction of the Lattice Wall in Xiangshan Campus

图 5 − 34　水稻作物成为景观要素

Fig. 5 − 34　Rice Plants is regarded as Landscape Element

① 俞孔坚、韩毅、韩晓晔：《将稻香溶入书声——沈阳建筑大学校园环境设计》，《中国园林》2005 年第 5 期。

第五节　走向新景观

不同的设计策略与方法，其差别是实践者不同层次的底蕴和审美观。而相同之处在于，这些策略与方法的产生往往是从对当下中国景观实践的片面性或局限性反思和理解入手，并在多方面提出行之有效的克服办法，且收到很好的实践效果。因此，可以由此推断中国景观主流已进入"反思性实践"阶段，传承这种实践反思的整体意识，注重批判反思的实践过程，使景观实践关注的重心从"形式结果"走向"本体过程"，对中国未来景观实践的发展无疑是有益的创新。如著名学者郎加明指出："对于创新来说，方法就是新的世界，最重要的不是知识，而是思路。"[①]

就景观本体作为研究对象上看，也更容易发现作为一项实践性很强的行为活动，景观实践涵盖了与多领域知识和价值因素相互动的复杂过程，即弗兰姆普顿曾经强调的，要"更重要的是注重其背后的经济、政治、文化习俗等'看不见'的影响因素"。这就要求从业者们抛开根深蒂固的形式情结，超越表象符号的运用，避免一味模仿、拼贴所产生的形式脱离内容、审美背离功能的弊端，考察、审视、了解、掌握本体层面的综合信息是有待继续探索的实践方向，毕竟"表面的形式与风格固然重要，然而在形式后面，却可能隐藏着真正价值"[②]。此外，通过观察近年来历届园博会的大师展园具有先锋性和创新性的众多作品，表达的效果或宁静隽永、引人深思，或欢快幽默、引人发笑，或神秘莫测、引人入胜……虽然这些参展作品已经跳出了常规的景观概念，传递出设计者对景观设计与众不同的理解和表达方式，但国内外设计大师关注的重点却依然围绕和涵盖了以上五个方面的设计策略和方法（图 5 - 35，表 5 - 8）。借此，可以预见在未来的一段时间内，中国主流景观将继续围绕这五个方面的途径进行深层探索，站在反思性实践的角度诠释具有中国特色的理性创新之路。

---

① 邢凯：《建筑设计创新思维研究》，哈尔滨工业大学 2009 年博士学位论文，第 126 页。
② 单军：《"看得见的"与"看不见的"对建筑学"视觉中心论"的反思》，《世界建筑》2000 年第 11 期。

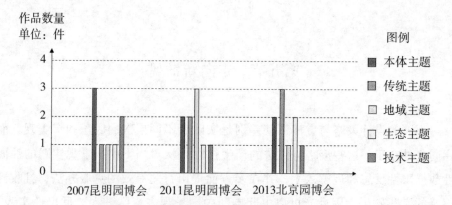

图 5 – 35　历届园博会大师展园作品的设计主题统计

Fig. 5 – 35　Statistics of the Design Themes in Masters'

Exhibition Park in All Previous Expo

表 5 – 8　2011 年西安世园会大师展园作品一览表

Tab. 5 – 8　List of the Works in Masters' Exhibition Park, Xián International

Horticultural Expo in 2011

名称	设计者	主题类型	设计思想	照片
山之迷径	[西班牙] Benedetta TAGLIABUE	地域主题	具有浓厚的地域特色，但并不意味着传统，用明艳的油画色彩以及现代解构主义来建造一个中国山水画般的景观	
植物学家花园	[英] Gross Max	生态主题	将苔藓和蕨类植物种植在围墙上，围合出一个具有异国情调的花园内部空间，展示了水杉、红花绿绒蒿等多种珍稀知名植物	

续表

名称	设计者	主题类型	设计思想	照片
通道	[澳] Vladimir SITTA	本体主题	结合了三个独特的花园空间结构，近距离观察，可以看到一些精致的标志；花园里主要分布墙体，其间点缀着一些开口，让人们可以看到前方花园若隐若现的景色	
大挖掘	[德] Martin CANO	本体主题	以地球作为概念创意的参照物，借助下沉的地洞，激发游客的好奇，幻想由此到达世界的另一端，由此营造跨国环境氛围	
山水园·中国地图	[法] Catherine MOSBACH	地域主题	通过拓展边界，让游客置身于一个微观世界；借鉴中国山水画与园林景观的艺术脉络，取意于自然风景的微缩景观，力求神似而非形似	
迷宫	[美] Martha SCHWARTZ	传统主题	由3m高的传统青砖墙构成。具有中国、欧洲传统特色的迷宫，是中国建筑表现西方文化的大胆尝试和探索，是中西方文化融合的结晶	
万桥园	[荷] Adriaan GEUZE	技术主题	由桥、小径和竹子组成，一条单方向的小径只设一个入口和出口，贯穿全园，使参观者站在每座桥上都能得到不同的视角和景观体验	

续表

名称	设计者	主题类型	设计思想	照片
黄土园	［丹］ Stig L Andersson	地域主题	由黄土塑造，泥浆流淌的池塘，黄土烧制的砖和外形像太湖石的陶雕塑，象征了在中国悠久的历史上，黄河带给人们的幸福和灾难	

从现实发展的角度看，西方景观发达国家的设计实践是在历经百年形成的思想理论体系基础上逐渐走向成熟，而中国景观是在时间上被极大压缩了的实践，呈现出设计实践领先思想实践的矛盾。因此基于这种现实，通过上述设计策略和方法的检验，可以推断只有依据已发生景观实践的现实性与反思性为基础，准确把握中国景观整体的未来发展和价值取向，才有助于思想实践和设计实践的共存共生，并由此推进具有中国特色景观思想理论体系的尽快形成。

另外，从历时性角度看，景观实践的过程既是一个吐故纳新、新陈代谢的过程，也是开放性与演进性、多元性与包容性、反思性与实践性互相共存的过程。一方面，在信息化打破了传统时空观的今天，较为固定的风格不复存在，专业知识也不再是权威独享，设计发展变化的周期正在缩短，导致了各种景观风格与思潮的交叠共存和互相借鉴。它需要不断地批判反思、解构重组，才能形成较为开放、完整的知识体系，也只有不断地批判反思，才能使景观实践具有旺盛的生命力。而在共时的情况下，随着地域间的相互影响日益增大，使具有中国特色的地域性景观实践探索变得更为艰难。而反思性实践不仅要求满足微观地域本身的景观塑造，还要树立广泛开放、全面系统、内涵丰富的思维方式，即中国特色的创造不是或不仅仅是形成某种风格，而更多地表现为一种创造特色的思路和方法。这种新的思维方式不仅避免了形式上的牵绊，同时也具有很大的模糊性，使未来具有中国特色景观实践的内涵与外延更加扩展。

总之，景观实践是随着时代发展，与时俱进地探寻问题和解决问题的行动过程。只有将反思性当作一个实践历程的重要环节把握时，才会使中国景观具有更独特的个性意义与价值。就整体而言，未来中国景观的反思性实践之路还有待更深层次的探索。借用庞伟 2008 年 6 月 16 日在大连理工大学的演讲题目——《走向新景观》，必须立足于"此时此地"的现实发生，明晰当前中国景观的实践困境，在反思性实践中广泛运用各种理论、方法寻找救赎之途，并为未来发展指明目标，虽然有一定的难度，但意义重大，而且是目前必须要做的工作。

第六章

结论与展望：“思之道路，自行不息”

"道路，思之道路，自行不息且消隐。何时重返，何所期望？道路，
自行不息，一度敞开，又突兀锁闭的道路。更晚近的道路，显示着更早
先者：那从未通达者，命定弃绝者——放开脚步回应那稳靠的命运。复
又是踌躇之黑暗的困顿，在期待之光芒中。"①

——马丁·海德格尔（Martin Heidegger）

《道路》，1970 年

至此，对中国景观实践的回顾、审视和反思，以及面向未来提出的反思
性实践策略，即将告一段落，这并不意味着关于这段历史反思历程的疑惑都
已经得到了一个明确或者最终的答案。相反，似乎这仅仅是问题的开始，又
有新的更大的疑惑浮现在本不确定的答案中，因为在某种意义上，景观实践
就是一个不断反思和不断超越的历程，永远不会静止在一个水平上。此外，
一个处于复杂、多元的社会场域中的学科所包含的因素之多、问题之杂、范
围之广也不是一个定论可以一言以蔽之的，更无法奢望有一条唯一清晰的实
践道路呈现在多元化的时代面前。与此同时，所谓当局者迷，身处学科所涉
及范畴之大使思考的框架也十分庞大，这会使得反思内容和实践方法都不够
深入，但是对于一个成熟的学科而言，实践与反思却是无法分立的。行文即
将结束之时，又不得不回头冷静地凝望一下本书的研究框架。

---

① 孙周兴：《海德格尔选集》，生活·读书·新知上海三联书店 1996 年版，第 56 页。

第一节 反思之于景观实践的启示

"一切历史都是当代史"①,是意大利史学家 B. 克罗齐提出的命题。同样,传统社会学观点也认为,无论对于个人还是对于行业来说,历史都是无限延续的,也许是一个延续的事件,也或许是一个事件的进程。其中每个事件都从它之前的事件中取些东西,又导致后来的事件;后来的事件解释早先的事件,早先的事件也解释后来的事件。从社会现象的任何一个细节深究下去,研究者都会遇到无穷无尽的因果链条,以致不可能满意地解释现象本身②。而布迪厄在此基础上,创建了反思社会学,倡导以反思性为基本原则,去探究深藏于社会结构和场域的社会无意识和集体无意识,清醒地认识各种限制知识生产、阻碍知识增长的主客观因素,并试图克服这些限制因素,从而促使一种新的知识生产方式的再造。

由于中国景观实践始终处在社会变革的结构之中,因此,发展状况更为复杂,影响的因素也并不仅限于景观本体,经济、社会和文化等因素的相互纠缠,此外,行动实践先行于思想实践、职业化进程不够完善、又缺少科学系统的批评引导……这些都对诠释这段不算长的历史,增加了研究难度,影响了分析的系统性。因此,本书在"实践反思"部分借鉴的是反思社会学的视野与方法,目的在于探寻、揭示、反思景观实践发展的内在规律、主要动因;探寻历史与当下、事件与运行、实践行动与社会结构的相互渗透交融;力图把澄清现象与探究本质紧密地结合起来;继承其正确的、合理的部分,批判与扬弃谬论及不合理的部分。整体地看,它是从景观角度对来自政治、经济、文化、历史等各种知识领域冲突的批判和追问,是在社会结构框架下的反思性分析与总结,这也是辩证法的要求。尽管,某个具体的景观设计运用的知识也许涉及的不是全部的知识领域,但对于创作实践者来说,也同样需要社会理论的结构框架对创作本身进行综合考量和判断,这是非常有意义

---

① [意]贝奈戴托·克罗齐:《历史学的理论和实际》,傅任敢译,商务印书馆1997年版,第2页。

② 唐军:《追问百年:西方景观建筑学的价值批判》,东南大学出版社2004年版,第204页。

和有价值的。所以，无论从宏观还是微观角度审视景观学科与景观实践，它都是一个延绵不断、纵横交错的知识网络体系，兼顾清晰的社会结构和时空中的事实，经验与逻辑并用，或许才能对景观思潮有冷静的把握，这是基于反思的研究视野与方法带来的启发，也是对每一位从业者的要求。

与此同时，本书并不期望构建一个确定的涵盖一切的景观实践体系，而是通过反思实践现状，一方面，透过对现实实践的一些现象与情境的诊释与反思，探讨景观实践中的一些可行性与合理化因素，为本学科引入一种积极的思维方式，提供一种可能的和有效的行为方式；另一方面，通过对历史和具体复杂的实践经验进行观照，期望在一个整体社会结构的视野中回顾中国景观实践历程，林木互见，力求做到在历史中阐释，在阐释中有所创新。

从实践反思的意义上讲，这种视野和方法的引入既是对时代和历史的关注与追问，更是强调了当下景观实践与不同社会领域间的关联，以思辨的态度对待现有的状态和存在的问题，从而对中国景观学科的价值取向做出较为完整与综合的阐释。这种超越意味着创造，它直指现实和未来。然而在当前的景观领域里，实践反思仍然处于一种相当的困境，这是一种不言而喻的现实现象。因此，更有必要揭去各种景观表象上的美丽面纱，去伪存真，去蔽还原，以整体结构化理论和行动实践的思考，明晰景观的价值观念和评判尺度，求得对景观学科与景观实践真切而正确的认识。它既是一项社会化的集体事业，也是每一位景观实践者和相关社会成员的重任。

第二节　推动"实践反思—反思性实践"的往复前行

"笔墨当随时代"是中国清代画家石涛的一句名言①。用当代思维方式可理解为艺术形式上要有变化，创作手法的运用也都要与所表现出的时代气息与风貌相符合，这样才能达到"随时代"的目的。关于变化的思考不仅仅局限于绘画领域，而是存在于社会实践的方方面面。的确如此，反思当代中国景观的种种问题，认识到实践反思对于中国景观的重要性与深刻性：景观实践的过程就是一个反思的实践历程，而实践历程则是景观实践者创作力与生

---

① 田龙：《笔墨当随时代》，《艺术百家》2011 年第 7 期。

命力的一部分，没有反思过程的实践就如惯习性的"模仿""移植"先人或西方的实践成果和现成的形式，亦如为了取悦社会时尚，"拼贴""复制"着流行符号，创造出时尚化表象，这势必导致景观创造力与实践生命力的萎缩。处于景观场域或其他社会场域的人们纷纷向往找到有效的方法来克服羁绊，突破实践创新的壁垒。而舍恩主张的"反思性实践"以及"反思性实践者"对于中国景观实践体系来说这也是一种行之有效的策略和方法，它就是从"实践反思"阶段跨越出来，再以某种新的形式和方式将其重新整合，使其能够真正实现自身确立的目标。因此，本书总结的"反思性实践"策略与方法是以舍恩的方法论为基础的论述。

本书在第一章建立的"实践情境—实践反思—反思性实践"理论框架，可以形象地理解为从中国景观实践的实际情况出发的一种反思探究的循环实践过程（图6-1），此处有必要回顾一下。社会学意义上的该过程不是线性的，而是循环往复的螺旋式过程。从"对实践的反思"开始，转向"为实践反思"，然后是"反思中实践"，最后回到"对实践的反思"，进入一个循环往复的进程之中。通过第五章的论述，本书认为当下中国景观实践的一些策略和方法是具有反思性的，或者说具有反思精神的批判。一方面，这些策略和方法的共同之处是经过了意识期、思索期和修正期，是经过"设计实践—反思—新的计划—改进的实践"循环得以实现，经过实践内化所积累起来的经验又将在新的实践中体现为一种实践性策略，并成为实践者下一步行动的参照。因为，只有"实践才是检验真理的唯一标准"，"反思性实践"为"实践反思"提供了一个对话的"场域"，同时也构成了二者的互补和互利，力图共同在反思、实践与重构中达到"融合"。另一方面，这些策略和方法的实践者能够自觉意识并反思自身乃至社会关于景观实践的错误导向与价值偏误，善于主动思考自己的实践及其场域并做出理性的判断，及时反思并调整自己的实践方法，从而不断丰富自身的实践性经验，继而转型为"反思性实践者"，如王澍、朱建宁、朱育帆等为代表。这些策略和方法已然成为"实践反思—反思性实践"过程中的新起点，然而随着时代的进步，通过又一轮实践的反思检验，它们就将成为这一个循环周期的终点，同时更新的起点又相继产生，于此往复，推动中国景观实践的不断前行。

图 6 – 1 "实践反思—反思性实践"的往复前行示意图
Fig. 6 – 1 Reciprocating Development of "Reflection-on-
practice—Reflective Practice"

"实践反思—反思性实践"及其所蕴含的时代特征和主体价值，正潜意识地成为概括中国景观实践特征的关键术语和一种新的认识论及方法论。实践总是需要沿着时间和空间维度互补，因此，推动"实践反思—反思性实践"的往复前进需要景观场域的整体或局部、群体或个体在实践历程中不断地总结与反思，不断地怀疑与批判，就是在这种延绵的"不断"之中，促使景观实践注入一种进步的反思性力量——一种与时俱进的力量。还需要强调的是，将反思性实践的策略与方法引入中国景观实践，并不是要颠覆景观学科作为思想与学术的认识论保障体系，不是要削弱该学科的客观性，而是要对过去的景观实践进行再认识并通过新的实践策略与方法来巩固、发展、扩大中国景观学科及行业的实践领域，增强其可通约性、可靠性、可理解性、和可操作性。

第三节 主要创新点

本书的主要创新工作与成果归纳为以下五点：

一是运用社会学研究成果，将景观实践与社会系统的构成及演进紧密结合，以全新的视角对当代中国景观实践进行了系统性研究，是研究方法上的创新。在相应的技术路线方面，结合社会学的概念和理论以及在相关领域的应用成果，首次建立了"实践情境—实践反思—反思性实践"的研究框架，通过对中国景观实践情境的内容、性质和特征的全面解析，从思想实践与设计实践的层面展开对中国景观的反思，继而经过实践反思的指导，提出目前及将来中国景观的实践途径和策略。这三个层次的研究内容相互联系、层层递进，分别属于本体论、认识论和方法论的理论范畴，对当代中国景观的系统性研究起到了积极的促进作用。

二是首次从社会历史观的视角，提出了景观的实践情境概念，对中国景观实践情境的四个方面进行了全面厘清和阐述，属于考据补充型的创新。基于从整体到局部的研究逻辑，归纳与分析了社会变革与先导因素对中国景观实践的影响，并对景观学科及行业发展历程进行了分阶段梳理，建构起对景观实践动因的基本解释框架。对中国景观的实践内容与特征进行了归纳性研究，同时结合社会演进的特点，对每个方面进行了历时性的纵向梳理。落脚于景观实践的主体，探讨了代表性实践者的思考关注点和实践策略。从鲜有的理论视角透视了景观实践情境的各个方面，为客观诊释、理性反思中国景观的现实问题，以及为进一步的相关研究搭建了初步的框架平台。

三是重新明确了中国传统园林当代转型的背景及必要性，运用社会学的惯习理论，对转型实践进行了反思性研究，属于角度变更型的创新。基于对惯习含义和历史持久性特征的阐述，对传统园林的当代转型进行了时空背景上的探讨。从社会动因层面，对传统园林的继承观念进行了剖析，并将两者的联系纳入惯习的理论结构范畴，引出继承惯习的概念，并对 20 世纪末的两次大规模继承惯习进行了历史比较与分析。在此基础上，反思性地归纳和总结了三种以形式复兴为主要特征的僵化实践，明确地指出僵化实践是导致转型背景下继承惯习失范的主要原因。继而对继承惯习下转型中的问题根结进行再反思，提出了对传统园林应有的当代认知，以及抵御继承惯习失范的主要策略。对探讨传统园林的当代意义，以及如何传承与创新传统园林的实践精髓起到了启示作用。

四是运用社会学的场域理论，提出了景观场域的概念，对景观场域中存在本体的表象化实践进行了反思性研究，是认知建构上的理论创新。对场域的含义、社会关系特征以及与景观研究的逻辑关系进行了阐述，明确了景观场域下的解释性研究框架。从权力、文化、消费等社会场域的视角，对存在本体的表象化实践特征进行阐释。重点研究了两种表象化景观实践内容：对中西方"城市美化运动"做了历史性的比照研究，揭示了中国"城市美化运动"的表象化范式及场域动因；阐释与判断了大规模的时尚文化给中国景观实践带来的新的价值与评判准则，提出了时尚景观的概念，并具体解析了五种以表象化实践为共同特征的时尚景观。继而总结性地指出存在本体表象化实践的危害，这既是景观场域的实践反思，也是对以表象评价取代本体评价的批判。

五是应用社会学的"反思性实践"方法论，提出并初步建构了一种反思性的景观实践策略与方法，属于应用性研究的创新。通过实践反思，由表及里、去伪存真地重新审视了中国景观的实践历程，进一步指出了表象繁荣背后隐潜的困境与悖论，提出以反思性为基本原则的实践超越目标。从思想实践角度，阐述了近年来景观本体取向与学科发展方面的反思性转变，以及代表性"反思实践者"的探索活动，明确了立足本体的反思性思想实践的方式与意义；从设计实践角度，对以"反思性实践"方法论为主导的多途径探索进行了归纳性研究，提出了五种相对的反思性设计策略与方法，并指出反思性设计实践是一种具有主观能动性、客观规律性、不断完善自身实践结构的问题解决途径，对中国景观的未来发展可以起到一定的参考和指导作用。

第四节　未来研究的展望

当代中国景观的复杂性与矛盾性已在前文进行了详细论证，线索繁杂，涉及范围广，尤其是根据社会学理论对景观现象进行梳理和解析，更增加了一定的难度。由于知识水平、时间和精力的限制，本书还存在一些不足之处，有很多研究工作还需要进一步深入和展开，主要集中在以下三个方面：

一是选题大，涉及跨学科内容，短时间的研究难以深入。对于"实践反思"与"反思性实践"的理论主要参考了布迪厄、舍恩、德波等人的著作，对其他研究者如舒茨、福柯、吉登斯、哈贝马斯等人的思想理论了解较少。在今后工作中，将扩充研究范围，积累更多具体的、操作性的研究成果，以期为中国景观提供更多可以借鉴参考的经验。

二是当代中国社会和景观实践的发展处于不断的变动之中，影响因素并不仅限于文中所列，此外实践反思和理论批评滞后的状况短时间不能有重大突破，这些也影响了本书的科学性、全面性和系统性。有望进一步深入其内核机制，把握动态演进特征，更全面地反思和纠正中国景观实践的若干问题。

三是对于场域与惯习两个理论工具在实践反思阶段的运用，还比较生涩。

未来的研究工作还要进一步发挥其理论工具的思辨和阐释力，加强理论工具在不同实践阶段进行分析问题、解决问题的适用性，以更好地弥合理论工具和实践认知之间的差距。此外，对于西方当代景观理论文献的调研还不足，也影响了评论的深度和力度，还要投入更多的研究精力。

　　站在中国景观的下一个时间之阈以外审视并反思这段历史可能会有不同的思路，但是人对历史的理解永远是在历史中进行的，并且本身就是历史，"等我们准备就绪时，我们早已落后"①。虽然深知本书的研究难度，但繁华背后的诸多困境以及中国景观实践的复杂性和矛盾性已不允许过多的犹豫和审慎。对景观学科内涵的审思和学科发展方向的瞻望，以及作为高校教师对社会的责任，促使了在这一方向的研究并希望有所贡献。如布迪厄所指出的，一种真正新颖的思维方式，即生成性的思维方式，其标志之一就是它不仅能超越它最初被公之于世时受各种因素限定的学术情境和经验领域，从而产生颇有创见的命题，而且还在于它能反思自身，甚至能跳出自身来反思自身。就本书的写作目的而言，未来的研究不仅需要更多的社会学理论经验以丰富和完善本书中所谓的理论框架；对于中国景观实践，在包括文化、历史等结构因素和社会变迁的影响等方面也需要更为深入的研究。总之，对于一个处于不断发展之中的学科而言，从"实践反思"到"反思性实践"的过程能够引导我们在"反思平台"和"实践土壤"之间上下而求索。虽然暂时不会一帆风顺，但是需要每一位中国景观实践者的不懈努力。

　　"21世纪是中国人的世纪"②，也期待中国景观在国际语境中创造新一轮的辉煌！

---

① 张颀、袁姗姗：《建筑造型软化倾向研究》，《新建筑》2004年第6期。

② Neil, *Leach*, *China*, Hong Kong：Map Books, 2004, p. 1.

附录 1978年—2018年中国景观大事记

时间（年）	景观实践大事
1978	12月4日—10日，国家建委在济南市召开第三次全国城市园林绿化工作会议，强调普遍绿化是城市园林化的基础，成立"中国建筑学会园林绿化学术委员会"
1979	3月12日，国家城市建设总局成立；9月，园林绿化局在北京举办首届全国盆景艺术展览；"景观"一词被《辞海》收录
1980	1月21日，国家城市建设总局发出《关于大力开展城市绿化植树的通知》，要求各城市宣传动员群众，普遍植树、种草栽花
1981	6月18日，纽约大都会博物馆内仿照网师园殿春簃进行设计的"明轩"正式向公众开放；12月13日，第五届全国人民代表大会第四次会议通过《关于开展全民义务植树运动的决议》
1982	2月20日—26日，国家城市建设总局在北京召开"全国城市绿化工作会议"，研究加强城市园林绿化建设的措施；11月8日，国务院审定公布第一批国家重点风景名胜区名单共44处
1983	11月15日，中国建筑学会园林学会（对外称中国园林学会）成立
1984	全国城建系统第二届优秀设计评选出一批园林绿化项目；11月，国家科学技术委员会发布《城市建设技术政策》
1985	2月，中国园林学会学刊《中国园林》杂志创刊；6月7日，国务院发布《风景名胜区管理暂行条例》
1986	10月23日—28日，城乡建设环境保护部城市建设局在衡阳市召开全国城市公园工作会议

续表

时间 （年）	景观实践大事
1987	6月10日，城乡建设环境保护部发布《风景名胜区管理暂行条例实施办法》；12月，泰山等风景名胜古迹入选《世界遗产目录》
1988	5月，《中国大百科全书——建筑·园林·城市规划》出版，确立了风景园林学科的独立地位
1989	3月25日，中国风景名胜区协会成立；11月17日，中国风景园林学会成立；12月26日，第七届全国人民代表大会常务委员会第十一次会议通过《中华人民共和国城市规划法》
1990	8月13日—18日，建设部、辽宁省政府共同在辽宁召开全国城镇环境综合整治现场会，推广辽宁省开展"绿叶杯"竞赛的经验
1991	建设部参与编写《中国生物多样性国情研究报告》，为风景名胜区和绿地系统的生物保护开辟蹊径
1992	6月18日，建设部发布行业标准《公园设计规范》；6月22日，国务院发布《城市绿化条例》；12月8日，建设部命名北京市、合肥市、珠海市为"园林城市"
1993	1月，《风景园林汇刊》创刊（2001年更名为《风景园林》）；11月4日，建设部印发《城市绿化规划建设指标的规定》
1994	1月10日，国务院审定公布第三批国家重点风景名胜区名单共35处；4月22日—25日，第五次全国城市园林绿化工作会议由建设部在合肥市召开，杭州市、深圳市被命名为第二批"园林城市"；11月22日，中国公园协会成立
1995	5月31日，建设部聘请风景名胜专家顾问26名；6月，汪菊渊先生当选为中国工程院院士，为风景园林学科第一位院士
1996	4月18日，建设部命名鞍山市、威海市、中山市为第三批"园林城市"
1997	2月17日—18日，"97现代风景园林研讨会"举行，重点研讨交流了现代风景园林发展状况与趋向；8月9日—11日，第六次全国城市园林绿化工作会议由建设部在大连市召开，大连市、南京市、厦门市、南宁市被命名为第四批"园林城市"；8月10日—14日，建设部在大连市星海会展中心举办"国际园林花卉博览会"

时间（年）	景观实践大事
1998	10 月 7 日，建设部发布《关于深入学习贯彻中央领导同志生态建设重要指示，切实搞好城市园林绿化工作的通知》；10 月 29 日—11 月 7 日，首届中日韩三国的风景园林学术研讨会在韩国召开
1999	5 月 1 日，"中国'99 昆明世界园艺博览会"开幕；8 月 15 日，中关村西区修建性详细规划向国内外公开招标，揭开中国景观规划大规模国际招投标序幕；11 月 10 日，《风景名胜区规划规范》发布
2000	6 月 20 日，中国风景园林学会主办"2000 年大学生'棕榈杯'园林设计竞赛"，这是我国首次举行全国性的大学生园林设计竞赛
2001	2 月 26 日—27 日，国务院召开了全国城市绿化工作会议；5 月 31 日，《国务院关于加强城市绿化建设的通知》
2002	10 月 19 日，中山岐江公园项目获得 ASLA"综合设计类荣誉奖"，中国当代景观设计进入国际视野
2003	4 月 13 日，北京大学景观设计学研究院成立，同时举办首届中国景观设计学教育大会；10 月，清华大学成立景观学系；11 月 18 日，北京奥林匹克森林公园景观规划设计方案评审结果揭晓
2004	2 月 11 日，建设部批准山东荣成市桑沟湾城市湿地公园为首家国家城市湿地公园；2 月 16 日，建设部、发改委、国土资源部和财政部联合发出通知，明确提出暂停城市宽马路、大广场建设
2005	1 月 21 日，国务院学位委员会第二十一次会议审议通过《风景园林硕士专业学位设置方案》；4 月 22 日，中国第一家景观学会——上海市景观学会成立；10 月 28 日，首届国际景观教育大会在同济大学召开；12 月 21 日，中国风景园林学会正式加入国际风景园林师联合会（IFLA）
2006	5 月 1 日，中国沈阳世界园艺博览会开幕；8 月 17 日，建设部召开"全国节约型园林绿化工作现场会"，大力倡导节约型园林绿化模式；9 月，同济大学将"风景科学与旅游系"改为"景观学系"
2007	10 月 28 日，第十届全国人民代表大会常务委员会第三十次会议通过《中华人民共和国城乡规划法》

续表

时间 （年）	景观实践大事
2008	5 月底，《风景园林》杂志社主办了"中国五·一二地震纪念景观概念设计国际竞赛"；10 月 28 日，全国城市园林绿化工作座谈会召开，会议指出建设节约型园林绿化是践行科学发展观的具体行动
2009	1 月，迪士尼确认在上海建主题公园；12 月 7 日—18 日，哥本哈根气候大会召开，温家宝在会上发表讲话，全球关注气候变化，生态景观作用凸显
2010	4 月 30 日，上海世界博览会开幕，成为有史以来规模最大的一次世博会，世博园最大单体建筑世博轴获"全球生态建筑奖"；12 月 1 日，《城市园林绿化评价标准》正式实施
2011	4 月 20 日，国务院学位委员会、教育部公布的《学位授予和人才培养学科目录》将"风景园林学"正式列为一级学科；4 月 28 日，世界园艺博览会在西安举行；8 月，国家发改委、国土资源部、住房和城乡建设部联合下发通知，要求各地一律不准再建设新的主题公园
2012	4 月，在《2012 低碳城市与区域发展科技论坛》中，"海绵城市"概念首次提出；10 月 7 日，荷兰世园会"中国园"获得 AIPH 最高奖项；党的十八大报告首次提出"建设美丽中国"，引发关注
2013	5 月 10 日，世界园艺博览会在锦州举行；5 月 18 日，第九届中国国际园林博览会在北京举行；12 月 12 日，在中央城镇化工作会议上，习近平指出："要建设自然积存、自然渗透、自然净化的海绵城市。"
2014	十八届四中全会提出，用严格的法律制度保护生态环境，加快建立有效约束开发行为和促进绿色发展；9 月 29 日，土人景观设计的六盘水明湖湿地公园和张唐景观的万科建筑科技研发中心生态园区获得 2014 年 ASLA 综合设计类荣誉奖
2015	4 月，财政部、住房城乡建设部、水利部公布海绵城市建设试点名单，16 城市入围，并提出"渗、滞、蓄、净、用、排"的建设理念和路线
2016	2 月 6 日，国务院印发《关于深入推进新型城镇化建设的若干意见》，全面部署深入推进新型城镇化建设；9 月 2 日，土人景观设计的衢州鹿鸣公园获得 ASLA 综合设计类荣誉奖；唐山世界园艺博览会于 4 月 29 日—10 月 16 日在唐山市南湖公园举办

时间（年）	景观实践大事
2017	9 月 1 日，张唐景观以苏州樾园再次入选 ASLA 综合设计类荣誉奖；11 月 4，以"风景园林与'城市双修'"为主题的中国风景园林学会在西安开幕
2018	3 月，全国两会召开，选举产生新一届国家领导人；3 月 11 日，第十三届全国人大一次会议第三次全体会议表决通过《中华人民共和国宪法修正案》，生态文明被历史性地写入宪法；9 月，中共中央、国务院印发《乡村振兴战略规划（2018—2022 年）》；12 月 18 日，庆祝改革开放四十年大会举行，习近平总书记出席并发表重要讲话

本图表根据中共中央文献研究室编辑的《改革开放三十年大事记》、柳尚华编著的《中国风景园林当代五十年 1949—1999》的"中国风景园林大事记"、林广思和赵纪军编辑的《1949—2009 风景园林 60 年大事记》以及网络数据统计整理。

参考文献

《资本论》第 1 卷，人民出版社 2001 年版。

《列宁选集》第 4 卷，人民出版社 2017 年版。

《毛泽东选集》第 1 卷，人民出版社 1991 年版。

《中共中央关于深化文化体制改革 推动社会主义文化大发展大繁荣若干重大问题的决定》，人民出版社 2011 年版，第 23 页。

《中华人民共和国国民经济和社会发展第十一个五年规划纲要》，《人民日报》2006 年 3 月 17 日。

《中华人民共和国国民经济和社会发展第十二个五年规划纲要》，《人民日报》2011 年 3 月 17 日。

《大辞海（哲学卷）》，上海辞书出版社 2003 年版。

安建国、方晓灵：《法国景观设计思想与教育："景观设计表达"课程实践》，高等教育出版社 2012 年版。

白雅文：《人本主义的回归：新时代中国城市公共空间的演变》，《北京规划建设》2010 年第 3 期。

包亚明：《布尔迪厄访谈录——文化资本与社会炼金术》，上海人民出版社 1997 年版。

包亚明：《现代性与都市文化理论》，上海社会科学院出版社 2008 年版。

鲍世行：《钱学森论山水城市》，中国建筑工业出版社 2010 年版。

北京市园林设计研究院名亭园设计组：《陶然亭公园华夏名亭园景区设计》，《建筑学报》1989 年第 12 期。

贝氏建筑事务所：《中国银行总行大厦》，《建筑学报》2002 年第 6 期。

毕天云：《布迪厄的"场域—惯习"论》，《学术探索》2004 年第 1 期。

毕小山：《低碳风景园林营造的一次尝试——中国科学院生态环境研究中心

环境改造》，《现代园林》2011 年第 6 期。

曹劲：《忧郁审美情结与中国园林病态美》，《中国园林》2003 年第 12 期。

曾益海：《奢侈之城》，《中外建筑》2010 年第 2 期。

曾昭奋：《兰苏园记》，《世界建筑》2001 年第 1 期。

曾昭奋：《莫伯治与酒家园林（上）》，《华中建筑》2009 年第 5 期。

曾昭奋：《阳关道与独木桥——建筑创作的三种途径》，《建筑师》1989 年第 12 期。

车飞：《激变的城市——大都市的流行研究报告》，《设计新潮》2002 年第 2 期。

陈波、包志毅：《生态规划：发展、模式、指导思想与目标》，《中国园林》2003 年第 1 期。

陈冀峻：《中国当代室内设计发展研究》，中国美术学院 2007 年博士学位论文。

陈建勋：《世纪大道 世纪情缘》，《浦东开发》1999 年第 2 期。

陈鹭：《继承中国古代园林传统的探讨与思考》，《中国园林》2010 年第 1 期。

陈望衡：《论环境美的本体——景观的生成》，《学术月刊》2006 年第 8 期。

陈巍、程力真：《迈向新人文的地方性现代景观建筑》，《建筑学报》2000 年第 10 期。

陈希同：《陈希同再谈"夺回古都风貌"》，《北京规划建设》1995 年第 1 期。

陈希同：《陈希同再谈"夺回古都风貌"言其——并非一个永远的口号而是为在特定时期纠正某种倾向》，《城市规划通讯》1995 年第 6 期。

陈兴云：《权力》，湖南文艺出版社 2011 年版。

陈宇：《景观评价方法研究》，《室内设计与装修》2005 年第 3 期。

陈跃中、袁松亭：《新北京的时代地标——温榆河生态走廊（朝阳段）规划设计》，《中国园林》2004 年第 9 期。

陈跃中：《"当代中式"景观的探索：上海世博中国园"亩中山水"设计》，《中国园林》2010 年第 5 期。

陈志良：《马克思的实践反思规——理论体系演化的根本规律》，《社会科学战线》1990 年第 1 期。

陈祖芬：《世界上什么事最开心》，中国社会科学出版社 1997 年版。

程泰宁、王大鹏：《杭州的房子——"金都华府"居住小区设计散记》，《建筑学报》2007 年第 11 期。

程绪珂：《新的途径》，《建筑学报》2000 年第 1 期。

楚渔：《中国人的思维批判：导致中国落后的根本原因是传统的思维模式》，人民出版社 2011 年版。

崔恺：《中国传统元素景观设计：奥林匹克公园中心区下沉庭院（三号院）》，《建筑创作》2007 年第 9 期。

戴念慈：《反传统可以等同于反封建吗？》，《建筑学报》1990 年第 2 期。

戴念慈：《阙里宾舍的设计介绍》，《建筑学报》1986 年第 1 期。

单军：《"看得见的"与"看不见的"对建筑学"视觉中心论"的反思》，《世界建筑》2000 年第 11 期。

邓顿：《谈当代中国地域建筑的发展——以何镜堂与齐康的地域建筑作品为例》，《中外建筑》2010 年第 9 期。

邓其生：《园林革新散论》，《广东园林》1982 年第 1 期。

邓锁：《实践中超越——析布迪厄反思社会学理论》，《青年研究》2000 年第 1 期。

丁立群：《亚里士多德的实践哲学及其现代效应》，《哲学研究》2005 年第 1 期。

丁沃沃：《传统与现代的对话》，《建筑学报》1998 年第 6 期。

董建：《城市景观亟待走出"千城一面"》，《城市规划通讯》2003 年第 22 期。

范恒山：《中国城市化进程》，人民出版社 2009 年版。

范少言：《WTO 与城市规划理念的变革》，《规划师》2001 年第 1 期。

范欣：《媒体奇观研究理论溯源——从"视觉中心主义"到"景观社会"》，《浙江学刊》2009 年第 2 期。

方澜、于涛方、钱欣：《战后西方城市规划理论的流变》，《城市问题》2002 年第 1 期。

方元：《"欧陆风格"的媚俗建筑》，《建筑学报》2002 年第 2 期。

冯纪忠：《方塔园规划》，《建筑学报》1981 年第 7 期。

冯纪忠：《时空转换——中国古代诗歌和方塔园的设计》，《世界建筑导报》2008 年第 3 期。

冯钦铎、陈俊强、张学峰、田海林：《中国'99 昆明世界园艺博览会山东〈齐鲁园〉》1999 年第 3 期。

冯纾苨、周政旭：《本土景观的自然式表达——清华大学朱育帆教授访谈》，

《城市环境设计》2008 年第 4 期。

冯友兰：《中国哲学史新编》第 1 册，人民出版社 1982 年版。

高宣扬：《布迪厄的社会理论》，同济大学出版社 2004 年版。

高宣扬：《当代法国思想五十年（下）》，中国人民大学出版社 2005 年版。

高宣扬：《当代法国哲学导论》，同济大学出版社 2004 年版。

龚雪辉：《重庆"大树进城"现象调查》，《民主与法治》2000 年第 4 期。

苟志效、陈创生：《从符号的观点看——一种关于社会文化现象的符号学阐释》，广东人民出版社 2003 年版。

顾孟潮、张在元：《中国建筑评析与展望》，天津科学技术出版社 1989 年版。

关欣：《传统与创新——中国园林发展断想札记》，《中国园林》1985 年第 4 期。

郭道义：《大海托起了大连 大连扮靓了大海》，《规划师》2002 年第 3 期。

郭晋平、张芸香：《城市景观及城市景观生态研究的重点》，《中国园林》2004 年第 2 期。

韩炳越、崔杰、赵之枫：《盛世天街——北京前门大街环境规划设计》，《中国园林》2006 年第 4 期。

韩谦、范文兵：《"消解"——方塔园的设计策略分析》，《华中建筑》2010 年第 11 期。

何镜堂、王扬、窦建奇：《当代大学校园人文环境塑造研究》，《南方建筑》2008 年第 3 期。

何镜堂、郑少鹏、郭卫宏：《建筑·空间·场所——华南理工大学新校区院系楼群解读》，《新建筑》2007 年第 1 期。

何咏梅、崔恺：《凉山民族文化艺术中心暨火把广场》，《建筑学报》2008 年第 7 期。

洪进：《论布迪厄社会学中的几个核心概念》，《安徽广播电视大学学报》2000 年第 4 期。

侯幼彬：《传统建筑的符号品类和编码机制》，《建筑学报》1988 年第 8 期。

胡玎：《一学两名：园林和景观》，《园林》2005 年第 10 期。

胡洁、吴宜夏、吕璐珊、刘辉：《奥林匹克森林公园景观规划设计》，《建筑学报》2008 年第 9 期。

胡洁、吴宜夏、吕璐珊：《北京奥林匹克森林公园景观规划设计综述》，《中国园林》2006 年第 6 期。

胡凌：《世纪公园景观桥梁设计》，《城市道桥与防洪》2004 年第 3 期。

胡萨：《反思：作为一种意识——教师成为反思性实践者的哲学理解》，首都师范大学 2007 年硕士学位论文。

胡一可、刘海龙：《景观都市主义思想内涵探讨》，《中国园林》2009 年第 10 期。

华晓宁：《建筑与景观的形态整合：新的策略》，《东南大学学报：自然科学版》2005 年第 7 期。

华阳公园设计组：《涿州市华阳公园总体规划》，《中国园林》1991 年第 3 期。

黄磊、刘佳：《景观的触觉——拥抱自然的景观设计》，《2012 中国城市规划年会论文集》2012 年第 10 期。

黄树钦：《景观与技术相辅相成》，《风景园林》2010 年第 4 期。

黄向阳：《全球化与中国传统文化的复兴》，《社会科学家》2007 年第 1 期。

黄昕珮：《论"景观"的本质——从概念分裂到内涵统一》，《中国园林》2009 年第 4 期。

黄勇：《城市空间的失范现象初探》，重庆大学 2002 年硕士学位论文。

季岚：《城市景观的社会功能内涵》，《广西轻工业》2008 年第 5 期。

贾庆林：《切实抓好生态文明建设的若干重大工程》，《求是》2011 年第 4 期。

江保山、李慧云、申曙光：《巧借成语典故再现古赵文化——成语典故在丛台公园改造规划中的运用》，《中国园林》1993 年第 1 期。

姜梅：《意义性的建筑解构——解读王澍的〈那一天〉及"中国美术学院象山新校园"》，《新建筑》2007 年第 6 期。

焦洋：《当代建筑创作的功利性研究》，哈尔滨工业大学 2011 年博士学位论文。

解玉：《布迪厄的实践理论及其对社会学研究的启示》，《山东大学学报》2007 年第 1 期。

孔祥伟：《论过去十年中的中国当代景观设计探索》，《景观设计学》2008 年第 2 期。

李倍雷、林墨飞等：《景观设计基础》，南京大学出版社 2010 年版。

李东、黄居正等：《"反学院"的建筑师——他的自称、他称和对话》，《建筑师》2006 年第 4 期。

李海潮：《两观三性——建筑设计大师何镜堂的建筑观》，《美与时代》2010 年第 7 期。

李怀涛：《景观拜物教：景观社会机制批判》，《广西社会科学》2008 年第 6 期。

李金路：《巴西人接受了禅么——巴西驻华大使馆庭院改造设计》，《建筑学报》1994 年第 2 期。

李津逵：《〈景观社会学〉是怎样开设的》，《城市环境设计》2007 年第 2 期。

李景奇、查前舟：《"中国热"与"新中国热"时期中国古典园林艺术对西方园林发展影响的研究》，《中国园林》2007 年第 1 期。

李珂：《从陶然亭公园的建设谈园林古迹功能开发的方向》，《中国园林》1994 年第 4 期。

李敏：《生态绿地系统与人居环境规划》，《建筑学报》1996 年第 2 期。

李敏：《中国现代公园——发展与评价》，北京科学技术出版社 1987 年版。

李树华：《景观十年、风景百年、风土千年——从景观、风景与风土的关系探讨我国园林发展的大方向》，《中国园林》2004 年第 12 期。

李雄：《北京林业大学风景园林专业本科教学体系改革的研究与实践》，《中国园林》2005 年第 11 期。

李烨、李晓东：《李晓东：为环境把脉——桥上书屋》，《缤纷》2010 年第 4 期。

李永红、杨倩：《杭州西溪湿地植物园——基于有机更新和生态修复的设计》，《中国园林》2010 年第 7 期。

厉建祝：《在大树进城的背后》，《森林与人类》2001 年第 7 期。

梁思成：《为什么研究中国建筑》，《建筑学报》1986 年第 8 期。

林福临、于英士：《我国著作园林之首创——北京大观园》，《中国园林》1996 年第 2 期。

林广思：《"主题"——言语构筑的中国当代园林》，《新建筑》2005 年第 4 期。

林广思：《回顾与展望——中国 LA 学科教育研讨（2）》，《中国园林》2005 年第 10 期。

林广思：《景观词义的演变与辨析（2）》，《中国园林》2006 年第 7 期。

林广思：《论我国农林院校风景园林学科的提升和转型》，《北京林业大学学报（社会科学版）》2005 年第 9 期。

林广思：《中国大陆地区现代园林设计思潮与实践》，《北京林业大学学报》2006 年 S2 期。

林墨飞、唐建：《对中国"城市美化运动"的再反思》，《城市规划》2012年第10期。

林墨飞、唐建：《经典园林景观作品赏析》，重庆大学出版社2012年版。

林墨飞、唐建：《玛丽亚别墅对现代景观设计的启示》，《建筑与文化》2010年第8期。

林墨飞、唐建：《谈环境艺术设计专业的景观设计课程教学》，《大连理工大学学报（社科版）》2010年第12期。

林菁、王向荣：《地域特征与景观形式》，《中国园林》2005年第6期。

林潇：《贝尔高林现象》，《中国园林》2003年第10期。

林兆璋：《岭南建筑新风格的探索——分析莫伯治的建筑创作道路》，《建筑学报》1990年第10期。

刘滨谊、刘谯：《景观形态之理性建构思维》，《中国园林》2010年第4期。

刘滨谊、吴采薇：《城市经济因素对景观园林环境建设的导控作用》，《中国园林》2000年第4期。

刘滨谊：《风景园林学科发展坐标系初探》，《中国园林》2011年第6期。

刘锋、陈琼琳、唐贤巩：《基于低碳理念的潇湘南大道滨水景观概念规划》，《湖南农业大学学报（自然科学版）》2010年第12期。

刘海龙：《评〈景观都市主义文集〉》，《城市与区域规划研究》2009年第1期。

刘家麒：《还风景园林以完整意义》，《中国园林》2004年第7期。

刘梅：《在批判旧世界中发现新世界——马克思辩证批判的内在张力》，《理论月刊》2012年第2期。

刘少宗：《中国优秀园林设计集（一）》，天津大学出版社1999年版。

刘少作、檀馨：《北京香山饭店的庭园设计》，《建筑学报》1983年第4期。

刘诗林：《当前传统文化复兴现象分析》，《科学社会主义》2011年第1期。

刘世荣：《警惕大树进城带来"绿色泡沫"》，《领导决策信息》2003年第4期。

刘庭风：《缺少批评的孩子——中国近现代园林》，《中国园林》2000年第5期。

刘庭风：《消极心理·阴性美·病态美》，《中国园林》2003年第12期。

刘维奇：《中国城市化的特点与经验》，《辽宁师范大学学报（社会科学版）》2011年第7期。

刘文忠：《中国当代城市景观艺术设计理念的研究》，《南京艺术学院报》2006 年第 1 期。

刘晓明：《从国际视野看我国风景园林一级学科的发展》，《风景园林》2011 年第 2 期。

刘义昆：《长官意志是城市规划被操纵的总根源》，《羊城晚报》2009 年 9 月 14 日。

刘永涛：《中国当代设计批评研究》，武汉理工大学 2011 年博士学位论文。

刘勇、张宇星：《深圳城市美化运动》，《世界建筑导报》1999 年第 5 期。

刘悦笛：《景观社会中的"阿凡达悖论"》，《现代传播》2010 年第 4 期。

刘志强：《从社会发展的角度展望中国园林规划设计的发展趋势》，《华中建筑》2011 年第 1 期。

刘子意：《从拉维莱特公园看解构主义》，《现代装饰理论》2011 年第 7 期。

柳尚华：《中国风景园林当代五十年 1949—1999》，中国建筑工业出版社 1999 年版。

卢山：《中国制造的德式小镇——安亭新镇》，《新建筑》2005 年第 4 期。

栾景玉：《璀璨明珠耀滨城——记大连市城市广场建设》，《中国林业》2000 年第 11 期。

马达思班、马清运：《曲水园边园》，《世界建筑》2004 年第 12 期。

马妍妍、宫慧娟：《景观、狂欢、物欲症——消费社会下的广告文化》，《新闻世界》2010 年第 8 期。

孟兆祯、陈云文、李昕：《继往开来与时俱进——中国工程院庭院园林设计》，《风景园林》2007 年第 6 期。

孟兆祯：《论中国特色的城市景观》，《建筑学报》2003 年第 5 期。

孟兆祯：《生命的赞颂 设计的心力》，《风景园林》2008 年第 4 期。

苗业：《如何看待建筑创作中的"抄袭""模仿"问题》，《南方建筑》1999 年第 4 期。

潘祖尧：《两会期间关于城市建设及建筑创作的思考》，《建筑学报》2002 年第 6 期。

庞伟：《方言景观——重新发现大地》，《城市环境设计》2007 年第 6 期。

庞伟：《土地逃离土地——商品化、城市化和景观设计》，《景观设计学》2008 年第 2 期。

庞卓恒：《历史学的本体论、认识论、方法论》，《历史研究》1988 年第 1 期。

彭坷珊：《水土流失是生态环境恶化的祸根》，《中国环境管理干部学院学报》2000 年第 12 期。

彭一刚：《传统与现代的断裂、撞击与融合——厦门日东公园的设计构思》，《建筑师》2007 年第 4 期。

彭一刚：《从建筑与社会角度看模仿与创新》，《建筑学报》1999 年第 1 期。

彭一刚：《彭一刚文集》，华中科技大学出版社 2010 年版。

彭一刚：《中国古典园林分析》，中国建筑工业出版社 2008 年版。

朴峰：《大连华宫改造困局：经营状况不佳但拆了不甘心》，《半岛晨报》2011 年 1 月 11 日。

齐康、齐昉：《景园课（第一课、第二课）》，《中国园林》2011 年第 1 期。

齐康：《地区建筑的文化研究》，《中国大学教育》2003 年第 7 期。

齐康：《建筑·风景》，《中国园林》2008 年第 10 期。

齐康：《尊重学科，发展学科》，《中国园林》2011 年第 5 期。

秦柯、李利：《国内外生态城市研究进展》，《现代农业科技》2008 年第 19 期。

邱建、崔珩：《关于中国景观建筑专业教育的思考》，《新建筑》2005 年第 3 期。

闰黎：《论布迪厄社会学理论的反思性》，《学习与探索》2000 年第 1 期。

沙丹、刘桂宏：《布迪厄的反思性社会学》，《边疆经济与文化》2009 年第 8 期。

尚重生：《当代中国社会问题透视》，武汉大学出版社 2007 年版。

佘可：《专家呼吁：中国城市建设切勿千城一面》，《出版参考》2009 年第 22 期。

宋言奇、马桂萍：《社区的本质：由场所到场域——有感于梅尔霍夫的〈社区设计〉》，《城市问题》2007 年第 12 期。

孙钦花：《城市景观大道规划设计的前瞻性》，《徐州工程学院学报》2007 年第 10 期。

孙筱祥、胡洁、王向荣：《古隆中诸葛亮草庐及卧龙岗酒店模拟设计》，《中国园林》1988 年第 8 期。

孙筱祥：《风景园林（Landscape Architecture）从造园术、造园艺术、风景造园——到风景园林、地球表层规划》，《中国园林》2002 年第 4 期。

孙筱祥：《文人写意山水派园林艺术境界》，见江苏省基本建设委员会编：

《江苏园林名胜》，江苏科学技术出版社 1982 年版。

孙周兴：《海德格尔选集》，生活·读书·新知上海三联书店 1996 年版。

檀馨：《元土城遗址公园的设计》，《中国园林》2003 年第 11 期。

唐剑：《浅谈现代城市滨水景观设计的一些理念》，《中国园林》2002 年第 4 期。

唐军、侯冬炜：《根植传统 拥抱未来——景观设计本土创造的理念和实践》，《南方建筑》2009 年第 3 期。

唐军：《追问百年：西方景观建筑学的价值批判》，东南大学出版社 2004 年版。

唐克扬：《再造"活的中国园林"》，《风景园林》2009 年第 6 期。

唐热风：《亚里士多德伦理学中的德性与实践智慧明》，《哲学研究》2005 年第 5 期。

唐薇、牛瑜：《"低技策略"与"面对现实"——建筑师刘家琨访谈》，《建筑师》2007 年第 5 期。

唐莹：《跨越教育理论与实践的鸿沟——关于教师及其行动理论的再思考》，华东师范大学 1995 年博士学位论文。

田龙：《笔墨当随时代》，《艺术百家》2011 年第 7 期。

铁铮、孟兆祯：《风景园林设计要弘扬传统尊重自然》，《中国绿色时报》2006 年第 3 期。

汪冬冬：《景观社会：当代权力的异类表达》，《社科纵横》2007 年第 12 期。

汪江华：《当代中国建筑创作中的形式主义倾向》，《室内设计》2009 年第 6 期。

王秉洛：《中国风景园林学科领域及其进展》，《中国园林》2006 年第 9 期。

王德全：《传统与创新——现代公园探索》，《中国园林》1997 年第 3 期。

王建军：《教师反思与专业发展》，《中小学管理》2004 年第 10 期。

王庆全：《"时装草坪"的思考——有感于不良的"草坪热"现象》，《中国园林》1998 年第 2 期。

王绍增、李敏：《城市开敞空间规划的生态机理研究（上）》，《中国园林》2001 年第 4 期。

王绍增、林广思、刘志升：《孤寂耕耘默默奉献——孙筱祥教授对"风景园林与大地规划设计学科"的巨大贡献及其深远影响》，2007 年第 12 期。

王绍增：《必也正名乎——再论 LA 的中译名问题》，《中国园林》1999 年第

6 期。

王绍增：《低碳的疑惑与解读》，《中国园林》2011 年第 1 期。

王绍增：《评所谓"中国迷园"》，《风景园林》2007 年第 3 期。

王绍增：《园林、景观与中国风景园林的未来》，《中国园林》2005 年第 3 期。

王士荣、刘成才：《消费社会意识形态控制与自我殖民——居伊·德波景观社会理论及其批判性》，《南京工程学院学报（社会科学版）》2012 年第 3 期。

王树生：《全球化进程中的文化认同与传统复兴》，《黑龙江社会科学》2008 年第 5 期。

王澍、陆文宇：《中国美术学院象山校区》，《建筑学报》2008 年第 9 期。

王澍：《设计的开始》，中国建筑工业出版社 2002 年版。

王硕：《脱散的轨迹——对当代中国建筑师思考与实践发展脉络的另一种描述》，《时代建筑》2012 年第 4 期。

王武子：《以史带论 论从史出——简评〈汉唐文化史〉》，《中国图书评论》1993 年第 3 期。

王弦：《传统的复兴——论当代仿古建筑》，《艺术探索》2008 年第 8 期。

王显红、彭光勇：《试论首都大型节日花坛的发展及展望》，《中国园林》2002 年第 6 期。

王向荣、林菁：《西方现代景观设计的理论与实践》，中国建筑工业出版社 2002 年版。

王向荣、林菁：《青岛海天大酒店南庭院景观设计》，《中国园林》2003 年第 5 期。

王晓俊：《西方现代园林设计》，东南大学出版社 2000 年版。

王雄英：《情境空间营造——喀什地区城市情境空间研究》，中南大学 2011 年硕士学位论文。

王艳玲、苟顺明：《教师成为"反思性实践者"：北美教师教育界的争议与启示》，《外国中小学教育》2011 年第 4 期。

王艳玲：《培养"反思性实践者"的教师教育课程》，华东师范大学 2008 年博士学位论文。

王勇、姚远、李子玉：《大庆市世纪大道景观设计构想》，《城市规划》2001 年第 3 期。

王又佳、金秋野：《谈商品社会中建筑师的社会文化身份》，《建筑学报》2008 年第 6 期。

王又佳：《我国当前建筑语境中的流行现象的思考》，《建筑学报》2005 年第 1 期。

王云才：《传统地域文化景观之图式语言及其传承》，《中国园林》2009 年第 10 期。

王振：《绿色城市街区——基于城市微气候的街区层峡设计研究》，东南大学出版社 2010 年版。

王中、杨玲：《看起来很美——当代中国城市空间景观泛视觉化的理性批判》，《新建筑》2010 年第 1 期。

文军：《论布迪厄"反思社会学"及其对社会学研究的启示》，《上海行政学院学报》2003 年第 1 期。

邬人：《现代的、中国的松江方塔园设计评介》，《新建筑》1984 年第 2 期。

吴焕加：《外国现代建筑二十讲》，生活·读书·新知三联书店 2007 年版。

吴良镛：《北京宪章》，《时代建筑》1999 年第 3 期。

吴良镛：《广义建筑学》，清华大学出版社 1989 年版。

吴良镛：《追记中国第一个园林专业的创办——缅怀汪菊渊先生》，《中国园林》2006 年第 3 期。

吴宁：《列斐伏尔的城市空间社会学理论及其中国意义》，《社会》2008 年第 2 期。

吴人韦、付喜娥：《"山水城市"的渊源及意义探究》，《中国园林》2010 年第 2 期。

吴人韦：《梦的逻辑——方塔园创作》，《建筑学报》2000 年第 1 期。

吴伟：《方塔园设计研读》，《城市规划汇刊》1996 年第 3 期。

伍燕南：《从历史文化名城风貌保护谈对建筑仿古的反思》，《山西建筑》2008 年第 11 期。

夏林清：《在地人形：政治历史历史皱折中的心理教育工作者》，《应用心理研究》2006 年第 31 期。

夏玉珍、姜利标：《社会学中的时空概念与类型范畴——评吉登斯的时空概念与类型》，《黑龙江社会科学》2010 年第 3 期。

夏著华：《改变传统观念创新生态艺术使中国园林再现风采》，《花木盆景》1996 年第 2 期。

夏铸九：《理论建筑——朝向空间实践的理论建构》，《台湾社会研究业刊》1992 年第 2 期。

向科：《大学校园规划的"复杂性"设计导向及策略分析》，《新建筑》2009年第5期。

向欣然：《现代建筑有地域特色吗?》，《建筑学报》2003年第1期。

谢天：《当代中国建筑师的职业角色与自我认同危机——基于文化研究视野的批判性分析》，同济大学2013年博士学位论文。

谢元媛：《从布迪厄的实践理论看人类学田野工作》，《社会科学研究》2005年第3期。

邢凯：《建筑设计创新思维研究》，哈尔滨工业大学2009年博士学位论文。

熊金铭：《生态的泛滥》，《中国园林》2003年第10期。

徐传运：《"树路之争"与城市生态环境建设》，《安阳师范学院学报》2005年第4期。

徐璐：《造园与育人——访中国美院象山新校区设计师王澍》，《公共艺术》2011年第6期。

徐千里：《创造与评价的人文尺度——中国当代建筑文化分析与批判》，中国建筑工业出版社2004年版。

闫黎：《论布迪厄社会学理论的反思性》，《学习与探索》2000年第1期。

颜鹏飞：《中国社会经济形态大变革：基于马克思和恩格斯的新发展观》，经济科学出版社2009年版。

杨滨章：《关于中国传统园林文化认知与传承的几点思考》，《中国园林》2009年第11期。

杨锐：《景观都市主义：生态策略作为城市发展转型的"种子"》，《中国园林》2011年第9期。

杨义芬：《解构主义与现代景观设计的探讨》，中南林业科技大学2006年硕士学位论文。

杨瑛：《走向反思建筑设计学——建筑设计知识批判与重建》，重庆大学2004年博士学位论文。

杨瑛：《走向反思建筑设计学——建筑设计知识批判与重建》，重庆大学2013年博士学位论文。

杨宇振、文隽逸：《符号的盛宴：全球化时代的建筑图像生产与批判——后2010上海世博会记》，《新建筑》2011年第1期。

杨宇振：《焦饰的欢颜：全球流动空间中的中国城市美化》，《国家城市规划》2010年第1期。

姚准：《景观空间演变的文化解释》，东南大学 2003 年博士学位论文。

叶如棠：《规范市场 优化环境 振奋精神 迎接未来——2000 年 10 月 28 日在深圳建筑创作国际研讨会上的演讲》，《建筑学报》2001 年第 1 期。

叶铁桥：《非洋不取千城一面》，《中国青年报》2011 年 3 月 6 日。

易吉：《上海松江"方塔园"的诠释——超越现代主义与中国传统的新文化类型》，《时代建筑》1989 年第 3 期。

尹书倩：《试论景观规划设计在我国的发展趋向》，《长沙民政职业技术学院学报》2003 年第 6 期。

唐军、侯冬炜：《根植传统 拥抱未来——景观设计本土创造的理念和实践》，《南方建筑》2009 年第 3 期。

余滨、张一兵：《再议地域主义——时代前行中的地域特征》，《华中建筑》2000 年第 7 期。

余森文：《园林建筑艺术的继承与创新》，《中国园林》1990 年第 1 期。

俞孔坚、韩毅、韩晓晔：《将稻香溶入书声——沈阳建筑大学校园环境设计》，《中国园林》2005 年第 5 期。

俞孔坚、吉庆萍：《国际"城市美化运动"之于中国的教训（上）——渊源、内涵与蔓延》，《中国园林》2000 年第 1 期。

俞孔坚、吉庆萍：《国际"城市美化运动"之于中国的教训（下）》，《中国园林》2000 年第 2 期。

俞孔坚、吉庆萍：《警惕"城市美化运动"来到中国》，《城市开发》2001 年第 12 期。

俞孔坚、刘玉杰、刘东云：《河流再生设计——浙江黄岩永宁公园生态设计》，《中国园林》2005 年第 5 期。

俞孔坚、庞伟：《理解设计：中山岐江公园工业旧址再利用》，《建筑学报》2002 年第 8 期。

俞孔坚：《大脚美学与低碳设计》，《园林》2010 年第 10 期。

俞孔坚：《关于生存的艺术》，《城市环境设计》2007 年第 1 期。

俞孔坚：《还土地和景观以完整的意义：再论"景观设计"之于"风景园林"》，《中国园林》2004 年第 7 期。

俞孔坚：《景观十年：求索心路与践行历程》，《景观设计学》2008 年第 2 期。

俞孔坚：《生存的艺术：定位当代景观设计学》，《建筑学报》2006 年第 10 期。

俞孔坚：《生存的艺术：定位当代景观设计学》，中国建筑工业出版社2006年版。

俞孔坚：《咸阳中华广场释注》，《规划师》2001年第1期。

俞孔坚：《追求场所性：景观设计的几个途径及比较研究》，《建筑学报》2000年第2期。

翟俊：《基于景观都市主义的景观城市》，《建筑学报》2011年第11期。

占建军：《仿古建筑热透视》，《中外房地产导报》1994年第23期。

张勃：《当前北京建筑新的形式主义流行病》，《新建筑》1998年第3期。

张飞、李晓峰、杨璐：《传统的现代状态——四个案例的解读》，《新建筑》2007年第1期。

张红、李文彦：《城市人精神——大连的城市广场》，《园林科技信息》2002年第3期。

张剑：《中国'99昆明世界园艺博览会贵州〈黔山秀水园〉的构造》，1999年第4期。

张钧成：《承前启后忆前贤——关于北林林业史学科建设的回忆》，《北京林业大学学报（社会科学版）》2003年第9期。

张蕾：《对我国传统园林认同危机的再思考》，《中国园林》2006年第9期。

张利：《中国馆屋顶花园"新九洲清晏"》，《风景园林》2010年第3期。

张顺、袁姗姗：《建筑造型软化倾向研究》，《新建筑》2004年第6期。

张启翔：《关于风景园林一级学科建设的思考》，《中国园林》2011年第5期。

张茜：《对解构主义哲学与解构主义建筑的思考》，《四川建筑》2010年第8期。

张世远：《实践反思：马克思表达"现实世界"的思维方式》，《中国石油大学学报》2010年第4期。

张四正：《"燕赵园"答日本记者问》，《中国园林》1996年第2期。

张婷：《"改变与演变：城市的再生与发展"论坛》，《中国园林》2006年第12期。

张彤：《持续的地区性——东南大学建筑研究所设计实践中的地区主义探索》，《建筑师》1999年第10期。

张晓光：《条条大路通罗马——关于欧陆风格的思索》，《中外房地产导报》2000年第13期。

张晓瑞、周国艳：《中美景观建筑学的发展与比较研究》，《科技情报开发与经济》2009 年第 17 期。

张一兵：《颠倒再颠倒的景观世界——德波〈景观社会〉的文本学解读》，《南京大学学报（哲学·人文科学·社会科学版）》2006 年第 1 期。

张颐武：《传统文化复兴的意义和问题》，《今日中国论坛》2007 年第 11 期。

张云路、李雄、章俊华：《极简主义园林与日本传统园林融合的探索》，《中国园林》2010 年第 8 期。

张振：《传统园林与现代景观设计》，《中国园林》2003 年第 8 期。

张纵：《中国园林对西方现代景观艺术的借鉴》，南京艺术学院 2005 年博士学位论文。

章俊华：《大发展中的"冷思考"》，《中国园林》2011 年第 2 期。

赵冰：《解读方塔园》，《新建筑》2009 第 6 期。

赵国文：《未来的抉择》，《建筑学报》1986 年第 11 期。

赵侃：《仿古建筑兴起的文化因素》，《艺术评论》2009 年第 3 期。

赵义良、崔唯航：《马克思商品拜物教理论的哲学向度及其方法论意义》，《马克思主义与现实》2012 年第 5 期。

周干峙：《对生态城市的几点基本认识》，《中国园林》2008 年第 12 期。

周干峙：《对生态城市的几点认识》，《中国园林》2008 年第 4 期。

周榕：《城市化进程的事件性拷问》，《时代建筑》2011 年第 4 期。

周维权：《中国古典园林史（第二版）》，清华大学出版社 1999 年版。

周向频、杨漩：《布景化的城市园林——略评上海近年城市公共绿地建设》，《城市规划汇刊》2004 年第 3 期。

周向频：《中国当代城市景观的"迪斯尼化"现象及其文化解读》，《建筑学报》2009 年第 6 期。

周小棣、沈旸、肖凡：《从对象到场域：一种文化景观的保护与整合策略》，《中国园林》2011 年第 4 期。

周晓：《GIS 在景观规划设计中的应用》，《科技资讯》2005 年第 27 期。

周峥：《走向世界的苏州园林》，《中国园林》1994 年第 4 期。

朱建达：《人造景观建设"当醒"》，《中国园林》1999 年第 2 期。

朱建宁、马会岭：《立足自我、因地制宜，营造地域性园林景观》，《风景园林》2004 年第 55 期。

朱建宁、杨云峰：《中国古典园林的现代意义》，《中国园林》2005 年第 11 期。

朱建宁、周剑平：《论 Landscape 的词义演变与 Landscape Architecture 的行业特征》，《中国园林》2009 年第 6 期。

朱立元：《西方美学名著提要》，江西人民出版社 2000 年版。

朱育帆、孟凡玉：《矿坑花园》，《园林》2010 年第 5 期。

朱育帆、姚玉君：《为了那片青杨——青海原子城国家级爱国主义教育示范基地纪念园景观设计解读》（上），《中国园林》2011 年第 9 期。

朱育帆、姚玉君：《新诗意山居——"香山 81 号院"（半山枫林二期）外环境设计》，《中国园林》2007 年第 8 期。

朱育帆、姚玉君：《永恒·轴线——清华大学核能与新技术研究院中心区环境改造》，《中国园林》2007 年第 2 期。

朱育帆：《文化传承与"三置论"——尊重传统面向未来的风景园林设计方法论》，《中国园林》2007 年第 11 期。

朱育帆：《与谁同坐？——北京金融街北顺城街 13 号四合院改造实验性设计案例解析》，《中国园林》2005 年第 8 期。

邹德慈：《21 世纪——城市可持续发展的目标选择》，《中国城市济》2000 年第 2 期。

邹德侬：《中国现代建筑史》，天津科学技术出版社 2001 年版。

［德］盖罗·冯·波姆：《贝聿铭谈贝聿铭》，林兵译，文汇出版社 2004 年版。

［德］黑格尔：《小逻辑》，王义国译，光明日报出版社 2009 年版。

［法］安格尔：《安格尔论艺术》，朱伯雄译，辽宁美术出版社 2010 年版。

［法］菲利普·科尔库夫：《新社会学》，钱翰译，社会科学文献出版社 2000 年。

［法］皮埃尔·布迪厄、［美］华康德：《实践与反思——反思社会学导论》，李猛、李康译，中央编译出版社 2004 年版。

［法］皮埃尔·布迪厄：《实践感》，蒋梓骅译，译林出版社 2003 年版。

［法］皮埃尔·布迪厄：《艺术的法则：文学场的生成和结构》，刘晖译，中央编译出版社 2001 年版。

［美］A. 麦金太尔：《追寻美德——伦理理论研究》，宋继杰译，南京译林出版社 2003 年版。

［美］C. 赖特·米尔斯：《社会学的想象力》，陈强译，生活·读书·新知三联书店 2005 年版。

　　〔美〕阿摩斯·拉普卜特：《文化特性与建筑设计》，常青、张昕、张鹏译，中国建筑工业出版社 2004 年版。

　　〔美〕阿诺德·豪塞尔：《艺术社会学》，居延安译，学林出版社 1987 年版。

　　〔美〕彼得·沃克：《美国风景园林发展历史及现状》，《风景园林》2009 年第 5 期。

　　〔美〕戴维·哈维：《后现代的状况——对文化变迁之缘起的探究》，商务印书馆 2003 年版。

　　〔美〕戴维·斯沃茨：《文化与权力——布尔迪厄的社会学》，陶东风译，上海译文出版社 2006 年版。

　　〔美〕道格拉斯·凯尔纳：《媒体文化：介于现代与后现代之间的文化研究、认同性与政治》，丁宁译，商务印书馆 2004 年版。

　　〔美〕凯文·林奇：《城市形态》，林庆怡、陈朝晖、邓华译，华夏出版社 2001 年版。

　　〔美〕肯尼斯·弗兰姆普敦：《现代建筑：一部批判的历史》，张钦楠等译，生活·读书·新知三联出版社 2004 年第 3 期。

　　〔美〕劳里·欧林：《在清华大学景观学系建系庆典上的讲话》，杨锐译，《中国园林》2004 年第 8 期。

　　〔美〕欧文·戈夫曼：《日常生活中的自我呈现》，冯钢译，北京大学出版社 2008 年版。

　　〔美〕欧文·潘诺夫斯基：《哥特式建筑与经院哲学（上）》，《新美术》2011 年第 3 期。

　　〔美〕梭罗：《瓦尔登湖》，王金玲译，重庆出版社 2010 年版。

　　〔美〕唐纳德·A. 舍恩：《反映的实践者——专业工作者如何在行动中思考》，夏林清译，教育科学出版社 2007 年版。

　　〔美〕詹克斯·克罗普夫：《当代建筑的理论和宣言》，周玉鹏、雄一、张鹏译，中国建筑工业出版社 2005 年版。

　　〔日〕Yoji Sasaki：《现代主义与传统的结合——日本城市公共空间的新设计语汇》，漆淑芬译，《中国园林》1991 年第 4 期。

　　〔日〕佐佐木叶二、高杰：《中国新星——新象征主义之庭》，章俊华译，《中国园林》2005 年第 8 期。

　　〔希腊〕亚里士多德：《尼各马可伦理学》，廖申白译，商务印书馆 2003 年版。

［意］贝奈戴托·克罗齐：《历史学的理论和实际》，傅任敢译，商务印书馆1997 年版。

［英］安东尼·吉登斯：《社会理论与现代社会学》，赵勇、文军译，社会科学文献出版社 2003 年版。

［英］彼得·科林斯：《现代建筑设计思想的演变》，英若聪译，中国建筑工业出版社 2003 年版。

［英］卡尔·波普尔：《历史决定论的贫困》，杜汝楫、邱仁宗译，上海人民出版社 2009 年版。

［英］路德维希·维特根斯坦：《维特根斯坦笔记》，许志强译，复旦大学出版社 2008 年版。

［英］威廉·寇蒂斯：《现代建筑的当代转变》，《世界建筑》1990 年第 3 期。

Alvin Toffler：*Le Choe Du Futur*, Publishing：Denoël/Gonthier, 1970.

Bart R Johnson, *Krisin a Hill*："*Ecolo gy and Design*：*Frame – work for Learning*", Island Press, 2002.

Bélanger P "Landscape As Infrastructure", *Landscape Journal*, Vol. 28, No. 1, 2009.

Bourdieu P, Wacquant L, *An Invitation to Reflexive Sociology*, Chicago：Chicago University Press, 1992.

Bourdieu P, "The Economy of Linguistic Exchanges", *Social Science Information*, No. 2, 1977.

Charles Birnbaum, *RobinKarson. Pioneers of American Landscape Design*, McGraw – Hill, 2000.

Charles Waldheim, *Landscape Urbanism Reader*, New York：Princeton Architectural Press, 2006.

Elliott J, *Action research for educational change*, Buckingham：Open University Press, 1991.

Garrett Eckbo, David C. Streatfield, *Landscape for Living*, Amherst：University of Massachusetts Press, 2009.

Geoffrey Jellicoe, Sunsan Jellice：*The Landscape of Man*：*Shaping the Environment from Prehistory to the Present Day*, London：Thames & Hudson Ltd, 1995.

Guy Debord, *Commentaires sur la Sociĕtĕ du Spectacle #5*, Francais：Éditions Gallimard, 2002.

Guy Debord, *la Sociĕtĕ du Spectacle*, II, Francais: Éditions Gallimard, 1992.

Kiley D, Amidon J, *Dan Kiley in His Own Words – America's Master Landscape Architect*, London: Thames And Hudson, 1999.

Lin Mofei, Chen Yan, "Enlightenments of Four Master Builders' Thoughts and Practices to Modern Landscape Design", *Applied Mechanics and Materials*, No. 5, 2012.

Lin Mofei, Chen Yan, "Study about the Recycled Construction Wastes for Landscape Design", *Applied Mechanics and Materials*, No. 10, 2012.

Ministry of Housing, "Physieal Planning and Environmental Protection. Steering concepts and instruments in environmental policy: searching for methods of co – production", The Hague, The Netherlands, 1996.

Neil, *Leach*, *China*, Hong Kong: Map Books, 2004.

Pierre Bourdieu, "The Specificity of the Scientific Fild and the Social Concditions of the Progress of Reason", Social Science Information, Vol. 14, June 1975.

Reed C, "The Agency of Ecology", *Mostafavi M, Doherty G. Ecological Urbanism*, Lars Muller Publishers, 2010.

Shannon C, Marcel S, *The Landscape of Contemporary Infrastructure*, Nai Publisher, 2010.

Sherry Piland, "Charles Mulford Robinson: theory and practice in early Twentieth – century urban planning", P. H. Dissertation, The Florida State University, 1997.

William H Wilson: *The City B eautiful Movement*, Baltimore: The Johns Hopkins University Press, 1989.

Willlam S Saunders, "Refaee", in william S. Saunders (eds), *Commodification and Spectacle in Architecture*, 2005.